Stefan Flachowsky

Verspannungstechniken zur Leistungssteigerung von CMOS-Transistoren

Stefan Flachowsky

Verspannungstechniken zur Leistungssteigerung von CMOS-Transistoren

Südwestdeutscher Verlag für Hochschulschriften

Imprint

Any brand names and product names mentioned in this book are subject to trademark, brand or patent protection and are trademarks or registered trademarks of their respective holders. The use of brand names, product names, common names, trade names, product descriptions etc. even without a particular marking in this work is in no way to be construed to mean that such names may be regarded as unrestricted in respect of trademark and brand protection legislation and could thus be used by anyone.

Publisher:
Südwestdeutscher Verlag für Hochschulschriften
is a trademark of
Dodo Books Indian Ocean Ltd., member of the OmniScriptum S.R.L Publishing group
str. A.Russo 15, of. 61, Chisinau-2068, Republic of Moldova Europe
Printed at: see last page
ISBN: 978-3-8381-2606-7

Zugl. / Approved by: Dresden, TU, Diss., 2010

Copyright © Stefan Flachowsky
Copyright © 2011 Dodo Books Indian Ocean Ltd., member of the OmniScriptum S.R.L Publishing group

Inhaltsverzeichnis

Symbol- und Abkürzungsverzeichnis		**III**
1	**Einleitung**	**1**
2	**Mechanisch verspannte Transistoren**	**3**
2.1	Herstellung und Eigenschaften eines SOI-MOSFETs	4
	2.1.1 Herstellungsprozess	4
	2.1.2 Definition elektrischer Kenngrößen	6
2.2	Techniken zur Verspannungserzeugung	9
	2.2.1 Verspannte Deckschichten	10
	2.2.2 SiGe- und Si:C-Source/Drain-Gebiete	10
	2.2.3 Verspannungsspeichernde Prozesse	11
	2.2.4 Verspannte Substrate	12
	2.2.5 Weitere Verspannungstechniken	13
2.3	Piezoresistiver Effekt	14
2.4	Charakterisierungsmethoden für verspannte Schichten	17
2.5	Stand der Technik	19
3	**Einfluss der Verspannung auf die Bandstruktur**	**21**
3.1	Unverspanntes Silizium	22
	3.1.1 Effektive Masse	23
	3.1.2 Streumechanismen in Silizium	25
3.2	Methoden zur Beschreibung der Bandstruktur	26
	3.2.1 Deformationspotenzialmethode	26
	3.2.2 Empirische Pseudopotenzialmethode	28
3.3	Einfluss auf das Leitungsband	29
	3.3.1 Biaxiale Verspannung	29
	3.3.2 Uniaxiale Verspannung	31
3.4	Einfluss auf das Valenzband	34
	3.4.1 Biaxiale Verspannung	34
	3.4.2 Uniaxiale Verspannung	35
3.5	Besonderheiten im MOSFET	37
	3.5.1 Änderung der Schwellspannung	37
	3.5.2 Ladungstransport in Inversionsschichten	38
	3.5.3 Anforderungen an effektive Massen	40
3.6	Maximale Erhöhung der Ladungsträgerbeweglichkeit	40
3.7	Vergleich und Zusammenfassung	41
4	**Modelle für die Prozess- und Bauelementesimulation**	**43**
4.1	Anforderungen an die Simulation	44
4.2	Allgemeine Modelle	45
	4.2.1 Prozesssimulation	45
	4.2.2 Bauelementesimulation	46
4.3	Verspannungsmodellierung in der Prozesssimulation	49
	4.3.1 Kontinuumsmechanik	49
	4.3.2 Physikalische Modellierung	51
	4.3.3 Verspannung durch unterschiedliche thermische Ausdehnung	54
	4.3.4 Verspannung durch abweichende Gitterkonstanten	54

	4.3.5	Verspannung durch Materialwachstum	56
	4.3.6	Intrinsische Verspannung	56
4.4		Verspannungsmodellierung in der Bauelementesimulation	57
	4.4.1	Elektronen-Beweglichkeitsmodell	57
	4.4.2	Löcher-Beweglichkeitsmodell	58
4.5		Kalibrierung der Simulationsmodelle	59
	4.5.1	n-MOSFET	61
	4.5.2	p-MOSFET	65
4.6		Zusammenfassung	69

5 Theoretische und experimentelle Ergebnisse — 71

5.1		Verspannte Deckschichten	71
	5.1.1	Abgleich der Verspannungssimulation an Teststrukturen	71
	5.1.2	Verspannungsgeneration im Transistor	75
	5.1.3	Einfluss auf elektrische Transistor-Kenngrößen	79
	5.1.4	Beschränkung durch den parasitären Source/Drain-Widerstand	85
	5.1.5	Analytisches Modell	87
	5.1.6	Technologieskalierung	93
	5.1.7	Zusammenfassung	99
5.2		Silizium-Germanium Source/Drain-Gebiete	100
	5.2.1	Materialsystem Silizium-Germanium	100
	5.2.2	Verspannung in einfachen SiGe-Strukturen	103
	5.2.3	Verspannungsgeneration im Transistor und elektrische Auswirkungen	104
	5.2.4	Skalierungsverhalten	114
	5.2.5	Zusammenfassung	115
5.3		Silizium-Kohlenstoff Source/Drain-Gebiete	116
	5.3.1	Materialsystem Silizium-Kohlenstoff	116
	5.3.2	Herstellung durch Epitaxie	120
	5.3.3	Herstellung durch Implantation und Rekristallisation	127
	5.3.4	Zusammenfassung	131
5.4		Verspannungsspeichernde Prozesse	133
	5.4.1	Methode und Integration der verspannungsspeichernden Prozesse	133
	5.4.2	Experimentelle Ergebnisse	135
	5.4.3	Simulationsergebnisse	143
	5.4.4	Diskussion des physikalischen Prinzips der verspannungsspeichernden Prozesse	148
5.5		Verspannte Substrate	150
	5.5.1	Verspannungsrelaxation durch eine Strukturierung des sSOI-Films	151
	5.5.2	Einfluss auf elektrische Kenngrößen	153
	5.5.3	Zusammenfassung	159
5.6		Feldabhängigkeit der deformationsbedingten Drainstromänderung	161
	5.6.1	Experimentelle Ergebnisse	162
	5.6.2	Diskussion und Analyse	167
	5.6.3	Zusammenfassung	172
5.7		Vergleich und Wechselwirkungen der Verspannungstechniken	173
	5.7.1	Gegenüberstellung der einzelnen Verspannungstechniken	173
	5.7.2	Kombination der Verspannungstechniken	174

6 Zusammenfassung und Ausblick — 181

Literaturverzeichnis — 185

Symbol- und Abkürzungsverzeichnis

Anmerkungen

- h, i, j, k und l sind Laufindizes.
- Der Index „n" steht für n-leitend bzw. Elektronen und der Index „p" für p-leitend bzw. Löcher.

Symbol	Einheit	Beschreibung
A	eV·m^2	Bandparameter des Valenzbandes
A	m^2	Fläche
$\boldsymbol{a}$	m^{-1}	Einheitsvektor im reziproken Raum
a	eV	Deformationspotenzial des Valenzbandes
a	m	Gitterkonstante
a_i	–	Parameter des analytischen TOL-Modells
B	eV·m^2	Bandparameter des Valenzbandes
B	1	ballistische Effizienz
b	eV	Deformationspotenzial des Valenzbandes
$b_{t,i}$	Pa^{-i}	Parameter der transversalen Löchermasse im Löcher-Beweglichkeitsmodell
C	eV·m^2	Bandparameter des Valenzbandes
C_1, C_2	–	Konstanten für die Berechung des spezifischen Kontaktwiderstands
C_{inv}	F	Inversionskapazität
C'_{inv}	F·m^{-2}	flächennormierte Inversionskapazität
C_{Miller}	F	Millerkapazität
c_{ij}	Pa	Elastizitätskonstante des Steifigkeitstensors
$\boldsymbol{D}$	As·m^{-2}	elektrische Verschiebungsflussdichte
D	m^2·s^{-1}	Diffusionskoeffizient
D_0	m^2·s^{-1}	Diffusionskonstante
d	m	Eindringtiefe
d	m	Tiefe einer dotierten Schicht
d	eV	Deformationspotenzial des Valenzbandes
$\boldsymbol{E}$	V·m^{-1}	elektrisches Feld
E	eV	Energie
E	Pa^{-1}	Elastizitätsmodul
$\boldsymbol{E}_\perp$	V·m^{-1}	vertikales elektrisches Feld
E_a	eV	Aktivierungsenergie
E_{biax}	Pa^{-1}	biaxialer Elastizitätsmodul
$E_C, E_{C,i}$	eV	Energie der Leitungsbandminimums
E_g	eV	Bandlücke

Symbol- und Abkürzungsverzeichnis

Symbol	Einheit	Beschreibung
E_L	eV	Energie des Leitungsbandes in der Nähe des Minimums E_C
$E_V, E_{V,i}$	eV	Energie des Valenzbandmaximums
e	1	Gitterfehlanpassung
F	N	Kraft
f	1	Besetzungswahrscheinlichkeit der Ellipsen im Löcher-Beweglichkeitsmodell
G	$m^{-3} \cdot s^{-1}$	Generationsrate
G_{ij}	Pa	Schermodul
g_m	S	Steilheit
H	m	Höhe
H	m	Füllhöhe der SiGe- bzw. Si:C-Source/Drain-Gebiete
h_G	m	Gatehöhe
I_D	A	Drainstrom
$I_{D,lin}$	A	linearer Drainstrom
$I_{D,lin}^*$	A	lineare Drainstrom (mit Einfluss des parasitären Source/Drain-Widerstands)
$I_{D,off}$	A	Sperrstrom
$I_{D,on}$	A	Drainstrom im eingeschalteten Zustand
$I_{D,sat}$	A	Sättigungsdrainstrom
J	$A \cdot m^{-2}$	Stromdichte
J_T	$m^{-2} \cdot s^{-1}$	Teilchenflussdichte
K_{ij}	Pa	Kompressionsmodul
$\mathbf{k}$	m^{-1}	Wellenvektor
k	m^{-1}	Wellenzahl
k_{min}	m^{-1}	Wellenzahl des Leitungsbandminimums
L	m	Länge
L_{aktiv}	m	Länge des Aktivgebiets
L_G	m	Gatelänge
L_{met}	m	metallurgische Gatelänge
L_{Sp}	m	Länge der Spacer allgemein
L_{Sp0}, L_{Sp1}	m	Länge Spacer0 / Spacer1
m	1	Substratsteuerfaktor
m^*	kg	effektive Masse
$\overline{m}^*$	kg	Leitfähigkeitsmasse
m_{DOS}^*	kg	Zustandsdichtemasse
m_{hh}^*, m_{lh}^*	kg	effektive Masse des schweren / leichten Löcherbandes
$m_{n,t}^*, m_{n,l}^*$	kg	transversale/longitudinale effektive Masse im Elektronen-Beweglichkeitsmodell
$m_{p,t,i}^*, m_{p,l,i}^*$	kg	transversale/longitudinale effektive Masse im Löcher-Beweglichkeitsmodell
m_t^*, m_l^*	kg	transversale/longitudinale effektive Elektronenmasse
m_{top}^*	kg	effektive Masse des oberen Löcherbandes (Grundzustand)

Symbol- und Abkürzungsverzeichnis

Symbol	Einheit	Beschreibung
N	m^{-3}	Dotierungskonzentration
N_A	m^{-3}	Akzeptorenkonzentration
N_C	m^{-3}	Zustandsdichte des Leitungsbandes
N_D	m^{-3}	Donatorenkonzentration
N_{if}	m^{-3}	aktive Dotierungskonzentration an der Silizid/Halbleiter-Grenzfläche
N_{inv}	m^{-3}	Inversionsladungsträgerdichte
N_{Poly}	m^{-3}	Dotierungskonzentration im Polysilizium-Gate
N_V	m^{-3}	Zustandsdichte des Valenzbandes
n	m^{-3}	Elektronenkonzentration
n_i	m^{-3}	Eigenleitungsdichte
P	Pa	extern einwirkende Verspannung
P	m	Abstand der SiGe- bzw. Si:C-Source/Drain-Gebiete zum Gate
p	m^{-3}	Löcherkonzentration
R	m	Verbiegungsradius
R	1	Relaxationsgrad
R	m$^{-3} \cdot$ s^{-1}	Rekombinationsrate
R	Ω	Widerstand
R_{Aktiv}	Ω	Teilwiderstand des parasitären Source/Drain-Widerstands
R_{Gesamt}	Ω	Gesamtwiderstand des Transistors
R_{Kanal}	Ω	Kanalwiderstand
$R_{Kontakt}$	Ω	Kontaktwiderstand am Halbleiter/Silizid-Übergang
$R_{nachher}$	m	Radius des Wafers nach einem Prozessschritt
R_p	m	projizierte Reichweite der implantierten Ionen
$R_{S/D}$	Ω	parasitärer Source-Drain-Widerstand
$R_{Silizid}$	Ω	Widerstand der Silizidgebiete
R_{vorher}	m	Radius des Wafers vor einem Prozessschritt
r	1	Wurzel der Airy-Funktion
r	m	Atomradius
Q	m^{-3}	implantierte Ionendosis
Q_{inv}	C	Inversionsladung
Q'_{inv}	C$\cdot$m^{-2}	flächennormierte Inversionsladung
S	V/Dekade	Unterschwellsteigung
s_{ij}	Pa^{-1}	Elastizitätskonstante des Nachgiebigkeitstensors
$s_{t,i}$	Pa^{-i}	Parameter der transversalen Löchermasse im Löcher-Beweglichkeitsmodell
T	K	Temperatur
T	m	Tiefe der SiGe- bzw. Si:C-Source/Drain-Gebiete
t	s	Zeit
t	m	Dicke

Symbol	Einheit	Beschreibung
t_{Film}	m	Filmdicke
t_{ox}	m	Dicke des Gateoxids
$t_{ox,inv}$	m	elektrisch gemessene Gateoxiddicke im Inversionsfall
t_{SOI}	m	Dicke des SOI-Films
$t_{Substrat}$	m	Dicke des Substrats
U_{DD}	V	Betriebsspannung
U_{DS}	V	Drain-Source-Spannung
U_{GS}	V	Gate-Source-Spannung
U_{th}	V	Schwellspannung
$U_{th,lin}$	V	Schwellspannung im linearen Bereich
$U_{th,sat}$	V	Schwellspannung im Sättigungsbereich
$v_{Einschuss}$	m·s^{-1}	Einschussgeschwindigkeit der Ladungsträger
W_G	m	Gateweite
w	m	Waferverbiegung
x	–	Koordinatenachse
x	1	Germaniumkonzentration im SiGe
y	–	Koordinatenachse
y	1	Kohlenstoffkonzentration im Si:C
z	–	Koordinatenachse
α	K^{-1}	thermischer Ausdehnungskoeffizient
α	m^{-1}	Absorptionskoeffizient
β	1	Parameter des analytischen TOL-Modells
γ_i	1	Luttinger-Parameter
$\varepsilon, \varepsilon_{ij}$	1	Deformation
$\varepsilon_{parallel}$	1	parallele Deformation
ε_{trans}	1	transversale Deformation
ε	F·m^{-1}	Permittivität
ε_r	1	relative Permittivität
$\varepsilon_{r,ox}$	1	relative Permittivität des Siliziumdioxids
η_{ij}	Pa·s	Viskosität
θ	°	Winkel des elektrischen Felds bezogen auf die [100]-Kristallachse
$\kappa, \kappa_n, \kappa_p$	S·m^{-1}	elektrische Leitfähigkeit allgemein, der Elektronen bzw. Löcher
λ	m	Wellenlänge
μ, μ_n, μ_p	m^2·V^{-1}·s^{-1}	Ladungsträgerbeweglichkeit allgemein, der Elektronen bzw. Löcher
μ_{Gesamt}	m^2·V^{-1}·s^{-1}	Gesamtbeweglichkeit
μ_{Grenz}	m^2·V^{-1}·s^{-1}	grenzflächenabhängige Beweglichkeit

Symbol	Einheit	Beschreibung
μ_{Phonon}	$m^2 \cdot V^{-1} \cdot s^{-1}$	phononenabhängige Beweglichkeit
ν	1	Poissonzahl
Ξ_d	eV	dilatationales Deformationspotenzial
Ξ_u	eV	uniaxiales Deformationspotenzial
Ξ'_u	eV	Scherdeformationspotenzial
Π_{ij}	Pa^{-1}	piezoresistiver Koeffizient
$\rho_\Box$	Ω	Flächenwiderstand
ρ	$\Omega \cdot m$	spezifischer elektrischer Widerstand
ρ	$C \cdot m^{-3}$	Ladungsträgerdichte
ρ	m^{-3}	Materialdichte
ρ_C	$\Omega \cdot m$	spezifischer elektrischer Kontaktwiderstand
σ, σ_{ij}	Pa	Verspannung
σ_0	Pa	Verspannung in einer sehr großen Struktur
σ_a	Pa	antisymmetrische uniaxiale Verspannung
σ_{biax}	Pa	biaxiale Verspannung
σ_{eff}	Pa	effektive Verspannung (Raman-Spektroskopie)
σ_{Film}	Pa	Verspannung im Materialfilm
σ_{para}	Pa	Verspannung parallel zum Stromfluss
σ_s	Pa	Scherverspannung
σ_{Si}	Pa	Verspannung im Silizium
σ_{trans}	Pa	Verspannung transversal zum Stromfluss
σ_{vert}	Pa	Verspannung vertikal zum Stromfluss
σ_∞	Pa	Verspannung in einer Struktur mit sehr großen Abmessungen
τ, τ_{Total}	s	Impulsrelaxationszeit
τ	m	Standardabweichung der Laserstrahlverteilung der Raman-Spektroskopie
τ_{relax}	s	Relaxationszeit
Φ_B	eV	Schottky-Barrierenhöhe
φ	V	elektrostatisches Potenzial
Γ, L, K, X		Symmetriepunkte im k-Raum
Δ, Λ, Σ		Symmetrielinien im k-Raum

Konstanten

e		Elementarladung	$1.602189 \cdot 10^{-19}$ C
ε_0		Permittivität des Vakuums	$8.854188 \cdot 10^{-12}$ $C \cdot V^{-1} \cdot m^{-1}$
$\hbar$		reduziertes plancksches Wirkungsquantum	$6.582119 \cdot 10^{-16}$ eV·s
k_B		Boltzmann-Konstante	$8.617343 \cdot 10^{-5}$ $eV \cdot K^{-1}$
m_0		Elektronenruhemasse	$9.109390 \cdot 10^{-31}$ kg

Abkürzungen

2D	örtlich zweidimensional
3D	örtlich dreidimensional
a.u.	arbitrary unit (willkürliche Einheit)
BOX	Buried Oxide (vergrabenes Oxid)
CMOS	Complementary Metal Oxide Semiconductor
COL	Compressive Overlayer Film (druckverspannte Deckschicht)
DIBL	Drain-Induced Barrier Lowering
DOS	Density of States (Zustandsdichte)
DRAM	Dynamic Random Access Memory
EPM	empirische Pseudopotenzialmethode
fcc	Face-Centred Cubic (kubisch flächenzentriert)
FEM	Finite-Elemente-Methode
hh	Heavy-Hole Band (schweres Löcherband)
lh	Light-Hole Band (leichtes Löcherband)
LOCOS	Local Oxidation of Silicon
MOSFET	Metal Oxide Semiconductor Field Effect Transistor
n-MOSFET	n-Kanal MOSFET
NBD	Nano-Beam Electron Diffraction, Sonderform von TEM
NOL	Neutral Overlayer Film (unverspannte Deckschicht)
p-MOSFET	p-Kanal MOSFET
PAI	Prä-Amorphisierungsimplantation
RAM	Random Access Memory
S/D	Source/Drain
SIMS	Sekundärionen-Massenspektrometrie
SMT	Stress Memorization Technique (verspannungsspeichernder Prozess)
so	Split-Off-Löcherband
SOI	Silicon-On-Insulator
sSOI	Strained SOI (verspanntes SOI)
STI	Shallow Trench Isolation (flache Grabenisolation)
TCAD	Technology Computer-Aided Design (simulationsunterstützte Technologieentwicklung)
TEM	Transmissionselektronenmikroskopie
TOL	Tensile Overlayer Film (zugverspannte Deckschicht)
XRD	X-Ray Diffraction (Röntgendiffraktometrie)

Notation

x	Skalar
$\boldsymbol{x}$, $\boldsymbol{E}$	Vektor
$\mathbf{A}$, $\boldsymbol{\sigma}$	Matrix
A_{ij}	Element einer Matrix
$\underline{\mathbf{X}}$, $\underline{\boldsymbol{\sigma}}$	Tensor
[hkl]	Millersche Indizes zur Beschreibung einer Kristallrichtung
⟨hkl⟩	Millersche Indizes für kristallographisch äquivalente Kristallrichtungen
(hkl)	Millersche Indizes zur Beschreibung einer Kristallebene
{hkl}	Millersche Indizes für kristallographisch äquivalente Kristallebenen

Kapitel 1

Einleitung

DER Schlüssel für den enormen Erfolg der CMOS-Technologie (Complementary Metal Oxide Semiconductor) während der letzten 40 Jahre liegt in der kontinuierlichen Verkleinerung der Bauelementedimensionen (Skalierung), einhergehend mit einem rasanten Anstieg der Geschwindigkeit und der Funktionalität elektronischer Schaltkreise.

Dieses exponentielle Wachstum, welches durch das berühmte Mooresche Gesetz [1], [2] und die traditionellen Skalierungsregeln [3] bestimmt wird, ist jedoch zunehmend schwieriger aufrecht zu erhalten. Mit dem Vordringen der Bauelementeabmessungen in den Decananometer-Bereich treten verschiedene Probleme in solchen Kurzkanaltransistoren auf, welche den Skalierungseffekt mindern. Die weitere extreme Verringerung der Gateoxiddicke unter 1 nm resultiert in nicht akzeptierbaren Gate-Leckströmen. Gleichzeitig kann die Gatelänge nicht weiter verkleinert werden, da sonst das Schaltverhalten des Transistors nicht mehr gewährleistet ist. Aus Gründen der elektrostatischen Kontrolle benötigen Kurzkanaltransistoren extrem flache Source/Drain-Dotierungsgebiete bei gleichzeitig geringen Schichtwiderständen, was erhöhte Anforderungen an die Ionenimplantation und Hochtemperaturschritte zur Aktivierung der Dotanden stellt. Verarmungseffekte im Polysilizium-Gate führen zu einer ungewollten Erhöhung der effektiven Gateoxiddicke im Inversionsfall, so dass die Steuerwirkung des Gates abnimmt [4]. Die zunehmenden hohen elektrischen Felder verursachen Zuverlässigkeitsprobleme und verringern die Ladungsträgerbeweglichkeit durch eine erhöhte Grenzflächenstreuung und durch Sättigungsgeschwindigkeitseffekte [5]. Ein weiterer Aspekt sind parasitäre Widerstände und Kapazitäten, welche nicht demselben Skalierungstrend folgen wie die restlichen Parameter. Ihr Einfluss nimmt mit kleiner werdenden Transistorabmessungen stetig zu und begrenzt damit die Vorteile der Skalierung spürbar.

Die Probleme der traditionellen Bauelementeskalierung sind ein starker Anreiz für die Einbeziehung von neuen Materialien und Transistorkonzepten in die Siliziumtechnologie. Alternative Gate-Dielektrika mit hoher Permittivität können anstelle des Siliziumdioxids verwendet werden, um den Gateleckstrom klein zu halten [6]. Das Verarmungsproblem im Polysilizium kann durch Metall-Gates oder vollständig silizierte Gates gemindert werden [6]. Neuartige Dotierungsansätze und Kurzzeitausheilverfahren wie Plasma-Dotierung, Co-Implantationen sowie Blitzlampen- und Laserausheilung werden untersucht, um die Dotierungsprofile zu optimieren [7]. Neue Transistorkonzepte wie FinFETs oder Halbleiter-Nanodrähte [8] beeinflussen direkt das elektrostatische Transistorverhalten, um die Kurzkanaleffekte zu minimieren. Neben diesen Forschungsgebieten werden noch eine Vielzahl weitere Ansätze untersucht. Meist zeigt sich jedoch, dass diese Ansätze oft nur ein spezielles Skalierungsproblem lösen können, während gewöhnlich andere Probleme, entweder fundamentaler, technologischer oder ökonomischer Art, auftreten. Aus diesem Grund sind bisher auch nur sehr wenige dieser Ansätze in die Volumenfertigung überführt worden.

Als eine weitere Option alternativ zur konventionellen Bauelementeskalierung erlaubt die Erhöhung der Ladungsträgerbeweglichkeit eine Leistungssteigerung ohne die sonst gravierenden Effekte auf Zuverlässigkeit und Leckstrom. Dies erreicht man beispielsweise durch das Einbringen mechanischer Verspannungen in den Kanalbereich des Transistors. Die resultierenden Kristalldeformationen modifizieren die Halbleiter-Bandstruktur und verändern grundlegende elektronische Eigenschaften, wie z.B. die Ladungsträgerbeweglichkeit, wodurch eine Erhöhung der Transistorströme und damit der Schaltgeschwindigkeit möglich ist. Die dabei auftretenden Verspannungen liegen im GPa-Bereich und werden durch spezielle Maßnahmen während des Herstellungsprozesses erzeugt.

Die Verwendung von anderen Halbleitern und Halbleiterverbindungen wie Germanium, GaAs oder InP als Kanalmaterial, ermöglicht zwar teilweise deutlich höhere intrinsische Ladungsträgerbeweglichkeiten im Vergleich zu Silizium, erfordert aber hohe Entwicklungskosten zusätzlich zu anderen technologischen Herausforderungen (geringere Zustandsdichte, stärkeres Kurzkanalverhalten, höhere Band-zu-Band-Tunnelströme usw.). Verspanntes Silizium (Strained Silicon) hingegen kann auf die jahrzehntelange Erfahrung in der Silizium-Industrie zurückgreifen, vor allem bei den piezoresistiven Sensoren, die den Einfluss mechanischer Verspannungen infolge von Kräften nutzen, und ist damit eine risikoarme und relativ kostengünstige, evolutionäre Erweiterung. Verspanntes Silizium hat sich zu einem Schlüsselelement in den aktuellen CMOS-Technologien entwickelt und es wird angenommen, dass es auch in Zukunft eine entscheidende Rolle einnimmt, da die erreichbaren Verbesserungen vergleichsweise groß sind. Außerdem können die Verspannungstechniken auch in nicht-klassischen CMOS-Strukturen erfolgreich angewendet werden.

Ziel dieser Arbeit ist es, die verschiedenen Möglichkeiten zur Verspannungserzeugung in planaren Metall-Oxid-Halbleiter-Feldeffekttransistoren (Metal Oxide Semiconductor Field Effect Transistor, MOSFET) detailliert zu untersuchen und vergleichend zu bewerten. Auf der Basis von Finite-Elemente-Simulationen und Experimenten wird zum einen die Verspannungsübertragung in die Transistorstruktur analysiert und zum anderen die Auswirkungen auf die elektrischen Kenngrößen des Transistors dargestellt. Neben der weiteren Optimierung der Verspannungstechniken werden auch Integrationsprobleme aufgezeigt und das Skalierungsverhalten, d.h. das Potenzial der Verspannungstechniken für weitere Leistungssteigerungen in zukünftigen Technologiegenerationen, abgeschätzt.

Diese Arbeit ist wie folgt gegliedert: Nach einem Überblick der verschiedenen Möglichkeiten für verspannte Transistoren in Kapitel 2 folgt im Kapitel 3 die Darstellung der physikalischen Hintergründe hinsichtlich der deformationsabhängigen elektrischen Eigenschaften im Silizium. Eine Beschreibung der Simulationsmodelle und deren Kalibrierung wird in Kapitel 4 gegeben. Als Schwerpunkt dieser Arbeit erfolgt in Kapitel 5 die Darstellung der experimentellen und simulationsbasierten Untersuchungen und Ergebnisse zu den einzelnen Verspannungstechniken sowie deren Diskussion. Kapitel 6 schließt die Arbeit mit einer Zusammenfassung und einem Ausblick auf noch offene Fragen ab.

Kapitel 2

Mechanisch verspannte Transistoren

ALS verspannte Transistoren werden Transistoren bezeichnet, die durch gezielt eingebrachte mechanische Verspannungen verbesserte elektrische Eigenschaften aufweisen. Dabei existiert während der Herstellung eine Vielzahl an Prozessschritten, die gewollt oder ungewollt zu Verspannungen führen und daher als Verspannungsquellen genutzt werden können. Diese entstehen beispielsweise durch Unterschiede in den thermischen Ausdehnungskoeffizienten der verwendeten Materialien, durch Abweichungen in den Gitterkonstanten, durch Volumenänderungen aufgrund von Oxidation und Silizierung sowie abscheidungsbedingte intrinsische Verspannungen in Schichten. Die gezielte Verspannungserzeugung erfolgt einerseits durch eine Anpassung vorhandener Prozessschritte und andererseits durch Einführen neuer Prozessschritte und Materialien. Die meisten Verspannungsquellen sind lokaler Natur, d.h. ihr Einfluss schwindet für Entfernungen von mehr als einigen hundert Nanometern. Dies ist der Grund, warum Verspannungseffekte erst in jüngster Zeit für Bauelemente mit Strukturen von weniger als 100 nm relevant sind und entsprechend ausgenutzt werden können.

Beginnend mit der Darstellung des allgemeinen Herstellungsprozesses eines MOSFETs und dessen elektrischer Charakterisierung folgt ein Überblick der Verspannungstechniken. Anschließend wird der piezoresistive Effekt als einfaches Modell vorgestellt, mit dem die Effektivität einzelner Verspannungsfelder auf die Transistorleistungsfähigkeit abgeschätzt werden kann. Weiterhin werden die verwendeten Messmethoden zur Bestimmung der Verspannung in Halbleiterstrukturen kurz erläutert. Abschließend wird der gegenwärtige Stand von Wissenschaft und Technik dargestellt.

2.1 Herstellung und Eigenschaften eines SOI-MOSFETs

In der Digitaltechnik wird der MOSFET als elektronischer Schalter genutzt [9]. Dabei steuert die Spannung zwischen Gate und Source den Strom am Drain. Durch eine kapazitive Kopplung reichert die Gate-Source-Spannung Ladungsträger an der Halbleiter/Oxid-Grenzfläche an und erzeugt damit einen niederohmigen Inversionskanal, der Source und Drain elektrisch verbindet [4]. Einzelne Schalter können zu funktionalen Grundbausteinen verbunden werden, welche komplexere Schaltkreise wie Speicher- oder Logikschaltungen bilden.

Ein besonderes Merkmal der hier untersuchten Transistoren ist die Verwendung der SOI-Technik (Silicon-On-Insulator, [4], [10]–[12]). Sie nutzt eine dünne, einkristalline Siliziumschicht für die Realisierung der elektronischen Bauelemente, die durch spezielle Herstellungsverfahren auf einem isolierenden Substrat als mechanischer Träger erzeugt wird [8]. Dies erlaubt höhere Packungsdichten sowie geringere parasitäre Kapazitäten, wodurch die dynamischen Eigenschaften, wie die Schaltfrequenz, verbessert werden [13]. Nachteilig sind die höheren Substratkosten und die auftretenden Floating-Body-Effekte, welche durch eine Reduzierung der Schwellspannung und Hysterese-Effekte die Funktionalität des MOSFETs als binären Schalter gefährden [10].

2.1.1 Herstellungsprozess

Für die Herstellung eines integrierten Schaltkreises werden hunderte von sich wiederholenden Prozessschritten benötigt [14]. Ein vereinfachter Ablauf zur Herstellung eines konventionellen n-Kanal-MOSFET (n-MOSFET) ist in Bild 2.1 gezeigt. Ausgehend von einem mit Bor vordotiertem SOI-Wafer (Bild 2.1a), wird die obere ca. 80 nm dicke Siliziumschicht (der SOI-Film) stellenweise bis zum vergrabenen Isolator (Buried Oxide, BOX) bestehend aus Siliziumdioxid (SiO_2, kurz Oxid) entfernt und durch Oxid ersetzt. Diese so genannte Grabenisolation (Shallow Trench Isolation, STI) ermöglicht eine vollständige elektrische Isolation benachbarter Bauelemente. Die nachfolgende Bor-Ionenimplantation für die Wannendotierung (Bild 2.1b), dient zum einen der Einstellung der Schwellspannung und zum anderen zur Unterbindung von Leckstrompfaden zwischen den Source- und Drain-Gebieten. Anschließend wird auf das Siliziumsubstrat ein Gateoxid aufgewachsen. Die darüber abgeschiedene polykristalline Siliziumschicht (Polysilizium) bildet später die Gate-Elektrode. Dieser Schichtstapel wird mit Hilfe von Lackmasken und Lithographieschritten in einzelne Bahnen strukturiert (Bild 2.1c). Danach folgt die Abscheidung einer Oxidschicht, welche durch ein anisotropes Ätzverfahren soweit zurückgeätzt wird, dass nur an den vertikalen Kanten des Gatestapels Oxidreste stehen bleiben, die so genannten Spacer. Diese dienen als selbstjustierende Abstandshalter für die nun folgende Ionenimplantation der Arsen-Erweiterungsgebiete (Bild 2.1d). Dabei wirkt das bereits strukturierte Polysilizium-Gate nun seinerseits als Maske. Danach werden unter einem Implantationswinkel von typischerweise 30° die Halo-Gebiete eingebracht, welche die entgegengesetzt dotierten Erweiterungsgebiete vor allem in Kanalrichtung umschließen. Sie dienen zur Einstellung der Schwellspannung in Kurzkanaltransistoren und verringern gleichzeitig die Kurzkanaleffekte [8]. Anschließend wird ein weiterer Spacer aus Siliziumnitrid (Si_3N_4, kurz Nitrid) erzeugt, um die Ionenimplantation der Source/Drain-Gebiete mit Arsen oder Phosphor zu justieren (Bild 2.1e). Diese hochdotierten Gebiete verringern den parasitären Anschlusswiderstand. Anschließend erfolgt für wenige Sekunden ein thermischer Behandlungsschritt bei hohen Temperaturen von rund 1100 °C, um die eingebrachten Dotanden auf Kristallgitterplätze einzubauen und während des Herstellungsprozesses entstandene Gitterfehler zu beseitigen. Dieser so genannte Ausheilschritt ist immer mit einer Diffusion der Dotanden verbunden, wodurch sich die implantierten Dotierungsprofile verschieben und verschmieren (Bild 2.1f). Der Bahnwiderstand der Polysilizium- und der Aktivgebiete wird durch die

Bildung eines Silizids, d.h. eine Siliziummetallverbindung, verringert. Abschließend erfolgt die Platzierung der elektrischen Kontakte auf den Silizidflächen, indem die in eine Oxidschicht geätzten Kontaktlöcher mit Metall gefüllt werden (nicht dargestellt). Für die elektrische Verdrahtung der einzelnen Bauelemente im Schaltkreis sind je nach Technologie bis zu elf Metalllagen mit einem dazwischen liegenden Dielektrikum notwendig.

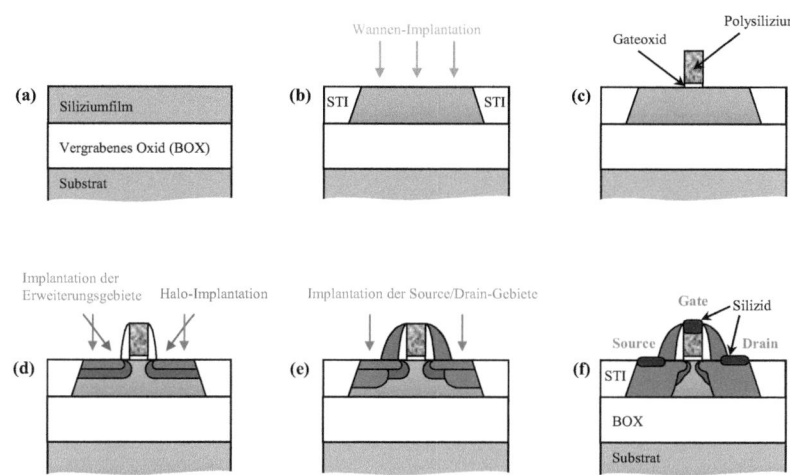

Bild 2.1: Ablauf des Herstellungsprozesses eines konventionellen SOI-MOSFETs (Erläuterungen im Text).

Beim p-Kanal-MOSFET (p-MOSFET) werden für die Dotanden entsprechend andere Implantationsspezies verwendet. Bild 2.2 zeigt den Querschnitt eines fertig prozessierten SOI-n-MOSFET (ohne Kontakte) der 45 nm-Technologie von GLOBALFOUNDRIES [15].

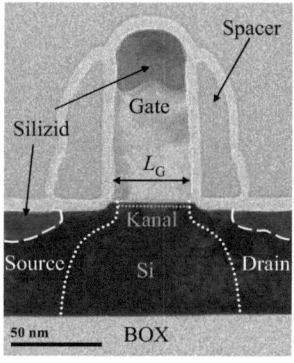

Bild 2.2: Querschnitt eines SOI-n-MOSFETs der 45 nm-Technologie [15] (Gatelänge L_G = 40 nm) mit Hilfe der Transmissionselektronenmikroskopie.

2.1.2 Definition elektrischer Kenngrößen

Für die Beschreibung des elektrischen Verhaltens eines MOSFETs werden üblicherweise wenige Kenngrößen aus der Transfer- und Ausgangscharakteristik verwendet (Bild 2.3). Diese sind:

- $I_{D,off}$: Der Sperrstrom ist der Drainstrom für den ausgeschalteten Zustand. Der Arbeitspunkt ist durch eine Gate-Source-Spannung $U_{GS} = 0$ V und eine Drain-Source-Spannung $U_{DS} = U_{DD}$ definiert. Die Betriebsspannung U_{DD} ist durch das Schaltungsdesign vorgegeben und beträgt für die in dieser Arbeit untersuchten Transistoren $U_{DD} = 1.0$ V.

- U_{th} : Die Schwellspannung oder auch Einsatzspannung (threshold voltage) ist die Steuerspannung U_{GS} bei der der Transistor vom Aus-Zustand in den eingeschalteten Zustand wechselt, d.h. sich ein Inversionskanal ausbildet. Die Schwellspannung wird hier über die Tangentenmethode [4] aus der Transferkennlinie ermittelt.

- $I_{D,lin}$: Der lineare Drainstrom ist der Drainstrom im eingeschalteten, linearen Kennlinienbereich ($U_{GS} = U_{DD}$ und $U_{DS} = 0.05$ V) und lässt sich näherungsweise formulieren als

$$I_{D,lin} = \mu \frac{C'_{inv} \cdot W_G}{L_G}(U_{GS} - U_{th})U_{DS} \; , \tag{2.1}$$

wobei eine homogene Feldverteilung im Kanalbereich aufgrund der geringen Drain-Source-Spannung angenommen werden kann [4]. Die Variablen L_G und W_G beschreiben die Gatelänge und -weite und μ ist die Ladungsträgerbeweglichkeit. Die auf die Fläche normierte Inversionskapazität C'_{inv} kann über

$$C'_{inv} = \frac{\varepsilon_0 \varepsilon_{r,ox}}{t_{ox,inv}} \tag{2.2}$$

berechnet werden, wobei $t_{ox,inv}$ und $\varepsilon_{r,ox}$ die elektrisch gemessene Dicke im Inversionsfall bzw. die relative Permittivität des Gateoxids sind.

Unter Berücksichtigung des parasitären Source/Drain-Widerstands $R_{S/D}$ ist die Verringerung des linearen Drainstroms durch

$$I^*_{D,lin} = \frac{I_{D,lin}}{1 + \frac{R_{S/D}}{R_{Kanal}}} \tag{2.3}$$

gegeben [16]. Hierbei ist der Gesamtwiderstand des Transistors eine Reihenschaltung des Kanalwiderstands R_{Kanal} und des parasitären Source/Drain-Widerstands $R_{S/D}$

$$R_{Gesamt} = \frac{U_{DS}}{I^*_{D,lin}} = R_{Kanal} + R_{S/D} \; . \tag{2.4}$$

- $I_{D,sat}$: Der Sättigungsdrainstrom beschreibt den Drainstrom im Sättigungsbereich ($U_{GS} = U_{DS} = U_{DD}$), wo der Kanal drainseitig abgeschnürt ist. Die Gleichung für den Sättigungsdrainstrom ist bezüglich der technologischen Kenngrößen sehr ähnlich zu Gleichung (2.1), nur dass eine andere Abhängigkeit von den Kontaktspannungen besteht [4]. Die Abhängigkeit vom parasitären Source/Drain-Widerstand ist geringer, da vorwiegend nur der sourceseitige Anteil eingeht.

- S : Die Unterschwellsteigung (Subthreshold Slope) beschreibt die inverse Steigung der logarithmisch dargestellten Transferkennlinie im Unterschwellbereich, d.h. $U_{GS} < U_{th}$, und wird in Millivolt pro Dekade angegeben. Sie ist ein indirektes Maß für die Sperrfähigkeit des Transistors beim spannungsabhängigen Umschalten zwischen dem Aus- und Einzustand und über die Beziehung

$$S = \left(\frac{\partial \log[I_D(U_{GS})]}{\partial U_{GS}} \right)^{-1} \Bigg|_{U_{DS}=\text{konstant}} \qquad (2.5)$$

als Kehrwert der 1. Ableitung der logarithmischen Transferkennlinie definiert [8].

- g_m : Die Steilheit des Transistors beschreibt, wie gut der Kanalbereich des MOSFETs durch das Gate gesteuert werden kann, d.h. wie stark eine Änderung der Eingangsgröße U_{GS} die Ausgangsgröße I_D verändert. Man erhält sie durch Differenzieren der Transferkennlinie nach der Gate-Source-Spannung [8]

$$g_m = \frac{\partial I_D}{\partial U_{GS}} \Bigg|_{U_{DS}=\text{konstant}}, \qquad (2.6)$$

wobei meist nur das Maximum der g_m-Kurve als Kennwert verwendet wird.

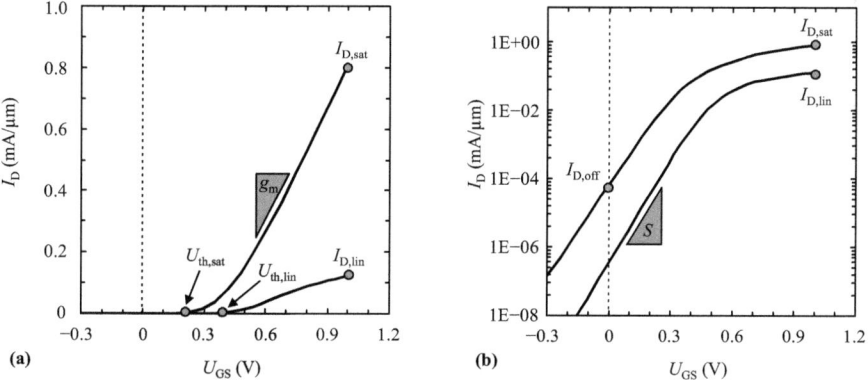

Bild 2.3: Darstellung der Transferkennlinie eines MOSFETs im (a) linearen und (b) einfach logarithmischen Maßstab zur Kennzeichnung der wichtigsten elektrischen Kenngrößen.

Gleichung (2.1) gilt streng genommen nur für Langkanaltransistoren. Für Transistoren mit Kanallängen von unter 100 nm treten mehrere Effekte auf, die den Drainstrom zusätzlich beeinflussen [4]. Dennoch wird aus dieser Gleichung zusammen mit Gleichung (2.2) und (2.3) nochmals deutlich, welche technologischen Parameter verändert werden können, um den Drainstrom zu erhöhen. Einer weiteren Verringerung der Gatelänge L_G bzw. der Gateoxiddicke t_{ox} stehen in den aktuellen Technologiegenerationen, wie bereits erwähnt, schwer kontrollierbare Kurzkanaleffekte sowie steigende Leckströme und Zuverlässigkeitsprobleme gegenüber. Die Transistorweite W_G sollte aus Gründen der Bauelementedichte nicht erhöht werden, praktisch wird sie bei der Skalierung sogar verkleinert. Die relative Permittivität des Gatedielektrikums ε_r kann durch high-k-Materialien erhöht werden, bringt aber nicht zu unterschätzende Integrationsprobleme mit sich. Der parasitäre Source/Drain-Widerstand $R_{S/D}$ sollte im Vergleich zum Kanalwiderstand klein gehalten werden, was immer schwieriger wird, da sich der Kanalwiderstand stetig verringert. Abgesehen von der Betriebs- und der Schwellspannung, welche aufgrund von Beschränkungen der Verlustleistung nicht weiter erhöht bzw. verringert werden kann, steht noch die Ladungsträgerbeweglichkeit μ als Optimierungsoption zur Verfügung. Tatsächlich ist sie der Schlüsselparameter, um die Leistungsfähigkeit aktueller Transistoren weiter zu erhöhen, beispielsweise mit Hilfe von verspanntem Silizium.

Als ein weiteres sinnvolles Bewertungskriterium für den Vergleich verschiedener Transistorkonzepte bzw. Technologieknoten kann die Darstellung des Sperrstroms $I_{D,off}$ (auf einer logarithmischen Skala) über dem Drainstrom im eingeschalteten Zustand $I_{D,on}$ (auf einer linearen Skala), in Form von z.B. $I_{D,sat}$ oder $I_{D,lin}$, genutzt werden (Bild 2.4). Dabei werden mehrere Gatelängen um einen nominellen Wert herum verwendet, so dass die $\log(I_{D,on}$ vs. $I_{D,off})$-Charakteristik die so genannte Universalkurve bildet. Je besser eine Technologie ist, umso mehr verringert sie den Sperrstrom, erhöht den Drainstrom und verringert den Anstieg der Universalkurve. Bei dem Vergleich zweier hypothetischer Technologien in Bild 2.4 ist die Technologie B besser als Technologie A, da ihre Universalkurve für einen gegebenen Sperrstrom (z.B. 100 nA/μm) größere Drainströme liefert und einen flacheren Anstieg aufweist. Der flachere Anstieg ist ein Anzeichen für eine bessere Kontrolle der Kurzkanaleffekte, da der Sperrstrom mit kleinerer Gatelänge weniger stark ansteigt. Für eine vollständige Charakterisierung einer Technologie sind jedoch deutlich mehr Parameter von Bedeutung, wie z.B. Kapazitäten, Zuverlässigkeit, Herstellungskosten und Ausbeute. Dennoch erlaubt die Universalkurve eine schnelle Beurteilung des Einflusses von z.B. Prozessvariationen auf das elektrische Verhalten der Transistoren. Zusätzlich sind in Bild 2.4 schematisch die Auswirkungen verschiedener Optimierungsansätze auf die Universalkurve dargestellt.

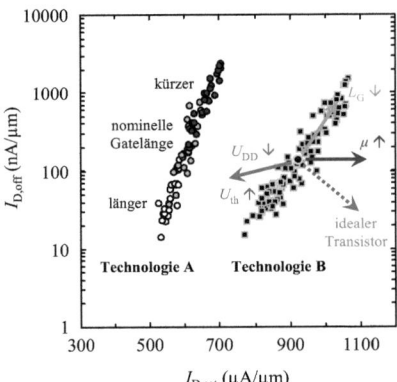

Bild 2.4: Universalkurven zweier hypothetischer Technologien und Auswirkungen verschiedener Optimierungsansätze.

2.2 Techniken zur Verspannungserzeugung

In diesem Abschnitt werden verschiedene Verspannungstechniken vorgestellt. Alle diese Ansätze verwenden verspannte Materialien, die in der Nähe des Kanalgebiets, entweder in der Verdrahtungsebene (Abschnitt 2.2.1), in den Source/Drain-Gebieten (Abschnitt 2.2.2), in der Gate-Elektrode (Abschnitt 2.2.3), im Substrat (Abschnitt 2.2.4) oder anderweitig (Abschnitt 2.2.5) eingebracht werden. Dabei generieren die einzelnen Verspannungstechniken aufgrund der verschiedenen Übertragungsmechanismen teilweise stark unterschiedliche Verspannungsfelder im Kanalgebiet, auf die der n- und der p-MOSFET meist gegensätzlich reagieren.

Die Verspannungstechniken lassen sich in zwei Gruppen einteilen. *Globale* Verspannungstechniken erzeugen im gesamten Wafer eine homogene Verspannung, wogegen *lokale* Verspannungstechniken nur in ausgewählten, räumlich begrenzten Regionen des Wafers meist sehr inhomogene Verspannungen hervorrufen. Einige der gebräuchlichsten Methoden sind in Bild 2.5 dargestellt. Die große Herausforderung liegt dabei in der Fähigkeit, diese Verspannungstechniken in einen bestehenden Herstellungsprozess zu integrieren und dabei eine hohe Leistungsfähigkeitssteigerung bei geringen zusätzlichen Kosten zu erreichen.

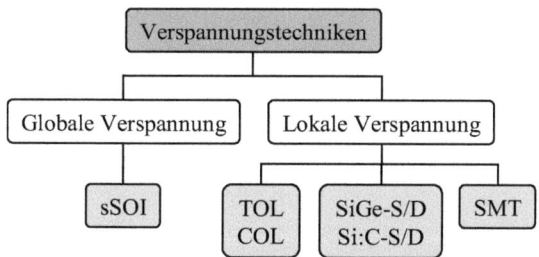

Bild 2.5: Überblick und Einteilung der verschiedenen Verspannungstechniken (sSOI: verspannte Substrate; TOL/COL: verspannte Nitridschichten; SiGe-S/D bzw. Si:C-S/D: SiGe- bzw. Si:C-Source/Drain-Gebiete; SMT: verspannungsspeichernde Prozesse).

Eine weitere wesentliche Unterscheidung der Verspannung bzw. der Deformation erfolgt nach der Art der Belastung. Wird ein Körper unter Zug belastet bzw. kommt es zu einer Vergrößerung seiner Abmessung, spricht man von Zugverspannung bzw. von einer Dehnung (gekennzeichnet durch ein positives Vorzeichen). In diesem Fall ist der Abstand zweier benachbarter Atome durch externe Kräfte vergrößert und die Bindungskräfte versuchen die Atome „zueinander zu ziehen", um so den ursprünglichen Abstand wieder herzustellen. Ein druckbelasteter Körper steht unter Druckverspannung und erfährt eine Stauchung (negatives Vorzeichen). Dabei ist das Atomgitter durch äußere Einflüsse komprimiert und die Bindungskräfte sind bestrebt, die Atome „auseinander zu drücken", zurück zu ihren Ausgangspositionen.

In den folgenden Betrachtungen wird weiterhin zwischen der *uniaxialen* und der *biaxialen* Verspannung oder Deformation unterschieden. Erstere hat nur eine dominante Komponente in einer Raumrichtung, wogegen letztere zwei etwa gleich große dominante Komponenten entlang zweier aufeinander senkrecht stehenden Raumrichtungen (d.h. in einer Ebene) aufweist.

In diesem Zusammenhang ist es wichtig zu vermerken, dass Silizium elastisches Verhalten bis zum Bruch zeigt, wodurch ein linearer Zusammenhang zwischen Verspannung σ und Deformation ε über das Hookesche Gesetz gilt.

2.2.1 Verspannte Deckschichten

Die Abscheidung einer intrinsisch verspannten Deckschicht aus Siliziumnitrid (Si_3N_4) über den Transistor stellt eine der häufigsten verwendeten Methoden zur Verspannung des Transistors dar (Bild 2.6). Abhängig von den Prozessbedingungen während der Schichtabscheidung können zug- oder druckverspannte Nitridschichten mit mehreren GPa intrinsischer Verspannung erzeugt werden. Die Verspannung der Nitridschicht wird über das Gate und die Source/Drain-Gebiete in den Kanalbereich übertragen, wo ein komplexes Verspannungsfeld entsteht. Für Kurzkanaltransistoren bildet sich durch eine zugverspannte Deckschicht (Tensile Overlayer Film, TOL) im Kanalgebiet eine parallele Zugverspannung und eine vertikale Druckverspannung aus. Beide Verspannungskomponenten tragen maßgeblich zur Erhöhung der Leistungsfähigkeit des n-MOSFETs bei. Eine druckverspannte Deckschicht (Compressive Overlayer Film, COL) erzeugt ein für den p-MOSFET vorteilhaftes, zum TOL komplementäres Verspannungsfeld. Bei Verwendung der geeigneten Deckschicht kann die Leistungsfähigkeit von n- bzw. p-MOSFET um bis zu 15% bzw. 35% verbessert werden [17]–[19]. Die Herausforderung liegt in den verschiedenen Verspannungsfeldern, welche für die beiden Transistortypen benötigt werden. In diesem Fall sind Masken- und Ätzschritte nötig, um den TOL vom p-MOSFET und den COL vom n-MOSFET zu entfernen. Weiterhin besteht, wie allgemein bei allen lokalen Verspannungstechniken, eine starke Abhängigkeit von der Kanalverspannung von der Bauelementegeometrie. Dies erschwert einerseits das Design von Schaltkreislayouts, ebenso besteht ein ungewisses Skalierungsverhalten, da nicht direkt erkennbar ist, wie sich die Verspannungstechniken für diese Fälle verhalten. Andererseits kann dies auch als Potenzial angesehen werden, um durch eine Optimierung der Strukturgeometrie eine stärkere Verbesserung zu erzielen.

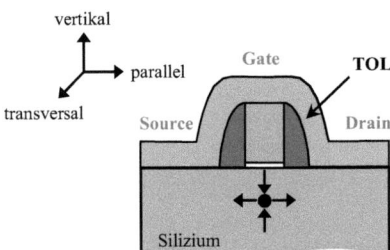

Bild 2.6:
Transistor mit darüberliegender zugverspannter Deckschicht (Tensile Overlayer Film, TOL) als Verspannungsquelle. Die Pfeile im Kanalgebiet deuten die dominante Verspannung in der Kanalregion an. Zusammenlaufende Pfeile bezeichnen Druckverspannung, auseinandergehende Pfeile symbolisieren Zugverspannung.

2.2.2 SiGe- und Si:C-Source/Drain-Gebiete

Das Herausätzen der Silizium-Source/Drain-Gebiete eines MOSFETs und das epitaktische Wiederauffüllen mit Silizium-Germanium ($Si_{1-x}Ge_x$, mit x als Germaniumkonzentration in dieser Halbleiterverbindung, kurz SiGe) wurde in [20]–[22] erstmals als Verspannungstechnik zur Verbesserung der Leistungsfähigkeit eines p-MOSFETs vorgeschlagen (Bild 2.7).

Bei der Epitaxie wird die von dem kristallinen Silizium-Substrat vorgegebene atomare Ordnung auf die wachsende SiGe-Schicht übertragen. Kristallines Germanium hat im Vergleich zu Silizium eine rund 4.2% größere Gitterkonstante und aufgrund dieser Gitterfehlanpassung der beiden Halbleiter entsteht im SiGe-Film eine intrinsische Druckverspannung, die sich als parallele Druckverspannung in den Kanalbereich überträgt. Die Germaniumkonzentration liegt üblicherweise bei $x = 0.2...0.3$. Diese Art von Verspannung führt zu einer Erhöhung der Löcherbeweglichkeit und ist somit für den p-MOSFET geeignet, wogegen die elektrischen Eigenschaften des n-MOSFETs aufgrund einer verringerten Elektronenbeweglichkeit verschlechtert werden.

Für Transistoren mit Gatelängen von circa 40 nm liegen die Kanalverspannungen im Bereich von −500 MPa bis −900 MPa. Zusätzlich besitzt SiGe in den Source/Drain-Gebieten (SiGe-S/D) die Eigenschaft, die Metall/Halbleiter-Barrierenhöhe an der Kontaktgrenzfläche zu reduzieren und dadurch den parasitären Source/Drain-Widerstand deutlich zu verringern [23]. Diese beiden Effekte, parallele Druckverspannung und verringerter Widerstand, ermöglichen substantielle Verbesserungen der Leistungsfähigkeit ($I_{D,sat}$-Universalkurve) des p-MOSFETs von 20% bis 40% [22], [24].

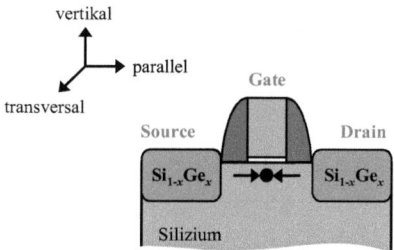

Bild 2.7:
Transistor mit $Si_{1-x}Ge_x$-Source/Drain-Gebieten als Verspannungsquelle.

Analog dazu zeigen verschiedene Veröffentlichungen [25]–[29] die Verwendung von kohlenstoffdotiertem Silizium ($Si_{1-y}C_y$ oder Si:C; y beschreibt die Kohlenstoffkonzentration) in den Source/Drain-Gebieten (Si:C-S/D). Entsprechend der kleineren Gitterkonstante von Si:C im Vergleich zu Silizium (Kohlenstoff in der Diamantmodifikation hat eine rund 34% kleinere Gitterkonstante im Vergleich zu Silizium) entsteht im Kanalgebiet eine parallele Zugverspannung, welche beim n-MOSFET die Transistorströme durch eine verbesserte Elektronenbeweglichkeit erhöht. Einige wenige Prozent Kohlenstoff, $y \approx (2...3)\%$, der Si:C-Source/Drain-Gebiete reichen aus, um eine vergleichbare, aber komplementäre Verspannung wie im p-MOSFET mit SiGe-S/D zu erzeugen.

Die Schwierigkeiten bei diesen beiden Techniken liegen in der Bereitstellung von hochentwickelten Ätz- und Epitaxieprozessen, welche für die Herstellung defektfreier und verspannter Schichten notwendig sind. Weiterhin ist im nachfolgenden Prozessablauf darauf zu achten, dass Implantations- und Hochtemperaturschritte nicht zu einer Verspannungsrelaxation der SiGe- bzw. Si:C-Schichten führen. Auch bei dieser Verspannungstechnik besteht eine starke Topographieabhängigkeit der erzeugten Verspannung und damit der erreichbaren Stromerhöhung. Unabhängig von diesen Bedenken und den zusätzlichen Prozesskosten wird die SiGe-S/D-Technik in der Industrie von vielen Halbleiterherstellern erfolgreich verwendet [22], [30]. Die Si:C-S/D-Verspannungstechnik befindet sich dagegen noch in der Entwicklungsphase, da große Herausforderungen an die Prozessintegration (vor allem in einem CMOS-Prozess) gestellt werden und noch einige grundlegende Fragen wie Verspannungsrelaxation, Dotandenaktivierung und Silizierung im Si:C offen sind [31].

2.2.3 Verspannungsspeichernde Prozesse

Die verspannungsspeichernden Prozesse (Stress Memorization Techniques, SMT) sind eine relative junge Gruppe von Verspannungstechniken zur Verbesserung des n-MOSFETs. Sie beruhen auf dem „Einfrieren" von Verspannungen im Transistor während der Rekristallisation von amorphen Source/Drain- und Polysilizium-Gate-Gebieten durch Ausheilprozesse bei erhöhten Temperaturen ($T = (600...1300)$ °C). Die Verspannungen selbst werden durch verspannte Spacer-Materialien oder temporäre Deckschichten hervorgerufen. Der genaue Mechanismus ist noch Gegenstand aktueller Untersuchungen und wird in Abschnitt 5.4 ausführlich diskutiert. Als Ursache können unterschiedliche thermische Ausdehnungskoeffizienten der beteiligten Materialien sowie temperaturabhängige Materialveränderungen angenommen werden, welche während der Rekristallisationsausheilung zum Tragen kommen [32], [33]. Die Leistungsfähigkeitsverbesserung eines n-MOSFET liegt abhängig von der genauen Prozessfolge bei (5...20)% [34], [35]. Aufgrund der für den p-MOSFET ungünstigen Verspannungsfelder werden dessen elektrische Eigenschaften durch den SMT-Prozess verschlechtert, so dass der p-MOSFET durch selektive Prozesse von der SMT-Prozessierung ausgeschlossen werden muss.

2.2.4 Verspannte Substrate

Eine der ältesten Verspannungstechniken zur gezielten Verbesserung der CMOS-Technologie verwendet einen dünnen Siliziumfilm auf einer SiGe-Schicht als Aktivgebiet für die Transistoren [36], [37]. Wichtig bei dieser globalen Verspannungstechnik ist, dass die SiGe-Schicht vollständig relaxiert ist und der darüber liegende Siliziumfilm pseudomorph aufgewachsen wird, d.h. die Gitterkonstante der darunterliegenden, als virtuelles Substrat dienenden SiGe-Schicht annimmt (Bild 2.8a). Die größere Gitterkonstante des SiGe verursacht eine biaxiale Zugverspannung im Siliziumfilm ($\sigma_{biax} \approx$ 750 MPa pro 10% Germaniumkonzentration). Typische Germaniumkonzentrationen liegen bei 20%, da diese Konzentration einen guten Kompromiss zwischen Kanalverspannung und Qualität des SiGe-Substrats bzw. des verspannten Siliziumfilms ermöglicht. Die erzeugte biaxiale Zugverspannung führt zu einer deutlich verbesserten Elektronenbeweglichkeit [38]. Für verspannte Siliziumschichten auf relaxierten $Si_{0.8}Ge_{0.2}$-Substraten wurden bis zu 100% höhere Elektronenbeweglichkeiten im Vergleich zum unverspannten Silizium gemessen [39]. Trotz dieser erheblichen Verbesserungen beträgt die Steigerung der Leistungsfähigkeit von Kurzkanaltransistoren nur ca. (10...15)% [40], [41]. Für Löcher tritt eine Verbesserung der Beweglichkeit erst ab höheren Germaniumkonzentrationen auf ($x > 30\%$, [42]).

Für eine Kombination mit den Vorteilen der SOI-Technik wurde ein Verfahren entwickelt, bei dem der verspannte Siliziumfilm direkt auf dem Oxid aufgebracht wird (Bild 2.8b). Ein weiterer Vorteil dieser sSOI-Technik (strained Silicon-On-Insulator) ergibt sich aus der größeren Kompatibilität zum konventionellen Silizium-CMOS-Prozess, da das SiGe-Material nicht mehr vorhanden ist. Dennoch haben verspannte Substrate bisher keinen Einzug in die Volumenproduktion gehalten, da die letztendlich erreichbare geringe Leistungssteigerung die deutlich gestiegenen Anforderungen in der Herstellungstechnik sowie die höheren Wafer-Kosten nicht rechtfertigt [43].

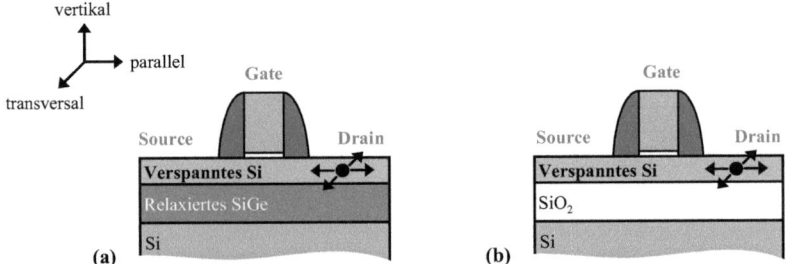

Bild 2.8: Transistor auf verspanntem Substrat. Der verspannte Siliziumfilm befindet sich auf (a) einer relaxierten SiGe-Schicht bzw. (b) einer Siliziumdioxidschicht.

2.2.5 Weitere Verspannungstechniken

Im Transistor existieren noch weitere Verspannungsquellen, welche aufgrund notwendiger Prozessschritte nicht vermieden werden können und zudem meist nicht direkt beeinflussbar sind.

Silizide in den Source/Drain- und Gate-Gebieten (Bild 2.9) erzeugen durch die Phasenumwandlung während der Silizierung Verspannungen [44], [45]. Die Art und Stärke dieser Verspannungen hängt von vielen Parametern ab, u.a. von der Wahl des Metalls, von der Dicke des Silizidfilms, von den Prozessbedingungen während der Silizierung und von den Abmessungen des Transistor und der Aktivgebiete [44]. Das Nickelsilizid (NiSi) als übliches Silizid in aktuellen Technologien besitzt eine intrinsische Zugverspannung von rund 500 MPa [44] und induziert eine für den n-MOSFET vorteilhafte parallele Zugverspannung im Kanal.

Die zur elektrischen Isolation der einzelnen Aktivgebiete verwendete Shallow-Trench-Isolation (**STI**) (Bild 2.9) erzeugt ebenfalls Verspannungen im Transistorkanal. Aufgrund des größeren thermischen Ausdehnungskoeffizienten von Oxid im Vergleich zum Silizium entsteht eine parallele und transversale Druckverspannung im Silizium durch die umgebende STI. Diese Verspannungen nehmen mit kleineren Abmessungen der Aktivgebiete zu. Typische Werte liegen bei (−100...−400) MPa [46].

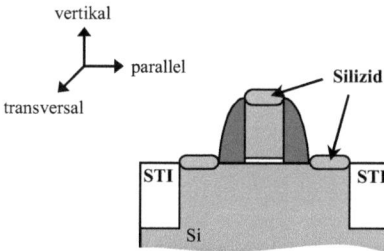

Bild 2.9:
Transistor mit Silizid in den Source/Drain- und Gate-Gebieten bzw. mit der Grabenisolationen (Shallow Trench Isolation, STI) als Verspannungsquellen.

In Transistoren mit **Metall-Gates** kann man durch geeignete Wahl des Materials hohe Verspannungen im Gate erzeugen, welche in den darunterliegenden Kanal übertragen werden. So wird in [47] Titannitrid als Gatematerial verwendet, welches durch seine intrinsische Druckverspannung zu einer 6%igen Verbesserung der n-MOSFET-Leistungsfähigkeit führt [6]. Ebenso können die **Kontakte** mit verspannten Metallen gefertigt werden, was z.B. bei der Anwendung von Aluminium-Kontakten eine Verbesserung der Leistungsfähigkeit des n-MOSFETs um circa 10% zur Folge hat [6].

In [48] wird eine Verspannung des fertig prozessierten Chips durch das Gehäuse (**Package**) vorgeschlagen. Durch Einprägen einer biaxialen Zugverspannung in den fertigen Schaltkreis konnte eine 5%ige Erhöhung der Schwingfrequenz eines Ring-Oszillators gezeigt werden.

2.3 Piezoresistiver Effekt

Ein wichtiger Aspekt für das Verständnis und die weitere Prozessentwicklung ist die theoretische Beschreibung der deformationsbedingten Änderung der Elektronen- und Löcherbeweglichkeit. Dies hat sich zu einem eigenen Forschungsfeld entwickelt, wobei noch viele Fragen offen sind und deshalb ein universelles Modell noch nicht verfügbar ist [49], [50]. Im Besonderen machen Unbestimmtheiten der Streumodelle und der Parameter für Inversionsladungsträger starke Näherungen in Verbindung mit den auftretenden numerischen Komplexitäten erforderlich. Aus diesem Grund hat sich für die Vorhersage der Beweglichkeitsänderung von Elektronen und Löchern unter dem Einfluss einer mechanischen Verspannung ein phänomenologischer Ansatz, basierend auf experimentell gemessenen piezoresistiven Koeffizienten, bewährt. Die piezoresistiven Koeffizienten für Silizium wurden zuerst von SMITH im Jahre 1954 bestimmt [51] und zeigen eine Verringerung der absoluten Werte mit zunehmenden Dotierungskonzentrationen und höheren Temperaturen [52]. Aktuellere Studien berücksichtigen auch nichtlineare Effekte bei größeren Verspannungswerten [53].

Der piezoresistive Tensor $\underline{\Pi}$ ist ein Tensor vierter Ordnung, der die relative Änderung des spezifischen elektrischen Widerstands $\Delta\underline{\rho}/\rho$ mit dem Verspannungstensor $\underline{\sigma}$ verknüpft:

$$\frac{\Delta\rho_{ij}}{\rho} = \sum_{k=1}^{3}\sum_{l=1}^{3} \Pi_{ijkl}\sigma_{kl} \quad \text{mit } i, j, k, l = 1, 2, 3. \tag{2.7}$$

Dabei sind die Zahlen 1, 2 und 3 der x-, y- und z-Achse zugeordnet. Aus Gründen der Übersichtlichkeit kann Gleichung (2.7) in Matrix-Form geschrieben werden, welche unter Ausnutzung von Symmetriebeziehungen die Indizes vereinfachend als 11→1, 22→2, 33→3, 32→4, 31→5 und 21→6 ausdrückt. So wird $\sigma_{ij} = \sigma_{12} = \sigma_{xy}$ beispielsweise zu σ_6. Mit Hilfe dieser Vereinfachung kann die Doppelsumme in Gleichung (2.7) in eine 6×6-Matrix überführt werden:

$$\frac{\Delta\rho_i}{\rho} = \Pi_{ij}\sigma_j = \frac{1}{\rho}\begin{bmatrix}\Delta\rho_1\\\Delta\rho_2\\\Delta\rho_3\\\Delta\rho_4\\\Delta\rho_5\\\Delta\rho_6\end{bmatrix} = \begin{bmatrix}\Pi_{11} & \Pi_{12} & \Pi_{12} & 0 & 0 & 0\\\Pi_{12} & \Pi_{11} & \Pi_{12} & 0 & 0 & 0\\\Pi_{12} & \Pi_{12} & \Pi_{11} & 0 & 0 & 0\\0 & 0 & 0 & \Pi_{44} & 0 & 0\\0 & 0 & 0 & 0 & \Pi_{44} & 0\\0 & 0 & 0 & 0 & 0 & \Pi_{44}\end{bmatrix}\cdot\begin{bmatrix}\sigma_1\\\sigma_2\\\sigma_3\\\sigma_4\\\sigma_5\\\sigma_6\end{bmatrix}. \tag{2.8}$$

Die Verspannung und der spezifische elektrische Widerstand werden dabei als sechskomponentige Vektoren dargestellt (Voigtsche Notation). Gleichzeitig kann als Folge der Symmetrieeigenschaften von kristallinem Silizium die Matrix der piezoresistiven Koeffizienten von 81 auf drei Unabhängige reduziert werden. Dies sind Π_{11}, Π_{12} und Π_{44} welche als der piezoresistive parallele, transversale bzw. Scherkoeffizient bezeichnet werden (Tabelle 2.1).

Die piezoresistiven Koeffizienten für ein zweidimensionales Ladungsträgergas (z.B. die Inversionsschicht im Transistorkanal) können deutlich von den klassischen piezoresistiven Koeffizienten für Volumenkristalle abweichen [54], vgl. Tabelle 2.1. Die Streuung der Ladungsträger an der Si/SiO$_2$-Grenzfläche sowie Quantisierungseffekte haben erheblichen Einfluss auf die Ladungsträgerbeweglichkeit sowie auf deren deformationsbedingte Änderungen. Die in der Literatur angegebenen piezoresistiven Koeffizienten für Inversionsschichten weisen allerdings im Vergleich zu den klassischen Koeffizienten teilweise starke Streuungen auf [55]–[57].

2.3 Piezoresistiver Effekt

Tabelle 2.1: Piezoresistive Koeffizienten für niedrig dotiertes ($N \approx 10^{16}$ cm^{-3}) Volumensilizium (Bulk, [51]) sowie für Inversionsschichten (Inversionsladungsträgerdichte $N_{inv} \approx 10^{12}$ cm^{-3}, [57]).

Piezoresistive Koeffizienten (in 100 GPa^{-1})		Π_{11}	Π_{12}	Π_{44}
Elektronen	Bulk	−102.2	53.4	−13.6
	Inversionsschicht	−42.6	−20.7	−7.7
Löcher	Bulk	6.6	−1.1	138.1
	Inversionsschicht	9.1	−6.2	140.5

Der spezifische elektrische Widerstand ρ ist über Gleichung (2.9) mit der Elektronen- und Löcherbeweglichkeit (μ_n und μ_p) verbunden [5]

$$\rho = \frac{1}{e(n\mu_n + p\mu_p)}, \qquad (2.9)$$

wobei e die Elementarladung und n bzw. p die Elektronen- bzw. Löcherkonzentration definiert. Eine Änderung des spezifischen elektrischen Widerstands steht im direkten Zusammenhang zu einer Änderung der Konzentration und der Beweglichkeit der Majoritätsladungsträger [51], [58]. Unter dem piezoresistiven Effekt versteht man zwar allgemein die Änderung des *spezifischen elektrischen Widerstandes* unter dem Einfluss mechanischer Verspannungen, was mit der Annahme konstanter Ladungsträgerkonzentrationen dennoch direkt auf die *Beweglichkeits*änderung schließen lässt.

Ein Beispiel für die Anwendung des piezoresistiven Effekts ist in Bild 2.10 dargestellt und zeigt den Einfluss von 100 MPa uniaxialer Zugverspannung auf die Änderung der elektrischen Leitfähigkeit $\Delta\kappa/\kappa = \rho/\Delta\rho_i = -\Pi_{ij}\sigma_j$. Dabei rotiert der Transistor in der (001)-Ebene, welches die übliche Substratorientierung von industriellen Wafern ist. Die x-Achse von Bild 2.10 bezeichnet die Kanalrichtung, d.h. die Richtung des elektrischen Felds E. Ein Winkel θ von 45° repräsentiert beispielsweise die [110]-Kanalrichtung.

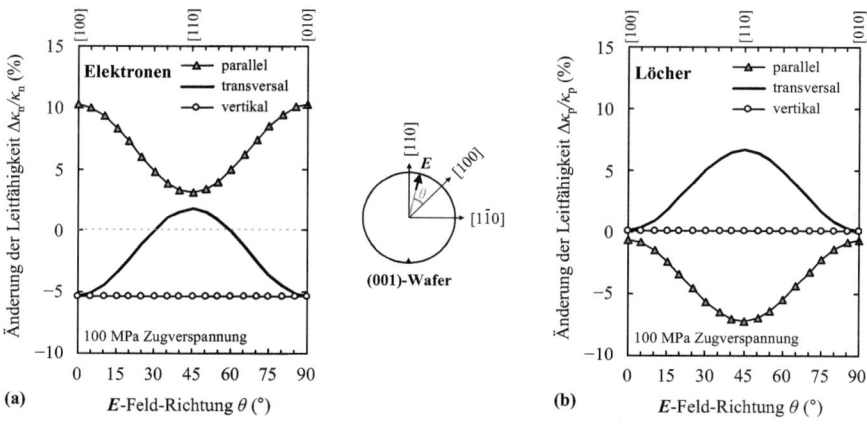

Bild 2.10: Änderung der Leitfähigkeit $\Delta\kappa/\kappa$ in Abhängigkeit von der Kanalrichtung (Richtung des elektrischen Felds E) für (a) Elektronen und (b) Löcher. Eine uniaxiale Zugverspannung von 100 MPa wird parallel, transversal oder vertikal zum E-Feld eingeprägt (piezoresistive Koeffizienten nach [51]).

Es werden folgende drei Fälle für die angreifende Verspannung unterschieden:

- *Parallele* Verspannung: Die Richtung der Verspannung ist identisch zur Richtung des elektrischen Felds. Beispielsweise sind in Bild 2.10 für $\theta = 45°$ sowohl das elektrische Feld E als auch die uniaxiale Verspannung in [110]-Richtung orientiert.

- *Transversale* Verspannung: Die Richtung der Verspannung steht senkrecht in der Ebene zur Richtung des elektrischen Felds. Dies bedeutet in Bild 2.10 für $\theta = 45°$, dass das elektrische Feld in [110]-Richtung zeigt, und die transversale Verspannung in [1$\bar{1}$0]-Richtung.

- *Vertikale* Verspannung: Die Richtung der Verspannung steht senkrecht zur Ebene und zum elektrischen Feld. In Bild 2.10 ist die vertikale Verspannung für alle Richtungen θ des elektrischen Felds entlang der [001]-Richtung orientiert.

Da eine uniaxiale Zugverspannung in Bild 2.10 angenommen wurde, bedeutet eine negative Änderung der elektrischen Leitfähigkeit für eine bestimmte Feld- und Verspannungsrichtung, dass eine uniaxiale Druckverspannung die Leitfähigkeit verbessert. Weiterhin kann näherungsweise angenommen werden, dass die Änderung der elektrischen Leitfähigkeit durch eine biaxiale Verspannung aus der Summe der Änderungen aus den zwei separaten Richtungen ermittelt werden kann.

Aus Bild 2.10 geht weiterhin hervor, dass der Elektronentransport für Transistoren entlang der [110]-Richtung auf (001)-Substraten erhöht wird, wenn eine *Zug*verspannung parallel oder transversal zum Stromfluss eingebracht wird, während eine vertikale *Druck*verspannung vorteilhaft für den Elektronentransport ist. Für Löcher führt eine parallele *Druck*verspannung und eine transversale *Zug*verspannung zu einem verbesserten Transportverhalten, wogegen der Einfluss der vertikalen Komponente vernachlässigbar ist. Für eine Verbesserung der Leistungsfähigkeit einer CMOS-Technologie ist es erforderlich, eine Verspannungskonstellation zu finden, die sowohl die Beweglichkeit der Elektronen als auch die der Löcher verbessert. Wie aus Bild 2.10 ersichtlich ist, führt (für $\theta = 45°$) eine parallele Verspannung entweder zu einer Verbesserung des n-MOSFETs und gleichzeitig zu einer Verschlechterung des p-MOSFETs oder umgekehrt. Eine vertikale Verspannung lässt den p-MOSFET unbeeinflusst, wogegen eine Verspannungstechnik, welche transversale Zugverspannung erzeugt, n-MOSFET und p-MOSFET verbessern würde.

Bild 2.10 macht nochmals deutlich, dass der piezoresistive Effekt stark anisotrop ist. In <100>-Richtung ist die Sensitivität des n-MOSFETs auf Verspannung sehr groß, wogegen der p-MOSFET unabhängig von einer Verspannung ist ($\theta = 0°$ in Bild 2.10).

In den Gleichungen (2.10) und (2.11) sind die Beweglichkeitsänderungen für Elektronen und Löcher durch uniaxiale Verspannungen parallel, transversal und vertikal zum Stromfluss eines in [110]-Richtung orientierten MOSFETs (nach Bild 2.10) als zugeschnittene Größengleichung zusammengefasst:

$$\frac{\Delta\mu_\text{n}}{\mu_\text{n}} \approx \frac{\Delta\kappa_\text{n}}{\kappa_\text{n}} = 0.31 \cdot \frac{\sigma_\text{para}}{\text{GPa}} + 0.18 \cdot \frac{\sigma_\text{trans}}{\text{GPa}} - 0.53 \cdot \frac{\sigma_\text{vert}}{\text{GPa}} \tag{2.10}$$

$$\frac{\Delta\mu_\text{p}}{\mu_\text{p}} \approx \frac{\Delta\kappa_\text{p}}{\kappa_\text{p}} = -0.72 \cdot \frac{\sigma_\text{para}}{\text{GPa}} + 0.66 \cdot \frac{\sigma_\text{trans}}{\text{GPa}} + 0.01 \cdot \frac{\sigma_\text{vert}}{\text{GPa}} \ . \tag{2.11}$$

Die Gültigkeit der Gleichungen (2.7) bis (2.11) ist auf den Bereich kleiner Verspannungen ($\sigma < \pm 200$ MPa) beschränkt, in dem ein linearer Zusammenhang zwischen spezifischem elektrischem Widerstand und der Verspannung gilt. Da in Transistoren deutlich größere Verspannungen erzeugt werden können, sind mit diesem Modell für diese Fälle nur tendenzielle Aussagen möglich. Für genaue Untersuchungen müssen verfeinerte Modelle angewendet werden (s. Abschnitt 4.4).

2.4 Charakterisierungsmethoden für verspannte Schichten

Verspanntes Silizium ist ein wesentlicher Bestandteil aktueller Transistortechnologien und dennoch ist es bisher nicht möglich, die tatsächlich im Kurzkanaltransistor vorhandene Verspannung bzw. Deformation messtechnisch zu erfassen. Dies ist aber für das Verständnis, wie Verspannungen entstehen und sich verändern sowie für die Kontrolle von Defektbildungsmechanismen durch Relaxation entscheidend. Die Herausforderung liegt darin, dass der Transistorkanal durch das Gate verdeckt und zudem sehr klein ist.

Meist ist es möglich, den Verspannungszustand der Verspannungsquelle prinzipiell mit Hilfe von großflächigen Teststrukturen zu bestimmen. Aber zum einen ist es schwierig, dadurch auf die Verspannung der meist viel kleineren oder anders strukturierten Verspannungsquellen zu schließen, wie sie letztendlich im Transistor verwendet wird. Zum anderen können ausgehend von dieser Kenntnis keine direkten Rückschlüsse auf die Verspannung im Kanalgebiet gezogen werden, da die Verspannungsübertragung aufgrund der mechanischen Wechselwirkungen teilweise komplex ist und eine Korrelation z.b. der Filmverspannung mit der Kanalverspannung schwierig ist. Momentan ist der einzige Zugang für die Untersuchung der Verspannungsfelder in sub-100 nm-Bauelementen über die Prozesssimulation möglich, die aber eben aufgrund der fehlenden Messmethoden nicht vollständig kalibriert werden kann.

Dennoch sind die verfügbaren Messmethoden unentbehrlich, um die prinzipielle Funktionalität einzelner Verspannungsquellen nachzuweisen und qualitative Abschätzungen über die Art und Stärke der Verspannungsfelder zu erhalten. Für die Charakterisierung von verspannten Schichten stehen verschiedene Messmethoden zur Wahl [59], von denen die hier verwendeten kurz mit ihren Vor- und Nachteilen gegenübergestellt werden.

A) Messung der Waferkrümmung

Eine makroskopische Methode zur Bestimmung der intrinsischen Verspannung eines unstrukturierten Films auf einem Siliziumwafer ist die Messung der Waferkrümmung mittels Laserreflektometrie. Aus der Änderung der Waferkrümmung vor und nach der Filmabscheidung kann über die Beziehung [60]

$$\sigma_{Film} = \frac{E}{6(1-v)} \frac{t_{Substrat}^2}{t_{Film}} \left(\frac{1}{R_{nachher}} - \frac{1}{R_{vorher}} \right) \qquad (2.12)$$

die Verspannung im Film berechnet werden. Dabei stehen E und v für den Elastizitätsmodul und für die Poissonzahl von Silizium, t ist die Dicke des verspannten Films bzw. des Substrats und R der Verbiegungsradius des Wafers. Das Messverfahren ist auf große (einige Quadratzentimeter) und uniforme Oberflächen beschränkt und kann daher lediglich zur Charakterisierung von Abscheideverfahren dienen.

B) Raman-Spektroskopie

Ein zerstörungsfreies Messverfahren mit einem lateralen Auflösungsvermögen im sub-µm-Bereich ist die Raman-Spektroskopie [61]. Bei ihr wird ein polarisierter Laserstrahl auf die zu untersuchende Probenoberfläche fokussiert, so dass es zu einer Wechselwirkung zwischen Photonen und den materialcharakteristischen Phononen (optische Gitterschwingungen) kommt. Das detektierte Licht aus inelastischen Streuprozessen, der so genannten Raman-Streuung, weist bestimmte Maxima im Spektrum auf. Deren Lage verändert sich durch mechanische Verspannungen, wodurch quantitative Aussagen über die Verspannung am Messpunkt möglich sind. Dabei muss beachtet werden, dass die Verspannungsinformation der Probe über die Eindringtiefe des Lasers integriert wird. Zum Beispiel beträgt bei einer Wellenlänge von $\lambda = 448$ nm die Eindringtiefe in Silizium $d \approx 500$ nm.

Die Ortsauflösung der Raman-Spektroskopie ist durch den Durchmesser des Laserstrahls begrenzt. Dessen Abmessungen liegen im Mikrometerbereich, wodurch diese Messmethode nicht in der Lage ist, die Kanalverspannung in den aktuellen Transistoren mit Abmessungen von weniger als 50 nm zu erfassen.

C) Röntgendiffraktometrie

Eine seit langem angewandte Methode zur Analyse von Verspannungsfeldern in kristallinen Stoffen ist die Röntgendiffraktometrie (X-Ray Diffraction, XRD) [62]. Wie die Raman-Spektroskopie ist sie zerstörungsfrei und relativ zeitunkritisch. Bei ihr wird ein Röntgenstrahl auf die Probe gerichtet, so dass es zu Reflexionen an ausgewählten Netzebenen des Kristallgitters kommt. Mit der Variation des Einfallwinkels und des detektierten Austrittwinkels des Röntgenstrahls können u.a. die lateralen und vertikalen Gitterkonstanten bzw. Abweichungen davon registriert werden. Eine Analyse mit XRD ist aufgrund des Strahldurchmessers (sub-mm-Bereich) nur für großflächige Strukturen möglich.

D) Transmissionselektronenmikroskopie

Das beste Verfahren hinsichtlich hoher räumlicher Auflösung ist derzeit die Transmissionselektronenmikroskopie (TEM). Hierbei durchstrahlt ein Elektronenstrahl eine extrem dünne Probe, z.B. einen zur ca. (200...300) nm dicken Lamelle präparierten Transistorquerschnitt. Neben der üblichen Anwendung zur Erzeugung eines Abbildes einer Struktur mit Auflösungen im Nanometerbereich existieren mehrere Varianten zur Analyse der Kristalldeformation [63]. Für die später aufgeführten Untersuchungen wurde auf die Methode der Nano-Beam Electron Diffraction (NBD) zurückgegriffen [64], welche besonders für starke Verspannungsgradienten geeignet ist. Hierbei wird ein fast paralleler, nm-breiter Elektronenstrahl verwendet, wobei die 2D-Beugungsmuster der bestrahlten Bereiche grafisch ausgewertet werden. Aus den geänderten Atomabständen lassen sich dann richtungsabhängige Deformationen und Verspannungen ableiten. Der größte Nachteil besteht bei allen TEM-Varianten in der aufwändigen und zerstörenden Probenpräparation und der langen Messdurchführung, allerdings ist die laterale Auflösung von (6...10) nm unübertroffen [65]. Problematisch gestaltet sich der Umstand, dass quantitative Aussagen aufgrund unzureichender Referenzwerte nicht zuverlässig möglich sind. Weiterhin kann eine Signalverfälschung durch die notwendige Probenpräparation auftreten, da durch die entstehenden freien Oberflächen eine Relaxation der Verspannung möglich ist [66].

E) Änderung des elektrischen Transistorverhaltens

Neben den Versuchen, die Verspannung im Transistorkanal selbst zu bestimmen, kann man eine verspannungsbedingte Änderung des elektrischen Verhaltens als indirekten Nachweis heranziehen. Dabei muss einerseits vorausgesetzt werden, dass im Vergleich zu einem unverspannten Referenztransistor keine weiteren Änderungen, z.B. des Dotierungsprofils oder der Bauelementegeometrie, auftreten. Anderseits sind zuverlässige theoretische Modelle erforderlich, um aus den Beobachtungen die richtigen Schlussfolgerungen ziehen zu können. So kann zwar anhand eines verringerten elektrischen Widerstands festgestellt werden, dass eine die Beweglichkeit steigernde Verspannung vorhanden ist. Wie dieses Verspannungsfeld aber genau aussieht (zug- oder druckverspannt bzw. uniaxial oder biaxial), kann nur grob, beispielsweise über den piezoresistiven Effekt, eingegrenzt werden. Neben einer Widerstandsverringerung äußert sich ein günstiger Verspannungszustand in einer Verbesserung des Universalkurvenverhaltens und einer Reduzierung der Schwellspannung. Meist wird auch die Darstellung des Gesamtwiderstandes eines Transistors über der Gatelänge genutzt, da der Anstieg dieser Kurven ein Maß für die Beweglichkeit ist ($1/\mu \sim \delta R_{Gesamt}/\delta L_G$). Dadurch ist es möglich, relative Änderungen der Beweglichkeit im Vergleich zum Referenztransistor zu ermitteln.

2.5 Stand der Technik

Die vielfältigen Effekte der mechanischen Verspannung auf Silizium und die Siliziumtechnologie wurden seit den 1950er Jahren untersucht [51]. Man hat frühzeitig erkannt, dass durch eine Änderung der Bandstruktur eines Materials viele Eigenschaften verändert werden, vor allem die Bandlücke, die effektive Masse und die Ladungsträgerbeweglichkeit, aber auch das Diffusionsvermögen von Dotanden sowie die Oxidationsraten. Diese Verspannungseffekte sind zudem stark anisotrop [54], [67].

Der piezoresistive Effekt ist in den Halbleitern Silizium und Germanium rund 100x stärker als in Metallen und wurde schnell erfolgreich in mechanischen Sensoren auf der Basis von Silizium ausgenutzt [68], [69]. Dies blieb lange Zeit die bevorzugte Anwendung und erst einige Jahrzehnte später wurde das Thema Verspannung in Silizium wieder interessant, als Ende der 1980er und Anfang der 1990er Jahre Fortschritte in der Epitaxie dazu führten, dass dünne verspannte Siliziumschichten auf relaxiertes Silizium-Germanium gewachsen werden konnten. Diese wafer-basierten Verspannungen wurden von einer Vielzahl von Gruppen mit der Absicht untersucht, die Ladungsträgerbeweglichkeit zu erhöhen [36], [37], [42]. Gleichzeitig brachten sie wichtige Erkenntnisse über die Bandstruktur der verspannten Si/SiGe-Heterostrukturen [70]. Diese Arbeiten gipfelten 1993 im ersten verspannten p-MOSFET [71] und 1994 folgte der erste verspannte n-MOSFET [37]. Seither ist das Feld der verspannten Transistoren ein sehr attraktives Forschungsgebiet.

Mit der fortschreitenden Skalierung in den sub-µm-Bereich erreichen die Verspannungseffekte eine neue Dimension, da bisher vernachlässigbare lokale Verspannungsquellen einen merklichen Einfluss gewinnen. Diese zuerst ungewollten Verspannungseffekte, beispielsweise durch die lokale Oxidation von Silizium (LOCOS) oder durch die STI, führten nicht nur zu einer Verringerung der Elektronen- und Löcherbeweglichkeiten [72], sondern erzeugten auch Defekte, die in DRAMs den Leckstrom erhöhen [73]. Nach anfänglichen Bemühungen, solche Verspannungen zu minimieren, um die Zuverlässigkeit und Ausbeute nicht zu gefährden [74], wurde das Potential dieser lokalen Verspannungstechniken für eine gezielte Erhöhung der Ladungsträgerbeweglichkeiten schnell erkannt. Innerhalb weniger Jahre wurden vielfältige Ansätze zur absichtlichen Verspannung der Bauelemente in die Siliziumtechnologie integriert [20], [22], [35]. Über den Transistor abgeschiedene verspannte Nitridschichten waren die ersten bewusst erzeugten lokalen Verspannungstechniken [17], [75]. Kurz darauf schlugen GANNAVARAM *et al.* vor, in den Source/Drain-Gebieten SiGe, aufgrund der höheren Bor-Aktivierung und des geringeren externen Widerstands zu verwenden [76]. Die unerwartet hohe Leistungssteigerung wurde kurz darauf auf die zusätzliche Druckverspannung durch die Gitterfehlanpassungen zurückgeführt [20].

Die erste kommerzielle Technologie-Plattform mit verspanntem Silizium war die 90 nm-Technologie von INTEL im Jahre 2002 unter Nutzung von TOL beim n-MOSFET und SiGe-S/D beim p-MOSFET [20]. Seither wird mit steigendem Interesse eine Vielzahl weiterer Verspannungstechniken erforscht und erprobt, um die Verspannungslevel und damit die Leistungsfähigkeit der Transistoren weiter zu erhöhen. Derzeit nutzen fast alle Halbleiterhersteller Varianten einer verspannten CMOS-Technologie [6], [21], [77]–[80], wobei ausschließlich lokale Verspannungstechniken zum Einsatz kommen. Obwohl globale Verspannungstechniken (verspannte Substrate) die historisch ältesten Verspannungstechniken darstellen, wurden sie aus Gründen, die noch detaillierter in den folgenden Kapiteln dargelegt werden, noch nicht in die industrielle Produktion übernommen.

Die Anfänge der computergestützten Simulation von Halbleiterbauelementen fanden zeitnah zu der Entwicklung der integrierten Schaltkreise durch GUMMEL, SCHARFETTER und DEAL [81], [82] mit der Modellierung eines Bipolartransistors statt. Ausgehend von diesen ersten eindimensionalen Bauelemente- und Prozesssimulationen, tragen kontinuierliche Verbesserungen der Modelle und stetig ansteigende Rechenleistungen dazu bei, dass die simulationsunterstützte Technologieentwicklung (Technology Computer Aided Design, TCAD) heutzutage in der Lage ist, fast jeden Aspekt der Halbleitertechnologieentwicklung durch die Prozess- und Bauelementesimulationen zu adressieren [83].

In TCAD wurden mechanische Verspannungen, relativ zeitgleich zu den experimentellen Beobachtungen, zuerst für die Modellierung der Oxidation von Silizium eingeführt [84]. Neben dem Materialwachstum als Verspannungsquelle wurden die Simulationsprogramme kontinuierlich um weitere Verspannungsmechanismen, z.B. unterschiedliche thermische Ausdehnungskoeffizienten, intrinsische Verspannungen in abgeschiedenen Filmen oder abweichende Gitterkonstanten von Dotanden, erweitert. Die ersten Simulationsprogramme, die die Verspannung in allen Materialien einer Struktur während aller Prozessschritte berechnen konnten, waren Ende 1990 verfügbar [85]. Seitdem wird vor allem der Einfluss in der Bauelementesimulation durch eine stetige Weiterentwicklung der Modelle und eine gewissenhafte Kalibrierung der Modellparameter berücksichtigt, um die Vielzahl an auftretenden physikalischen Phänomenen zu erfassen [86]. Dies ist auch Gegenstand der nachfolgenden Kapitel dieser Arbeit.

Abschließend ist in Bild 2.11 beispielhaft die Kombination von verschiedenen Verspannungstechniken dargestellt, wie sie u.a. von GLOBALFOUNDRIES in der 45 nm-Technologiegeneration verwendet werden (bis auf die Si:C-S/D-Gebiete) und deren Untersuchung Schwerpunkt dieser Arbeit ist.

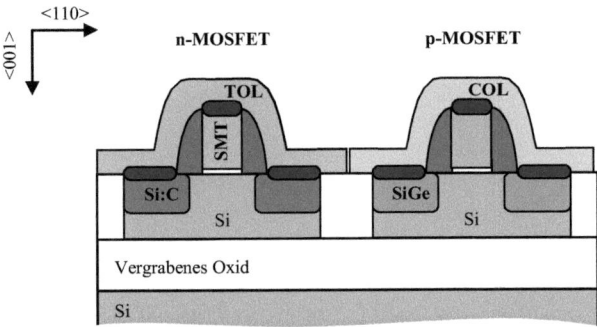

Bild 2.11: Integration verschiedener lokaler Verspannungstechniken in die SOI-CMOS-Technologie.

Kapitel 3

Einfluss der Verspannung auf die Bandstruktur

Beschreibt man Elektronen im Halbleiter mit dem Wellenmodell, so erfahren sie das periodische Potenzial des Kristallgitters. Durch das Potenzial ändert sich die Dispersionsrelation der Elektronen und führt zur Bildung von Energiebändern und Bandlücken, der so genannten Bandstruktur. Die Bandstruktur beschreibt die Energiezustände im Kristall-Impulsraum, welche für Elektronen und Löcher erlaubt bzw. verboten sind. Die Bandstruktur bestimmt viele wesentliche Merkmale, im Besonderen die elektronischen und optischen Eigenschaften des Halbleiters. Diese können durch eine Deformation des Kristallgitters aufgrund einer mechanischen Verspannung so verändert werden, dass die Leistungsfähigkeit der daraus gefertigten Bauelemente erhöht ist.

Der erste Abschnitt rekapituliert kurz die Kristallstruktur des unverspannten Siliziums. Die deformationsbedingten Verschiebungen, Verformungen und Aufspaltungen des Leitungs- und Valenzbandes im Impulsraum werden im Rahmen der Deformationspotenzialtheorie und der empirischen Pseudopotenzialmethode diskutiert. Den Schwerpunkt stellen die sich ergebenden Auswirkungen auf die Ladungsträgerbeweglichkeit dar. Abschließend werden Besonderheiten des Ladungstransports im Kanal eines MOSFETs sowie physikalische Grenzen der Beweglichkeitssteigerung aufgezeigt.

3.1 Unverspanntes Silizium

Silizium ist ein indirekter Halbleiter, welcher in der Diamantstruktur kristallisiert. Das Raumgitter ist aus zwei ineinander verschachtelten kubisch flächenzentrierten Gittern (fcc-Gitter) aufgebaut, die um ein Viertel der Raumdiagonale versetzt sind und acht Atome pro Einheitszelle aufweisen. In Bild 3.1 ist die Bandstruktur von unverspanntem Silizium entlang bestimmter Symmetrielinien im reziproken Raum (Impulsraum, k-Raum) dargestellt. Das Valenzband ist im Allgemeinen das höchste besetzte Elektronenenergieband am absoluten Nullpunkt ($T = 0$ K), wogegen das Leitungsband das nächst höhere Band beschreibt und durch die Bandlücke E_g vom Valenzband getrennt ist. Das energetische Maximum des Valenzbandes befindet sich am Γ-Punkt im k-Raum und das Minimum des Leitungsbandes ist entlang der Δ-Symmetrielinie nahe des X-Punktes bei $k_{min} = 2\pi/a_{Si} \cdot (0, 0, 0.85)$ lokalisiert [87]. Hier ist a_{Si} die Gitterkonstante von Silizium, $a_{Si} = 0.5431$ nm.

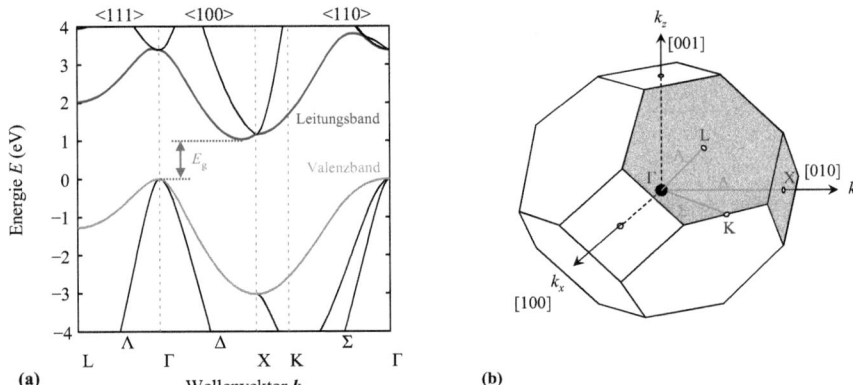

Bild 3.1: (a) Bandstruktur des unverspannten Siliziums entlang ausgewählter Symmetrielinien. Das unterste Leitungsband bzw. das oberste Valenzband sind hervorgehoben und durch die Bandlücke $E_g = 1.12$ eV (bei Raumtemperatur) voneinander getrennt. (b) Erste Brillouin-Zone von Silizium zur Verdeutlichungen der Symmetriepunkte (blau) und Symmetrielinien (orange).

Für die spätere Betrachtung des Stromflusses ist die Beweglichkeit der Ladungsträger ein wesentlicher Parameter, welcher nach der klassischen Beschreibung des Ladungsträgertransports basierend auf dem Drude-Modell [88] über

$$\mu = \frac{e\tau}{m^*} \tag{3.1}$$

gegeben ist. Dabei ist e die Elementarladung und m^* die effektive Masse des Ladungsträgers. Die mittlere Freiflugzeit zwischen zwei Stoßprozessen τ (auch Impulsrelaxationszeit genannt oder invers als Streurate $1/\tau$ definiert) wird bestimmt durch die Streuung an geladenen und ungeladenen Störstellen im Kristall, thermischen Gitterschwingungen (Phononen), Gitterfehlern und Grenzflächeneffekten [89].

3.1.1 Effektive Masse

Ladungsträger im Silizium werden als Quasiteilchen betrachtet und der komplizierte Einfluss der anderen Ladungsträger sowie der Atomrümpfe auf die Bewegung innerhalb des Kristalls wird durch eine effektive Masse m^* erfasst. So kann die Bewegung des Elektrons im idealen Kristall näherungsweise wie ein freies Teilchen mit dieser effektiven Masse betrachtet werden. Dabei ist die effektive Masse keine universelle Naturkonstante, sondern von Material zu Material verschieden und auch innerhalb eines Kristalls stark richtungsabhängig (anisotrop).

Die sechs energetisch identischen („entarteten") Leitungsbandminima entlang der Δ-Symmetrielinie (je zwei entlang der drei Raumrichtungen) sind parabolisch für Energien nahe dem Minimum. Als Näherung können die Isoenergieflächen (Flächen mit $E(\boldsymbol{k})$ = konstant im k-Raum) der Elektronen kurz über dem Leitungsband als sechs Ellipsoide modelliert werden, wie in Bild 3.2a veranschaulicht ist. Diese Rotationsellipsoide entlang der Kristallachsen werden oft auch als Täler bezeichnet. Die drei Ellipsoidenpaare in der Nähe des Leitungsbandminimums E_C können durch

$$E_\text{L}(\boldsymbol{k}) = E_\text{C} + \frac{\hbar^2}{2}\left(\frac{(k_x \pm k_{x,0})^2}{m_x^*} + \frac{(k_y \pm k_{y,0})^2}{m_y^*} + \frac{(k_z \pm k_{z,0})^2}{m_z^*}\right) \quad (3.2)$$

beschrieben werden. Jeder Ellipsoid ist durch drei effektive Massen gekennzeichnet, m_x^*, m_y^* und m_z^*, welche durch $m_\text{l}^* = 0.92\, m_0$ in longitudinale Richtung und durch $m_\text{t}^* = 0.19\, m_0$ in die beiden transversalen Richtungen gegeben sind ($m_0 = 9.11 \cdot 10^{-31}$ kg ist die Elektronenruhemasse).

Die effektive Masse der Ladungsträger im periodischen Kristall ist indirekt proportional zur Krümmung des Energiebandes in Richtung des Ladungstransports [90]

$$m^* = \hbar^2 \left(\frac{\partial E(k)^2}{\partial k^2}\right)^{-1}. \quad (3.3)$$

Dementsprechend bedeutet eine starke Bandkrümmung eine kleine effektive Masse, woraus eine große Ladungsträgerbeweglichkeit folgt. Unter effektiver Masse ist in der Folge generell die Bandstrukturmasse nach Gleichung (3.3) zu verstehen, nicht etwa die anders definierten Zustandsdichte- oder Leitfähigkeitsmasse [91]. Letztere erhält man durch eine Kombination der Gleichungen (3.2) und (3.3), so dass eine gemittelte effektive Masse (eben die Leitfähigkeitsmasse) für den Transport in jede beliebige Raumrichtung angegeben werden kann. Beispielsweise tragen für den Elektronentransport in x-Richtung die Täler entlang der k_x-Orientierung mit einer effektiven Masse $m^* = m_\text{l}^*$ bei, während für die Elektronen in den k_y- und k_z-Tälern senkrecht dazu die effektive Masse $m^* = m_\text{t}^*$ wirksam ist. Um die resultierende gemittelte effektive Masse zu bestimmen, werden die reziproken Massen, gewichtet mit den zugehörigen anteiligen Besetzungen in den Tälern, addiert und die Summe invertiert. Da die Besetzung im unverspannten Fall für alle sechs entarteten Täler identisch ist, ergibt sich für den Elektronentransport in x-Richtung eine Leitfähigkeitsmasse von

$$\overline{m}_n^* = \left[\left(\frac{1}{3m_\text{l}^*}\right) + \left(\frac{2}{3m_\text{t}^*}\right)\right]^{-1} = 0.26\, m_0 \, . \quad (3.4)$$

Tatsächlich ist, solange die Besetzung der einzelnen Täler mit Elektronen identisch ist, die Elektronenleitfähigkeitsmasse im unverspannten Silizium in alle Richtungen isotrop und immer gleich $0.26\, m_0$.

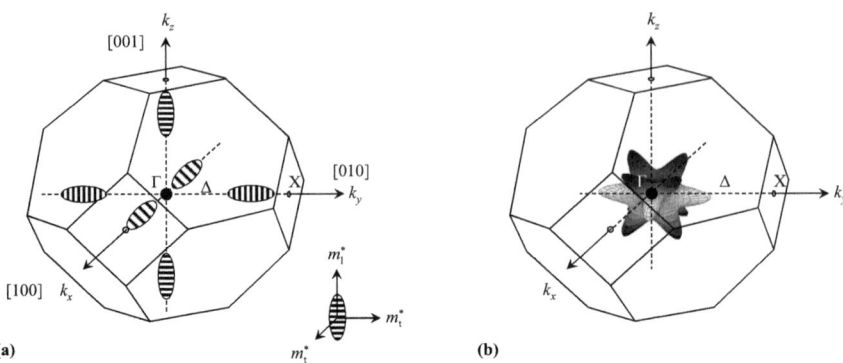

Bild 3.2: Erste Brillouin-Zone von Silizium mit eingezeichneten Isoenergieflächen (a) der sechs Elektronenminima und (b) des schweren Löcherbandes [92]. Zusätzlich sind mit Hilfe der Millerschen Indizes ausgewählte Kristallrichtungen angegeben.

Im Gegensatz zum Leitungsband ist das Valenzband stark anisotrop. Durch die Entartung der Valenzbänder am Γ-Punkt bilden sich stark verformte Isoenergieflächen (Bild 3.2b), so genannte biquadratische Flächen der Form [93]

$$E_V(k) = -Ak^2 \mp \sqrt{B^2 k^4 + C^2 \left(k_x^2 k_y^2 + k_y^2 k_z^2 + k_x^2 k_z^2\right)} \ . \tag{3.5}$$

Diese Gleichung beschreibt die Energien der zwei obersten entarteten Bänder und die Parameter A, B und C sind Bandparameter [93]. Aufgrund der kleineren Energie des ersten Valenzbandes (negativer Wurzelterm) im Vergleich zum zweiten Band (positiver Wurzelterm), ist dessen effektive Masse größer. Deshalb wird dieses Band als Band der schweren Löcher (heavy hole, hh) bezeichnet und das zweite Band entsprechend als Band der leichten Löcher (light hole, lh). Es existiert noch ein weiteres, drittes Band, das so genannte Split-Off-Band (so), welches sich energetisch 44 meV unterhalb der hh/lh-Bänder befindet.

Vernachlässigt man die durch die Spin-Bahn-Kopplung hervorgerufene Verformung der Isoenergieflächen und nähert die beiden Löcherbänder durch Kugeln an [88], so erhält man für die effektiven Massen $m_{hh}^* \approx 0.5\, m_0$ und $m_{lh}^* \approx 0.17\, m_0$. Meist sind jedoch genauere Werte für die bestimmten Raumrichtungen erforderlich, so dass aus der Hamilton-Funktion analytische Gleichungen für die effektive Masse abgeleitet werden können. Für die kristallographische <100>-Richtung ergibt sich [94]:

$$m_{hh}^* = \frac{m_0}{\gamma_1 - 2\gamma_2} = 0.291\, m_0 \ , \tag{3.6a}$$

$$m_{lh}^* = \frac{m_0}{\gamma_1 + 2\gamma_2} = 0.200\, m_0 \tag{3.6b}$$

bzw. für die <110>-Richtung:

$$m_{hh}^* = \frac{m_0}{\gamma_1 - \sqrt{\gamma_2^2 + 3\gamma_3^2}} = 0.590\, m_0 \ , \tag{3.6c}$$

$$m_{lh}^* = \frac{m_0}{\gamma_1 + \sqrt{\gamma_2^2 + 3\gamma_3^2}} = 0.148\, m_0 \ . \tag{3.6d}$$

Die Luttinger-Parameter γ_1, γ_2 und γ_3 sind nach [95] zu 4.22, 0.39 und 1.44 gewählt.

Für den Ladungstransport im unverspannten Fall ist vor allem das Band der schweren Löcher relevant, da sich hier, aufgrund der unterschiedlichen Zustandsdichten zwischen leichtem und schwerem Löcherband rund 65% der Löcher befinden (30% im lh- und 5% im so-Band) [49].

3.1.2 Streumechanismen in Silizium

Leitungselektronen in einem Halbleiter sind verschiedensten Wechselwirkungen ausgesetzt, die deren Beweglichkeit deutlich herabsetzen. In stark dotierten Halbleitern ist die Streuung an ionisierten Störstellen der dominante Streuprozess [96]. Neben der ionisierten Störstellenstreuung spielt die Phononenstreuung eine wichtige Rolle beim Transportverhalten von Elektronen im Kristall. Während die Streuung an ionisierten Störstellen elastisch ist, liefert die Phononenstreuung einen Energieverlust-Mechanismus durch die Emission von optischen Phononen [88].

Im Transistor kommen zusätzliche Streuprozesse hinzu, vor allem durch die Streuung an Grenzflächen und die Elektron-Elektron-Streuung in einer Inversionsschicht durch die Streuung der Ladungsträger untereinander. In Mischkristallen wie Silizium-Germanium existiert aufgrund der mikroskopisch stochastischen Verteilung der Legierungskomponenten eine weitere elastische Streuungskomponente, die Legierungsstreuung.

Setzt man voraus, dass die Streumechanismen unabhängig voneinander sind, dann ist wegen der Additivität der quantenmechanischen Übergangswahrscheinlichkeiten die totale Streurate die Summe der partiellen Streuraten [88]

$$\frac{1}{\tau_{\text{Total}}} = \sum_i \frac{1}{\tau_i} \ . \tag{3.7}$$

Hierbei steht der Index i für die verschiedenen Streumechanismen.

Die meisten Streumechanismen weisen eine Abhängigkeit von der mechanischen Verspannung auf. Neben dem Einfluss auf die Coulomb- und Grenzflächenstreuung [97], [98] ist vor allem die veränderte Phononenstreuung interessant. Da diese im Gegensatz zu den beiden erstgenannten Streuprozessen ein intrinsischer Streumechanismus ist, wird im Folgenden detaillierter darauf eingegangen.

Thermische Energie versetzt die Gitteratome in Schwingungen um ihre Ruhelage. Dadurch ist die räumliche Symmetrie des Gitters gestört, die die Ursache für die Streuung von Ladungsträgern im Kristall ist. Die Energie einer Gitterschwingung ist quantisiert, das Energiequant wird als Phonon bezeichnet. Man unterscheidet zwischen akustischen Gitterschwingungen, bei denen benachbarte Ionen einer Gitterzelle stets in gleicher Richtung schwingen (gleichphasig), und optischen Anregungsmoden, die entstehen, wenn Ionen gegeneinander (gegenphasig) oszillieren.

A) Akustische Phononenstreuung

Im Leitungsband von Silizium spielen sowohl akustische Phononenstreuung innerhalb desselben Tals (Innertalstreuung) als auch zwischen den einzelnen Täler (Zwischentalstreuung) eines Bandes eine Rolle [99]. Akustische Phononenstreuung ist ein elastischer Streuprozess, d.h. es findet kein Energieübertrag zwischen den Elektronen und dem Kristallgitter statt. Er ist vor allem bei niedrigen Temperaturen relevant und die akustischen Phononen besitzen im Vergleich zu den optischen Phononen eine geringere Energie.

B) Optische Phononenstreuung

Optische Phononen besitzen ausschließlich Zwischentalcharakter, da die optische Innertalstreuung durch quantenmechanische Auswahlregeln verboten ist [100]. Im Gegensatz zur akustischen Phononenstreuung ist dieser Prozess inelastisch, wodurch optische Phononen nennenswert zum Energieaustausch mit dem Gitter beitragen. Elektronen können also Energie durch Emission eines optischen Phonons an das Gitter abgeben oder aber durch Absorption aufnehmen. Bei Raumtemperatur und darüber ist die optische Phononenstreuung der dominante Streumechanismus für Elektronen und Löcher in Silizium [99].

Die hohe Energie der optischen Phononen im Vergleich zu den akustischen Phononen führt dazu, dass Ladungsträger bei hohen Geschwindigkeiten (d.h. bei hohen elektrischen Feldern z.B. in der Nähe des Drains eines MOSFETs im Sättigungsfall) mit optischen Phononen interagieren. Diese Wechselwirkung ist der Grund für den Effekt der Sättigungsdriftgeschwindigkeit.

3.2 Methoden zur Beschreibung der Bandstruktur

Die Kenntnis der energetischen Lage der Leitungs- und Valenzbandkanten sowie die Größe der Bandlücke sind von fundamentaler Bedeutung sowohl für Generations-/Rekombinationsprozesse als auch für die Bestimmung der Bandkantendiskontinuitäten an Heteroübergängen. Weiterhin lassen sich viele elektronische Eigenschaften des Transistors (z.B. Schwellspannung, Leckströme usw.) auf diese Parameter zurückführen. Wichtiger noch ist die Form der Bänder, um so die effektiven Ladungsträgermassen zu bestimmen und Rückschlüsse auf die Ladungsträgerbeweglichkeit ziehen zu können. Aus diesem Grund werden nachfolgend zwei Methoden vorgestellt, die anschließend als Werkzeug für die Analysen verwendet werden. In der Folge wird immer die Valenzbandkante als Referenzwert für die Bandkantenenergien herangezogen ($E_V = 0$ eV).

3.2.1 Deformationspotenzialmethode

Eine Deformation des Halbleiterkristalls verursacht durch die veränderten Atomabstände eine Veränderung der Bandstruktur. Zur analytischen Beschreibung der energetischen Verschiebung der Bandextrema im Vergleich zum unverspannten Fall wird die Deformationspotenzialtheorie verwendet. Sie wurde ursprünglich im Jahre 1950 von BARDEEN und SHOCKLEY [101] entwickelt und später durch HERRING und VOGT verallgemeinert [58]. In einer weiteren Studie zeigen BIR und PIKUS [87], wie man den Einfluss von mechanischen Deformationseffekten auf die Bandstruktur für eine Vielzahl von Halbleitern auf der Basis von Deformationspotenzialen berechnen kann.

Die Verschiebung der Leitungs- und Valenzbandkanten wird dabei durch den Deformations- oder Verzerrungstensor ε und so genannte Deformationspotenziale, die im Wesentlichen Materialkonstanten sind, angegeben. Die Verschiebung der einzelnen Bandextrema setzt sich aus Anteilen hydrostatischer und uniaxialer Deformationskomponenten zusammen. Hydrostatische Verspannung bewirkt eine gleichförmige Deformation des Kristalls. Sie kann die Symmetrieeigenschaften nicht ändern, es werden daher z.B. auch alle äquivalenten Täler eines Minimums in gleicher Weise beeinflusst. Die uniaxialen Komponenten sorgen hingegen für die Aufhebung der Energieentartung durch unterschiedliche Verschiebungen der einzelnen Bandextrema. Dies ist schematisch in Bild 3.3 skizziert.

3.2 Methoden zur Beschreibung der Bandstruktur

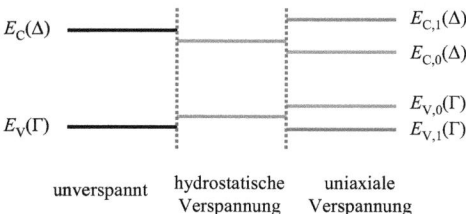

Bild 3.3: Schematische Darstellung der Bandverschiebung/Bandaufspaltung im Silizium unter Einwirkung einer mechanischen Verspannung.

A) Leitungsband

Die allgemeine Schreibweise für die deformationsbedingte Verschiebung der Leitungsbandtäler für kleine Deformationen ist

$$\delta E_C^i = \Xi_d \mathrm{Tr}(\varepsilon) + \Xi_u \boldsymbol{a}_i^T \cdot \varepsilon \cdot \boldsymbol{a}_i \; , \tag{3.8}$$

wobei $\boldsymbol{a}_i$ der Einheitsvektor parallel zum $\boldsymbol{k}$-Vektor des i-ten Talminimums ist ($i = 1, 2, 3$ für die drei jeweils 2-fach entarteten Leitungsbandtäler entlang der Kristallhauptachsen). Die Deformationspotenziale Ξ_d und Ξ_u beschreiben das dilatationale (oder hydrostatische) bzw. das uniaxiale Deformationspotenzial. Der erste Term in Gleichung (3.8) verschiebt das Energieniveau von allen Tälern gleich stark und ist proportional zur hydrostatischen Deformation

$$\mathrm{Tr}(\varepsilon) = \varepsilon_{xx} + \varepsilon_{yy} + \varepsilon_{zz} \; . \tag{3.9}$$

Der Unterschied in den Energieniveaus der Täler resultiert aus dem zweiten Term in Gleichung (3.8). Die analytischen Ausdrücke für die energetische Verschiebung der Leitungsbandtäler für verschiedene Verspannungsrichtungen sind in Tabelle 3.1 angegeben.

Tabelle 3.1: Analytische Ausdrücke für die deformationsabhängigen Verschiebungen der Δ-Leitungsbandtäler für eine Verspannung P entlang der drei symmetrischen Kristallrichtungen. Die Elastizitätskonstanten werden für nachfolgende Berechnungen nach [102] zu $s_{11} = 0.7691 \cdot 10^{-11}$ Pa^{-1}, $s_{12} = -0.2142 \cdot 10^{-11}$ Pa^{-1} und $s_{44} = 1.2577 \cdot 10^{-11}$ Pa^{-1} angenommen.

Verspannungsrichtung	Talrichtung Δ	$\delta E_C / P$
[100]	[100]	$\Xi_d(s_{11} + 2s_{12}) + \Xi_u s_{11}$
	[010] [001]	$\Xi_d(s_{11} + 2s_{12}) + \Xi_u s_{12}$
[110]	[100] [010]	$\Xi_d(s_{11} + 2s_{12}) + \frac{1}{2}\Xi_u(s_{11} + 2s_{12})$
	[001]	$\Xi_d(s_{11} + 2s_{12}) + \Xi_u s_{12}$
[111]	[100] [010] [001]	$\Xi_d(s_{11} + 2s_{12}) + \frac{1}{3}\Xi_u(s_{11} + 2s_{12})$

Aus den einzelnen Bandverschiebungen wird ein nach der Besetzung der drei Talpaare gewichteter Mittelwert gebildet über

$$\Delta E_C = -k_B T \cdot \ln\left[\frac{1}{3}\sum_{i=1}^{3} \exp\left(\frac{-\delta E_C^i}{k_B T}\right)\right] \; . \tag{3.10}$$

In [103] hat UNGERSBÖCK durch Erweiterung von Gleichung (3.8) um ein neues Deformationspotenzial Ξ'_u, das Scherdeformationspotenzial, den Effekt berücksichtigt, dass bei Scherverspannungen die Entartung der beiden untersten Leitungsbänder am X-Punkt im *k*-Raum ebenfalls aufgehoben wird. Dieser Effekt tritt nur für die Leitungsbandtäler senkrecht zur angreifenden Scherverspannung auf, z.B. bei ε_{xy} für das Leitungsband entlang der [001]-Richtung. Gleichzeitig wandert die Lage des Δ-Tals von $2\pi/a_{Si} \cdot (0, 0, \pm 0.85)$ zur Zonengrenze und erreicht den X-Punkt, $2\pi/a_{Si} \cdot (0, 0, \pm 1)$, für eine Scherdeformation von $\varepsilon_{xy} \geq 1.5\%$. Dadurch wird auch die Form der Isoenergieflächen am Leitungsbandminimum erheblich verändert, was eine signifikante Änderung der effektiven Masse des Talpaares entlang der [001]-Richtung zur Folge hat, wie in Abschnitt 3.3.2 diskutiert wird.

Die Größe der Deformationspotenziale kann zwar theoretisch bestimmt werden [50], allerdings erfolgt die genaue Justierung meist über den Vergleich mit Messwerten. Dennoch weisen die durch die verschiedenen Methoden bestimmten Deformationspotenziale teilweise stark voneinander ab [104], so dass die resultierenden Bandverschiebungen starken Streuungen unterliegen. In dieser Arbeit werden als Werte für $\Xi_d = 1.13$ eV und $\Xi_u = 9.16$ eV verwendet [105].

B) Valenzband

Aufgrund der energetischen Entartung der Valenzbänder sind die analytischen Ausdrücke für die deformationsbedingten Aufspaltungen der Valenzbänder komplexer [70]:

$$\delta E_V^i = a \cdot \text{Tr}(\varepsilon) \pm \sqrt{\frac{b^2}{2}\left\{(\varepsilon_{xx} - \varepsilon_{yy})^2 + (\varepsilon_{yy} - \varepsilon_{zz})^2 + (\varepsilon_{zz} - \varepsilon_{xx})^2\right\} + d^2(\varepsilon_{xy}^2 + \varepsilon_{xz}^2 + \varepsilon_{yz}^2)} \quad (3.11)$$

Hier sind *a*, *b* und *d* die Deformationspotenziale des Valenzbandes mit $a = 2.46$ eV, $b = -2.35$ eV und $d = -5.08$ eV nach [106], und $i = 1, 2$ bezeichnet das obere und untere Valenzband, die sich im Vorzeichen vor dem Wurzelterm unterscheiden. Der über die zwei Valenzbänder gewichtete Mittelwert wird analog zu Gleichung (3.10) gebildet:

$$\Delta E_V = k_B T \cdot \ln\left[\frac{1}{2}\sum_{i=1}^{2} \exp\left(\frac{\delta E_V^i}{k_B T}\right)\right]. \quad (3.12)$$

Die aufwändigen analytischen Ausdrücke zur Bestimmung der Valenzbandkanten erschweren ihre praktische Anwendung, infolgedessen wird meist auf numerische Berechnungsmethoden, wie z.B. die empirische Pseudopotenzialmethode, zurück gegriffen.

3.2.2 Empirische Pseudopotenzialmethode

Die empirische Pseudopotenzialmethode wurde in den 1960er Jahren entwickelt [107], um die Schrödingergleichung für Volumenkristalle zu lösen, ohne die exakten Potenziale, die ein Elektron im Kristallgitter erfährt, zu kennen. Da Elektronen mit dem Kristallgitter interagieren, stellt die Berechnung der elektronischen Bänderstruktur ein Vielteilchenproblem dar. Obwohl andere Methoden für die Approximation der elektronischen Bandstruktur existieren, liefert die Pseudopotenzialmethode überraschend akkurate Ergebnisse. Sie wird häufig angewendet, um die Bandstruktur von Halbleitern zu berechnen [108]. Die Methode ist effizient und erfordert nur einen begrenzten Satz von Modellparametern [104], [109]. Diese wenigen Parameter werden gewöhnlich kalibriert, um die Bandlücken abzugleichen, welche experimentell bestimmt werden können und für eine Vielzahl von Materialien zur Verfügung stehen [110]. Für die nachfolgend durchgeführten Analysen wurde ein Programm von [103] basierend auf der empirischen Pseudopotenzialmethode verwendet.

3.3 Einfluss auf das Leitungsband

Mikroskopisch gesehen wird die Modifizierung der Bandstruktur durch die Verringerung der Kristallsymmetrie verursacht, welche wiederum davon abhängig ist, in welcher Art und Weise der Kristall verspannt wird. Dabei kann es zu einer Aufhebung der Entartung, zu einer energetischen Verschiebung der Leitungs- und Valenzbänder sowie zu einer Verformung der Bänder kommen. Dies wird im Folgenden für den biaxialen und uniaxialen Verspannungsfall für das Leitungsband detaillierter untersucht und entsprechend die Auswirkungen auf den Elektronentransport diskutiert.

3.3.1 Biaxiale Verspannung

Für den Fall biaxialer Verspannung in der (001)-Ebene, d.h. $\varepsilon_{xx} = \varepsilon_{yy} \neq \varepsilon_{zz}$ und $\varepsilon_{ij} = 0$ für $i \neq j$, spalten sich die 6-fach entarteten Leitungsbandminima entlang der Δ-Richtung im k-Raum, die so genannten Δ_6-Täler, in ein 2-fach entartetes Δ_2-Paar (entlang der [001]-Richtung) und in ein 4-fach entartetes Δ_4-Paar in der (001)-Ebene auf. Bezüglich der Symmetriebetrachtungen ist dieser Verspannungszustand identisch zu einer uniaxialen, aber komplementären Verspannung entlang der [001]-Richtung. Das kubische Kristallsystem des unverspannten Siliziums ändert sich in ein tetragonales Kristallsystem mit quadratischer Grundfläche.

Biaxiale Zugverspannung kann technologisch durch epitaktisches Aufwachsen von Silizium auf einem relaxierten SiGe-Substrat erzeugt werden. Dabei wird das Δ_2-Paar gegenüber dem unverspannten Fall energetisch abgesenkt und die Δ_4-Täler energetisch angehoben [111]. Dies ist schematisch in Bild 3.4 und quantitativ mit Hilfe der Deformationspotenzialmethode in Bild 3.5 dargestellt. Die zwei wesentlichen Effekte dabei sind (I) eine Umbesetzung der Elektronen von den Δ_4-Tälern in die energetisch günstigeren Δ_2-Täler und (II) eine Verringerung der Wahrscheinlichkeit von Streuprozessen von Elektronen zwischen den Δ_2- und Δ_4-Tälern [112].

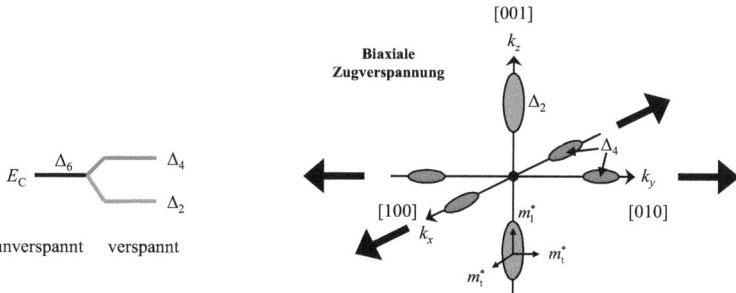

Bild 3.4: Aufspaltung der 6-fach entarteten Leitungsbandminima (Δ_6-Täler) unter Einwirkung einer biaxialen Zugverspannung in Δ_4- und Δ_2-Täler. Die energetisch günstigeren Δ_2-Täler mit einer kleineren effektiven Masse m_t^* in der xy-Ebene werden bevorzugt besetzt (Ellipsen sind vergrößert dargestellt).

Für den Ladungstransport in der (001)-Ebene tragen die Δ_2-Täler ($\overline{m}_{\Delta 2}^* = m_t^* = 0.19\,m_0$) im Vergleich zu den Δ_4-Täler ($\overline{m}_{\Delta 4}^* = [m_t^* + m_l^*]/2 = 0.55\,m_0$) mit einer geringeren Leitfähigkeitsmasse bei. In Folge dieser Umbesetzung nimmt die über die sechs Täler gemittelte Leitfähigkeitsmasse $\overline{m}_n^*$ im verspannten Fall ab. Die effektive Masse der einzelnen Täler bleibt unabhängig davon relativ konstant (Bild 3.6).

Für sehr große Verspannungen beträgt die maximal erreichbare Verbesserung durch eine ausschließliche Besetzung der Δ_2-Täler

$$\frac{\mu_{\text{verspannt}}}{\mu_0} = \frac{m_0^*}{m_{\text{verspannt}}^*} = \frac{\left(\frac{1}{3m_l^*} + \frac{2}{3m_t^*}\right)^{-1}}{m_t^*} = \frac{3m_l^*}{2m_l^* + m_t^*} = 1.36 \text{ , d.h. 36\%.} \quad (3.13)$$

Hier bezeichnen die Indizes „0" und „verspannt" die Beweglichkeit bzw. effektive Masse im unverspannten und verspannten Fall. Für Deformationen von mehr als 0.8% (das entspricht rund (15...20)% Germaniumkonzentration im relaxierten SiGe-Substrat) befinden sich fast alle Elektronen in den Δ_2-Tälern [113], [114].

Die Massenänderung allein kann jedoch nur einen Teil der experimentell beobachteten Steigerungen der Elektronenbeweglichkeit erklären [112]. Wie bereits erwähnt, wird durch die Aufhebung der Entartung auch die Phononenstreuung im verspannten Silizium wesentlich verändert. Durch die deformationsbedingte Umbesetzung der Elektronen von den Δ_4- in die Δ_2-Täler wird zwar einerseits die Innertalstreuung in den Δ_2-Tälern verstärkt, die Zwischentalstreuung zwischen den Δ_2- zu Δ_4-Tälern wird jedoch gleichzeitig unterdrückt (unter der Annahme, dass die Streuraten zwischen den Tälern identisch sind, um bis zu 80% bei vollständiger Umbesetzung). Dies ist in Bezug auf eine Erhöhung der Beweglichkeit besonders effektiv, da bei Raumtemperatur die Zwischentalstreuung rund zweimal so stark ist wie die Innertalstreuung [115].

Schlussfolgernd kann festgehalten werden, dass für kleine Deformationen der Beitrag zur Beweglichkeitssteigerung durch eine verringerte effektive Masse wichtig ist, wogegen bei mittleren bis großen Deformationen dieser Effekt sättigt und der Anteil durch die verringerte Phononenstreuung dominant wird. Unter Berücksichtigung dieser beiden Aspekte, Massenänderung und Unterdrückung der Phononenstreuung, kann die Elektronenbeweglichkeit um bis zu 100% erhöht werden [42].

Für biaxiale Druckverspannungen ergibt sich eine Reduzierung der Elektronenbeweglichkeit aufgrund der bevorzugten Besetzung der Δ_4-Täler mit einer größeren Leitfähigkeitsmasse.

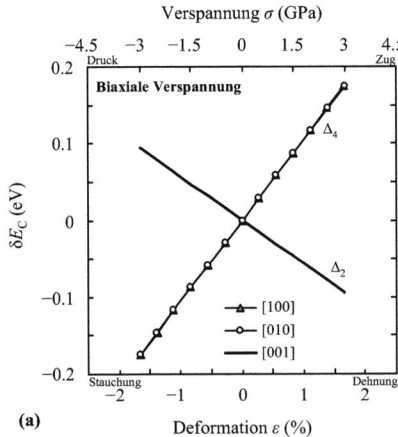

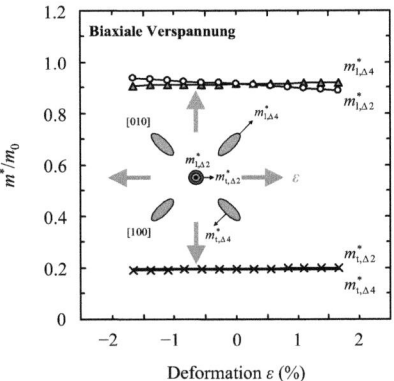

Bild 3.5: Aufspaltung des Silizium-Leitungsbandes für das Minimum in [100]-, [010]- und [001]-Richtung für biaxiale Verspannungen in der (001)-Ebene.

Bild 3.6: Einfluss der Deformation ε auf die effektive Masse m^* der einzelnen Leitungsbandtäler für biaxiale Verspannungen in der (001)-Ebene.

3.3.2 Uniaxiale Verspannung

Für ein (001)-Siliziumsubstrat mit einer uniaxialen Zugverspannung in [100]-Richtung, d.h. $\varepsilon_{xx} > \varepsilon_{yy} = \varepsilon_{zz}$ und $\varepsilon_{ij} = 0$ für $i \neq j$, wird das [100]-Tal in seiner Energie angehoben, während die [010]- und [001]-Täler gesenkt werden (Bild 3.7). Für den Elektronentransport entlang der [100]-Richtung ergibt sich eine geringere Leitfähigkeitsmasse, da die Täler entlang der [010]- und [001]-Richtung mit der wirksamen effektiven Masse m_t^* vermehrt besetzt werden.

Für eine [100]-uniaxiale Druckverspannung ergeben sich die entgegen gesetzten Verhältnisse, d.h. eine zunehmende Besetzung der [100]-Täler mit der ungünstigen effektiven Masse m_l^*, so dass hier eine starke Verringerung der Elektronenbeweglichkeit auftritt.

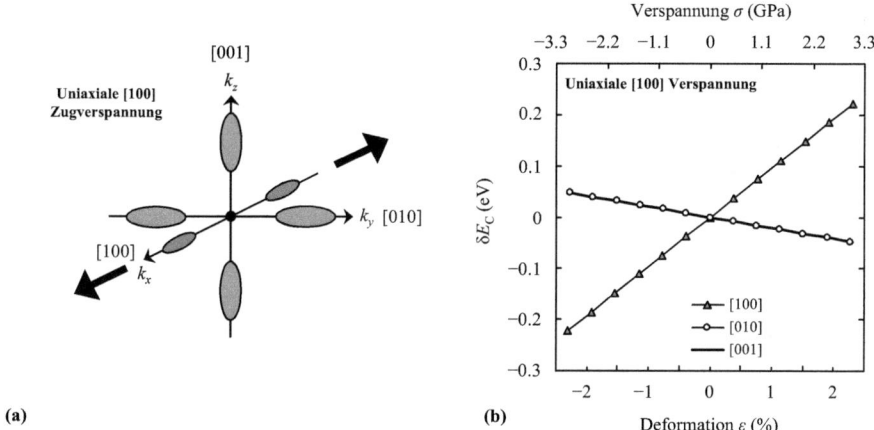

Bild 3.7: Aufspaltung der Leitungsbandminima unter Einwirkung einer uniaxialen Zugverspannung in [100]-Richtung: (a) schematisch und (b) quantitativ berechnet mit Hilfe der Deformationspotenzialmethode im Bezug zur Valenzbandkante.

Die aktuell wichtigste Verspannungs- und Kristallorientierung ist die uniaxiale Verspannung in [110]-Richtung auf (001)-Substrat, d.h. $\varepsilon_{xx} = \varepsilon_{yy} \neq \varepsilon_{zz}$ und $\varepsilon_{xy} \neq 0$, da die MOSFETs üblicherweise auf einem (001)-Substrat hergestellt werden und die Stromflussrichtung entlang der <110>-Richtung erfolgt. Lokale Verspannungstechniken wie TOL oder Si:C-S/D erzeugen Kristalldeformationen und Verspannungen parallel zum Stromfluss. Für diesen Fall der [110]-uniaxialen Verspannung ist der Effekt der Täleraufspaltung identisch zum biaxial zugverspannten Fall, d.h. ein energetisches Anheben der [100]- und [010]-Täler in der Ebene und ein Absenken der vertikalen [001]-Täler (Bild 3.8).

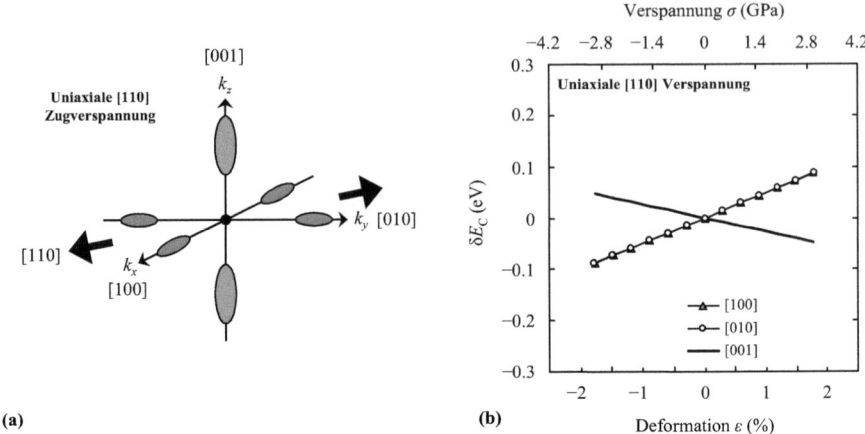

Bild 3.8: Aufspaltung der Leitungsbandminima unter Einwirkung einer uniaxialen Zugverspannung in [110]-Richtung: (a) schematisch und (b) quantitativ berechnet mit Hilfe der Deformationspotenzialmethode im Bezug zur Valenzbandkante.

Der Unterschied zur biaxialen Verspannung besteht darin, dass die Deformation nicht entlang der Kristallachsen stattfindet, so dass Scherkomponenten im Deformations-/Verspannungstensor auftreten (z.B. ε_{xy} bzw. σ_{xy}). Diese führen zu einer Verformung der Bandstruktur und damit zu einer Änderung der effektiven Masse der Elektronen innerhalb der [001]-Täler [116]–[118], vgl. Gleichung (3.3). Bild 3.9 stellt die anisotrope Reaktion der effektiven Masse auf [110]-uniaxiale Deformation dar, welche mit Hilfe der empirischen Pseudopotenzialmethode (EPM) ermittelt wurde. Für Zugverspannungen ergibt sich eine geringere effektive Masse in Richtung der eingebrachten Deformation und eine größere effektive Masse senkrecht dazu. Wie aus Bild 3.9 für den Vergleich mit Berechnungen aus anderen Veröffentlichungen zu sehen ist [118], [119], existiert zwar eine tendenzielle, aber keine quantitative Übereinstimmung. Es ist eine weitere Optimierung der Simulationsparameter erforderlich, um die experimentellen Daten korrekt reproduzieren zu können.

3.3 Einfluss auf das Leitungsband

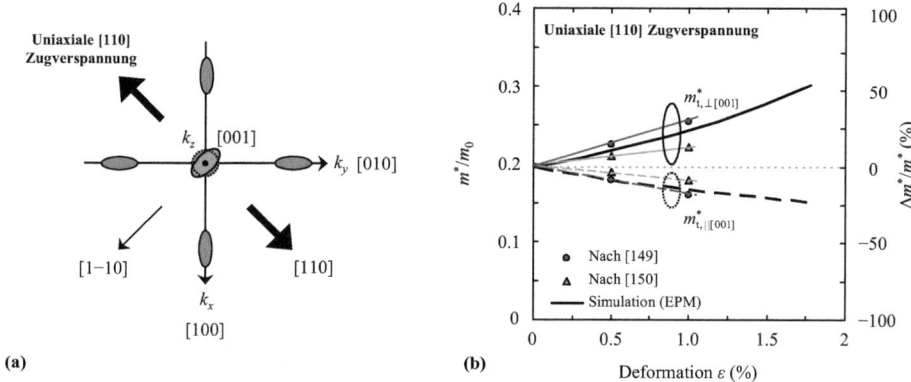

Bild 3.9: (a) Projizierte Darstellung der Leitungsbandtäler auf die (001)-Oberfläche und (b) Änderung der effektiven Masse des [001]-Tals für [110]-uniaxiale Dehnung/Zugverspannung. Es kommt zu einer Reduzierung der effektiven Masse m^* in [110]-Richtung (parallel), zu einer Erhöhung in [1 10]-Richtung (transversal) und es tritt eine relativ kleine Änderung in [100]-Richtung auf. Zum Vergleich sind Simulationsergebnisse aus [118] und [119] dargestellt (Symbole).

Die zusätzliche Änderung der effektiven Masse unter [110]-Verspannung bildet im Vergleich zu der relativ konstanten effektiven Masse für eine [100]-Verspannung (Bild 3.10) den entscheidenden Unterschied. Neben der Umbesetzung durch die Bänderaufspaltung ist die Scherkomponente im [110]-Verspannungsfall wesentlich für die Verringerung der effektiven Elektronenmasse. Sie erlaubt dadurch selbst nach vollständiger Umbesetzung der Elektronen in die [001]-Täler für große Verspannungen noch eine weitere Steigerung der Beweglichkeit durch die Massenänderung.

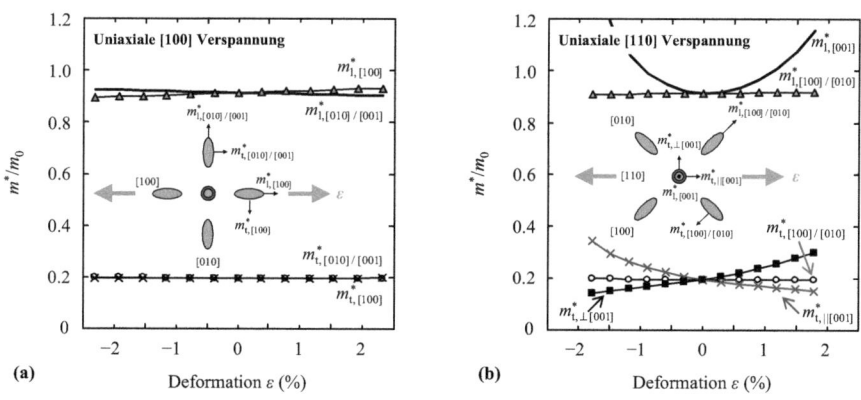

Bild 3.10: Einfluss der Deformation ε auf die effektive Masse m^* der einzelnen Leitungsbandtäler für uniaxiale Verspannungen in (a) [100]- und (b) [110]-Richtung.

Für eine uniaxiale Druckverspannung findet eine Umbesetzung in die energetisch abgesenkten [100]- und [010]-Täler statt, so dass sich die Elektronenbeweglichkeit im Vergleich zum unverspannten Fall verringert. Diese Täler weisen unter der Scherverspannung keine Verformungseffekte wie die [001]-Täler auf.

3.4 Einfluss auf das Valenzband

Die Untersuchung des Valenzbandes von Silizium gestaltet sich, aufgrund der Existenz der leichten, schweren und Spin-Orbit-Bänder schwierig. Die Entartung des leichten und des schweren Löcherbandes sowie die energetische Nähe des Spin-Orbit-Bandes im k-Raum ($\approx$ 44 meV) sind der Grund für die relativ schlechte Löcherbeweglichkeit im Silizium [120]. Die mechanische Deformation bietet für Silizium durch eine Veränderung der Bandstruktur (Aufspaltung und Verformung) viel Potenzial für signifikante Erhöhungen der Löcherbeweglichkeiten. Dabei verlieren die Bezeichnungen „schweres" und „leichtes" Löcherband ihre Bedeutung, da die effektiven Massen stark anisotrop werden und die Bänder sich vermischen [120].

3.4.1 Biaxiale Verspannung

Ähnlich wie für den Elektronentransport wurde die biaxiale Zugverspannung in der (001)-Ebene anfänglich als Methode betrachtet, um die Löcherbeweglichkeit deutlich zu erhöhen. Allerdings hat diese Verspannungskonfiguration ernsthafte Mängel bei der Anwendung im MOSFET, wie nachfolgend und in Abschnitt 3.5.2 näher erläutert wird.

Tatsächlich hebt biaxiale Zugverspannung nicht nur die Entartung der schweren und leichten Löcherbänder auf (Bild 3.11), um dadurch die Phononenstreuung zu verringern, sondern führt auch zu einer geringeren effektiven Masse des oberen Löcherbandes (m^*_{top} = 0.28 m_0) in [110]-Richtung im Vergleich zum unverspannten Fall (m^*_{hh} = 0.60 m_0). Allerdings führt eine Umbesetzung der Löcher in andere Regionen des k-Raums mit ungünstigeren effektiven Massen dazu, dass die Leitfähigkeitsmasse zunimmt und entsprechend die Löcherbeweglichkeit verringert wird [56], [121].

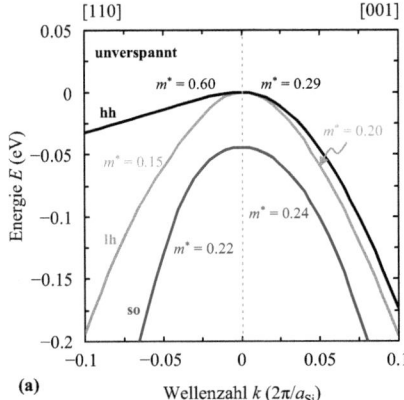 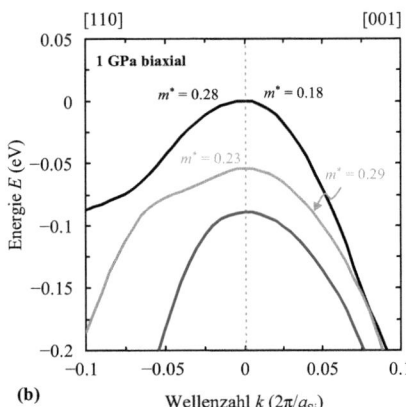

Bild 3.11: Valenzbandstruktur von Silizium in die [110]-Kanalrichtung und in die [001]-Richtung aus der Transportebene hinaus für (a) den unverspannten Fall und (b) für den Fall biaxialer Zugverspannung ($\sigma_{xx} = \sigma_{yy} = 1$ GPa). Zusätzlich sind die effektiven Massen m^* der einzelnen Bänder in Einheiten der freien Elektronenmasse m_0 angegeben.

Wie in Bild 3.12 dargestellt ist, wird der Vorteil durch die verringerte Phononenstreuung erst für zunehmende Verspannungen ($\sigma > 500$ MPa) dominant, so dass die Löcherbeweglichkeit nach einer initialen Verringerung schließlich für große biaxiale Zugverspannungen ansteigt [42]. Im Gegensatz zu den Elektronen sind demnach für eine nennenswerte Steigerung der Löcherbeweglichkeit große Deformationen notwendig, die technologisch schwierig zu realisieren sind.

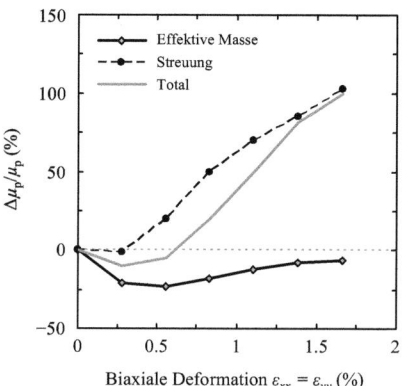

Bild 3.12: Beitrag der veränderten effektiven Masse und der Verringerung der Phononenstreuung auf die Löcherbeweglichkeit, abhängig von der biaxialen Zugverspannung, nach [56].

Eine biaxiale Druckverspannung bietet theoretisch ebenfalls eine leichte Erhöhung der Löcherbeweglichkeit [vgl. Gleichung (2.11)], vor allem in MOSFETs, allerdings ist die technologische Realisierung solch einer Verspannung in einem Siliziumfilm (z.B. durch Silizium auf relaxiertem Si:C) derzeit nicht möglich.

3.4.2 Uniaxiale Verspannung

Die Valenzbandstrukturen für uniaxiale Druckverspannungen in die [100]- und [110]-Richtung sind in Bild 3.13 dargestellt. Für beide Fälle tritt eine Aufspaltung der entarteten leichten und schweren Löcherbänder auf, wodurch die Zwischentalphononenstreuung verringert wird. Dieser Effekt tritt allerdings erst bei starken Verspannungen ($-\sigma > 1$ GPa) in Erscheinung [57], [99], da hier die Aufspaltung größer als die optische Phononenenergie von ca. 60 meV ist. Der weit wichtigere Aspekt für die Erhöhung der Beweglichkeit ist die Verringerung der effektiven Masse m^* aufgrund der auftretenden Bandverformung, besonders für die [110]-Richtung (Bild 3.13). Diese wird durch die Existenz der Scherkomponente bestimmt, welche für die [100]-Richtung nicht vorhanden ist. Dies ist auch in dem Modell von Bild 2.10 erkennbar, wo keine Verspannungssensitivität für die [100]-Richtung existiert, allerdings eine starke für die [110]-Richtung.

Kapitel 3 – Einfluss der Verspannung auf die Bandstruktur

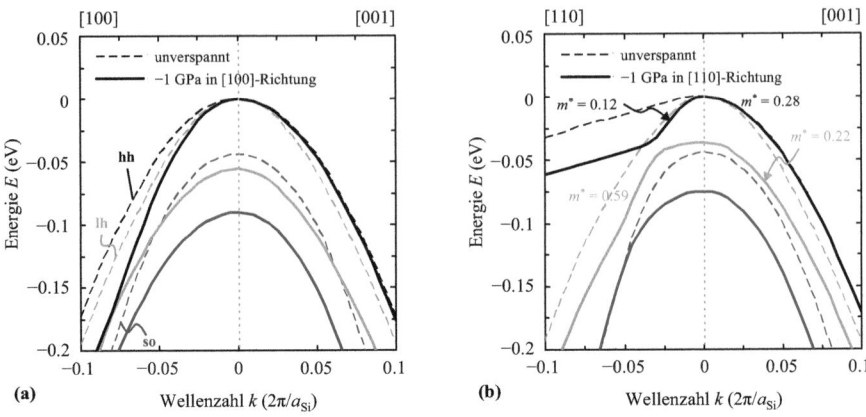

Bild 3.13: Valenzbandstruktur für den Fall uniaxialer Druckverspannung ($\sigma_{xx} = -1$ GPa) in (a) [100]-Richtung und (b) [110]-Richtung. Die unverspannte Valenzbandstruktur ist durch Punktlinien ebenfalls eingezeichnet. Zusätzlich sind die effektiven Massen der einzelnen Bänder in Einheiten der freien Elektronenmasse m_0 angegeben.

Die Massenänderung bei der [110]-Verspannung hat zwei Ursachen [122]:

- Es kommt zu einer Umbesetzung der Löcher innerhalb des obersten Valenzbandes in die verschiedenen Subbänder (Bild 3.14). Das energetische Absenken des diagonalen Subbandes parallel zur Kanalrichtung führt zu einer bevorzugten Besetzung des diagonalen Subbandes transversal zur Kanalrichtung mit einer geringeren effektiven Masse ($m^* = 0.16\ m_0$).

- Eine weitere Erhöhung der [110]-Verspannung verursacht eine stärkere Krümmung des bevorzugt besetzten Subbandes, so dass sich die effektive Masse dieses Bandes selbst weiter verringert.

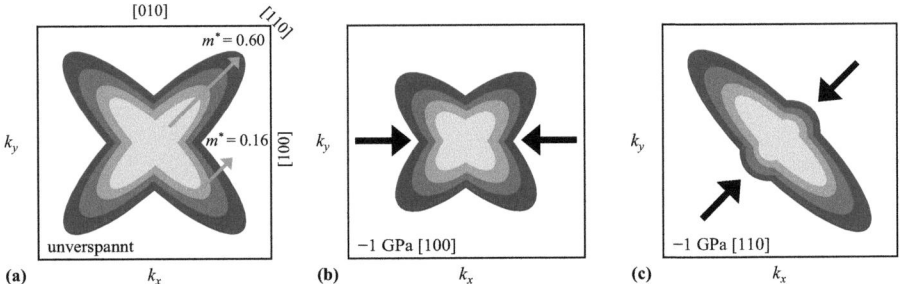

Bild 3.14: Schematische Darstellung der Isoenergieflächen des obersten Valenzbandes als Schnitt in der Ebene der in Bild 3.2b räumlich dargestellten Isoenergiefläche für (a) den unverspannten Fall, (b) den Fall uniaxialer Verspannung von -1 GPa in [100]-Richtung und (c) den Fall uniaxialer Verspannung von -1 GPa in [110]-Richtung, nach [122].

Für den Fall einer [110]-uniaxialen Zugverspannung tritt durch eine Besetzung des ungünstigen diagonalen Subbandes parallel zur Kanalrichtung eine Verringerung der Löcherbeweglichkeit auf.

3.5 Besonderheiten im MOSFET

Ladungsträger im MOSFET sind durch das elektrische Feld des Gates in ihrer Bewegungsfreiheit beschränkt. Als beschränkt bezeichnet man einen Ladungsträger, wenn die betrachteten Abmessungen in der Größenordnung der de Broglie-Wellenlänge liegen. Durch die Beschränkung der Ladungsträger in mindestens einer Raumrichtung (hier die z-Richtung bzw. die [001]-Richtung, d.h. vertikal) tritt eine deutliche Veränderung der elektronischen Eigenschaften gegenüber dem Volumenhalbleiter auf [123]. Nicht nur die Diskretisierung der elektronischen Energieniveaus ändert sich, auch die Zustandsdichte wird modifiziert. Weiterhin kommen neue Streumechanismen an der Grenzfläche zum Gate-Isolator hinzu, die eine Verringerung der Ladungsträgerbeweglichkeit im Vergleich zum Volumenhalbleiter verursachen. Diese Aspekte treten zusätzlich zu den in den vorherigen Abschnitten erläuterten Verspannungsmechanismen in Erscheinung, welche allein schon wesentliche Kenngrößen eines Transistors verändern (z.B. die Schwellspannung und den Drainstrom aufgrund der Bandaufspaltung und Beweglichkeitsänderung). Die Einflüsse dieser zusätzlichen Effekte sowie deren Wechselwirkungen mit den verspannungsbedingten Mechanismen werden nachfolgend kurz erläutert.

3.5.1 Änderung der Schwellspannung

Aufgrund der deformationsbedingten Verschiebung und Aufspaltung der Bänder ändern sich nicht nur die Ladungsträgerbeweglichkeiten, sondern auch die Elektronenaffinitäten und Bandlücken. Dies wiederum hat Einfluss auf die Schwellspannung des Transistors [106], die Leckströme durch das Gateoxid [124] und die Zustandsdichten in den Bändern [125].

Für den n-MOSFET lässt sich die Schwellspannungsänderung über folgende Beziehung berechnen [125]:

$$-e \cdot \Delta U_{th} = \Delta E_C + (m-1)\left[\Delta E_g + k_B T \ln\left(\frac{N_{V,0}}{N_V}\right)\right]. \tag{3.14}$$

Hierbei sind ΔE_C und ΔE_g die deformationsbedingten Änderungen der Leitungsbandkante und der Bandlücke. Der Substratsteuerfaktor (Body-Factor) m wird typischerweise mit 1.3...1.4 angegeben und N_V bzw. $N_{V,0}$ sind die Zustandsdichten des Valenzbandes für den verspannten bzw. den unverspannten Fall. Die Änderung der Schwellspannung ist dabei als Differenz der Schwellspannungen für den unverspannten und verspannten Fall definiert, $\Delta U_{th} = U_{th,0} - U_{th}$. Eine analoge Formel kann für den p-MOSFET aufgestellt werden [125].

Der erste Term in Gleichung (3.14) entspricht der Änderung der Elektronenaffinität und kann mit Hilfe von Gleichung (3.8) und (3.10) bestimmt werden. Er hat prinzipiell den größten Einfluss auf die Änderung der Schwellspannung, ist aber nach [126] für den uniaxialen Verspannungsfall durch eine verspannte Nitridschicht vernachlässigbar, da das Polysilizium-Gate ebenfalls mit verspannt wird und sich somit die Änderung zum Siliziumkanal aufhebt. Der zweite Term, $(m-1)\Delta E_g(\sigma)$, beschreibt die Bandlückenverringerung und ist für den biaxialen Fall im Vergleich zum uniaxialen Fall mehr als zweimal so stark (Bild 3.15). Der letzte Term, die Änderung der Zustandsdichte des Valenzbandes, hat den geringsten Einfluss und wird deshalb oft vernachlässigt.

Die Verringerung der n-MOSFET-Schwellspannung für uniaxiale und biaxiale Dehnung ist in Bild 3.16 dargestellt. Für die biaxiale Deformation tritt eine mehr als viermal so starke Verringerung der Schwellspannung auf. Dies wird zum einen durch den zusätzlichen Term ΔE_C für biaxiale Deformationen verursacht. Zum anderen hebt sich das obere, dem leichten Löcherband ähnliche, Valenzband für biaxiale Deformationen deutlich stärker als das obere Valenzband für uniaxiale Deformationen, welches in diesem Fall das schwere Löcherband ist.

Die Verringerung der Schwellspannung ist ungewollt und muss kompensiert werden, um den andernfalls erhöhten Leckstrom des Transistors unter Kontrolle zu halten. Diese Anpassung wird üblicherweise über eine Erhöhung der Kanaldotierung erreicht, was wiederum durch erhöhte elektrische Felder die Ladungsträgerbeweglichkeit verringert und die Sperrschichtkapazität der pn-Übergänge erhöht.

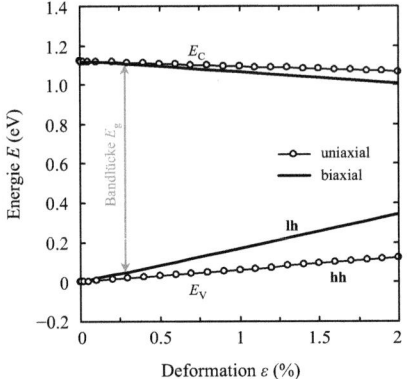
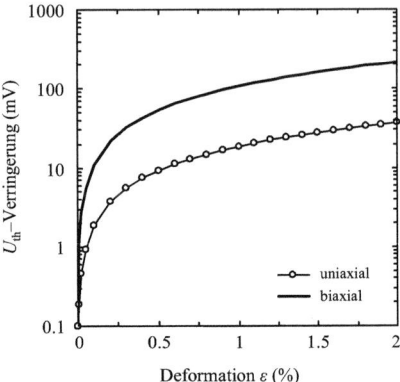

Bild 3.15: Verschiebung der Leitungs- und Valenzbandkante für [110]-uniaxiale und biaxiale Deformation nach der Deformationspotenzialmethode.

Bild 3.16: Berechnete Verringerung der Schwellspannung eines n-MOSFETs für [110]-uniaxiale und biaxiale Deformation.

3.5.2 Ladungstransport in Inversionsschichten

Die Ladungsträgerbewegung in einem MOSFET-Kanal ist senkrecht zur Si/SiO$_2$-Grenzfläche beschränkt bzw. quantisiert, d.h. es sind nur bestimmte Energien erlaubt, wo sich die Ladungsträger aufhalten können. Aufgrund der unterschiedlichen effektiven Massen der Ladungsträger in die Quantisierungsrichtung (m_z^*) kommt es in der Inversionsschicht (2D-Elektronen-/Löchergas) durch das vertikale elektrische Feld $E_\perp$ des Gates zu einer Aufspaltung der Δ_2- und Δ_4-Täler bzw. der leichten und schweren Löcherbänder ganz ähnlich zu dem Effekt durch eine mechanische Deformation. Das Aufspalten der Subbänder durch diese so genannte Feldquantisierung kann gleichgerichtet oder entgegengesetzt zur deformationsbedingten Bänderaufspaltung sein, was von den vertikalen effektiven Massen (m_z^*) der beteiligten Bänder abhängt. Dabei kann von einer linearen Überlagerung der beiden Effekte, Bänderaufspaltung durch die Feldquantisierung und Deformation, ausgegangen werden [57]. Die Energien der Subbänder E_i lassen sich durch eine Näherungslösung für dreieckige Potenzialmulden [99] über

$$E_i = r_i \left(\frac{\hbar^2}{2m_z} \right)^{1/3} \left(e \cdot |E_\perp| \right)^{2/3} \tag{3.15}$$

bestimmen. Hier ist r_i die Wurzel der Airy-Funktion $A(-r_i)$ welche für die ersten drei Bänder $r_0 = 2.338$, $r_1 = 4.087$ und $r_2 = 5.520$ ist.

Beispielsweise ergibt sich für ein elektrisches vertikales Feld $E_\perp$ von 1 MV/cm für die Aufspaltung zwischen dem Grundzustand Δ_2 ($m_z^* = 0.92\ m_0$) und den Δ_4-Tälern ($m_z^* = 0.19\ m_0$) ein Wert von rund 121 meV. Somit findet bereits durch das elektrische Feld eine starke Leitungsbandaufspaltung und Elektronenumbesetzung in die günstigen Δ_2-Täler statt, welche sich additiv mit einer uniaxialen (Bild 3.17) oder biaxialen Zugverspannung überlagert. Bemerkenswert dabei ist, dass die Bänderaufspaltung durch eine elektrisches vertikales Feld von $E_\perp = 1$ MV/cm stärker ist als die durch eine uniaxiale Zugverspannung von $\sigma \approx 1.0$ GPa verursachte Bänderaufspaltung ($E_{\Delta 4} - E_{\Delta 2} \approx 40$ meV, [57]).

Das leichte Löcherband besitzt eine kleinere Quantisierungsmasse ($m_z^* = 0.20\ m_0$) verglichen mit den schweren Löcherband ($m_z^* = 0.29\ m_0$, vgl. Bild 3.11a) und verschiebt sich unter dem Einfluss eines vertikalen elektrischen Felds entsprechend weg vom Ferminiveau hin zu höheren Energien. Im Inversionsfall ist deshalb das schwere Löcherband wesentlich für den Ladungstransport. Unter einer in [110]-Richtung orientierten uniaxialen Druckverspannung besitzt das oberste Valenzband (d.h. der Grundzustand) eine größere effektive Quantisierungsmasse ($m_z^* = 0.28\ m_0$) als das nächst besetzte Valenzband ($m_z^* = 0.22\ m_0$, vgl. Bild 3.13b), so dass die Feldquantisierung diese günstige Aufspaltung verstärkt (Bild 3.17). Im biaxial zugverspannten Fall dagegen arbeiten die beiden Effekte, Feldquantisierung und Verspannung, aufgrund der ungünstigen Verhältnisses der Quantisierungsmassen der beiden Valenzbänder ($m_z^* = 0.18\ m_0$ und $m_z^* = 0.29\ m_0$, vgl. Bild 3.11b) gegeneinander und heben sich teilweise auf (Bild 3.17). Dies ist ein weiterer großer Nachteil der biaxialen Zugverspannung bezüglich der Verbesserung der Löcherbeweglichkeit, da für die im MOSFET üblichen Betriebsbedingungen (d.h. hohe elektrische Felder) der Vorteil der Verspannung verloren geht.

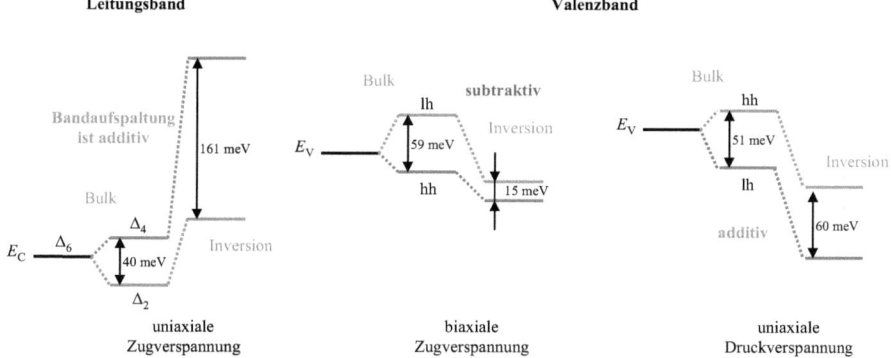

Bild 3.17: Vereinfachte Darstellung der Bänderaufspaltungen durch mechanische Verspannungen ($|\sigma| = 1$ GPa) für ein vertikales elektrisches Feld von $E_\perp = 1$ MV/cm (Effekt der Feldquantisierung).

Ein weiterer Aspekt für den Ladungstransport in Inversionsschichten ist die zusätzliche Streuung der Ladungsträger an der Si/SiO$_2$-Grenzfläche [57], hervorgerufen durch Coulombstreuung an ortsfesten, geladenen Störzentren und durch die Mikrorauheit der Grenzfläche selbst.

Eine große Quantisierungsmasse bringt den zusätzlichen Vorteil, dass sich eine dünnere Inversionsschicht ausbildet und somit die Inversionskapazität vergrößert wird [113], [127].

3.5.3 Anforderungen an effektive Massen

Zusätzlich zu einer geringen effektiven Masse in Stromflussrichtung (m_x^*) und einer großen effektiven Quantisierungsmasse (m_z^*) ist eine große effektive Masse transversal zur Transportrichtung (m_y^*) wichtig, um die Zustandsdichte zu erhöhen und damit größere Stromdichten zu ermöglichen. Die Zustandsdichtemasse in einem quantisierten System ist näherungsweise durch

$$m_{DOS}^* \approx \sqrt{m_x^* m_y^*} \tag{3.16}$$

gegeben [57]. Da für eine hohe Ladungsträgerbeweglichkeit die effektive Masse in Kanalrichtung m_x^* minimal sein soll, ist es erforderlich, die transversale effektive Masse m_y^* zu erhöhen, um eine hohe Zustandsdichte zu erhalten.

3.6 Maximale Erhöhung der Ladungsträgerbeweglichkeit

Für zukünftige Technologiegenerationen ist die Abschätzung wichtig, inwieweit eine Steigerung der Transistorleistungsfähigkeit durch eine mechanische Verspannung möglich ist. Die maximale Beweglichkeitssteigerung für Silizium durch Einprägen einer Verspannung ist aktuell Schwerpunkt vieler Untersuchungen [120]. Dabei wird deutlich, dass uniaxiale Verspannungen eine größere Leistungssteigerung bieten als biaxiale Verspannungen [128]. In diesem Zusammenhang werden meist theoretische Berechnungen verwendet, da die Verspannungserzeugung von mehr als (1...2) GPa unter Laborbedingungen Schwierigkeiten bereitet.

Die theoretisch ermittelte maximale Erhöhung der Elektronenbeweglichkeit [118] liegt für den biaxialen und uniaxialen zugverspannten Fall bei (70...100)% (Bild 3.18). Für Transistoren mit dotierten Kanälen reduziert sich diese Grenze auf etwa (50...80)% [129]. Dabei tritt deutlich der Unterschied zwischen der [100]- und der [110]-Zugverspannung hervor. Im ersten Fall geht die Beweglichkeitssteigerung bei ca. 1% Deformation in die Sättigung über, während im zweiten Fall durch die Scherverspannung noch eine weitere, wenn auch geringer werdende Verbesserung auftritt. Eine biaxiale Zugverspannung ist für kleine Deformationen am effektivsten, geht aber ebenfalls in eine Sättigung über, so dass die [110]-uniaxiale Verspannung letztendlich aufgrund der zusätzlichen Massenänderung am wirkungsvollsten ist.

Für Löcher liegt die Grenze der maximalen Beweglichkeitssteigerung für uniaxiale Druckverspannung mit (300...400)% (bei Verspannungen $\sigma_{xx} = (-3...-4)$ GPa) deutlich höher. Bis zu 100% sind für den Fall der biaxialen Zugverspannung möglich, nach der anfänglichen Verschlechterung um bis zu 20% für Deformationen von weniger als (0.7...1.0)% (Bild 3.19). Für steigende uniaxiale Druckverspannungen wird u.a. in [130] und [131] von einer „super-linearen" Abhängigkeit der Löcherbeweglichkeitserhöhung von der Verspannung berichtet. Dies bedeutet, dass die Beweglichkeit mit steigender Verspannung überproportional ansteigt, was diesen Verspannungsfall sehr attraktiv macht. Die Ursache dafür findet sich in der Verringerung der effektiven Löchermasse durch Bandverformungen und durch die vermehrte Besetzung dieser vorteilhaften Regionen [131]. In den Bildern 3.18 und 3.19 ist weiterhin das Modell nach dem klassischen piezoresistiven Effekt berücksichtigt, welches allerdings teilweise auch für geringe Verspannungen starke Abweichungen aufweist.

Eine weitere Begrenzung besteht durch die maximal mögliche mechanische Belastung des Bauelements. Silizium zeigt bei Raumtemperatur kaum plastisches Verhalten. Die Bruchspannung kann in Abwesenheit aller Defekte theoretisch 15 GPa betragen, praktisch liegt sie bei (1...7) GPa, abhängig von der Größe der Probe und bereits vorhandenen Defekten [122].

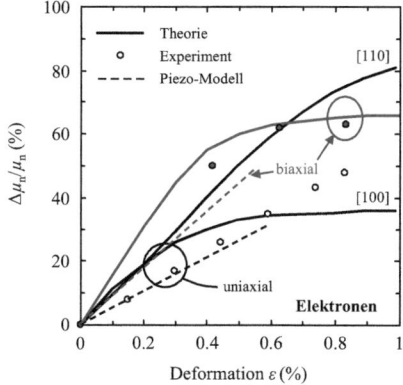 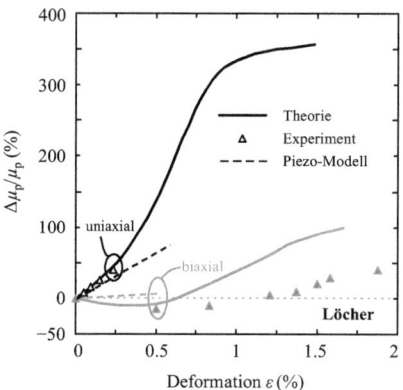

Bild 3.18: Theoretische (Volllinie, nach [118]), experimentelle (offene Symbole: uniaxiale Zugverspannung in [110]-Richtung nach [55]; gefüllte Symbole: biaxiale Zugverspannung nach [113]) und nach dem piezoresistiven Modell (Strichlinie nach Gleichung (2.10)) ermittelte Erhöhung der Elektronenbeweglichkeit in Abhängigkeit von der Deformation.

Bild 3.19: Theoretische (Volllinie, nach [57]), experimentelle (offene Symbole: uniaxiale Druckverspannung in [110]-Richtung nach [132]; gefüllte Symbole: biaxiale Zugverspannung nach [42]) und nach dem piezoresistiven Modell (Strichlinie nach Gleichung (2.11)) ermittelte Erhöhung der Löcherbeweglichkeit in Abhängigkeit von der Deformation.

3.7 Vergleich und Zusammenfassung

Mechanische Verspannungen führen zu einer Deformation des Siliziumkristalls und verändert dadurch die elektrischen Eigenschaften von Silizium und daraus gefertigter Bauelemente erheblich. Die Effekte sind stark anisotrop und für Löcher sind deutlich größere Steigerungen in der Beweglichkeit möglich als für Elektronen. Dabei sind speziell im MOSFET folgende Aspekte zu berücksichtigen:

- energetische Aufspaltung der Bänder,
- Änderung der Leitfähigkeitsmasse und der mittleren effektiven Masse durch Umbesetzung und Bandverformung,
- veränderte Streueffekte zwischen den Bändern durch deren Aufspaltung,
- Beeinflussung der 2D-Zustandsdichte,
- Verschiebung der Energiebänder durch die Quantisierungseffekte in einer Inversionsschicht.

In allen Fällen tritt eine Aufspaltung der Leitungs- und Valenzbänder auf, die daraus resultierende Wirkung für die Beweglichkeit basiert auf der Modifizierung der effektiven Masse und der veränderten Phononenstreuung. Dies ist in Tabelle 3.2 für die vier zuvor betrachteten Verspannungsfälle gegenübergestellt. Für die Verspannungsfälle, wo die Erhöhungen der Ladungsträgerbeweglichkeit auf einer Aufspaltung der Bänder beruhen, können Quantisierungseffekte die Bänderaufspaltung verstärken, aber auch reduzieren oder sogar auslöschen wie z.B. für den Fall biaxialer Zugverspannung bei Löchern. Da MOSFETs meist bei hohen elektrischen Feldern betrieben werden, sind nur solche Fälle technologisch interessant, bei denen das deformationsbedingte Aufspalten der Bänder auch im Falle einer starken Feldquantisierung aufrechterhalten werden kann. Dies ist einer der Hauptgründe, warum sich uniaxiale Verspannungstechniken im Gegensatz zu den biaxialen Methoden in der Volumenfertigung durchgesetzt haben [21], [22], [79], [133].

Der dominante Effekt für die Erhöhung der Elektronenbeweglichkeit ist das Aufspalten der Δ_2- und Δ_4-Täler und der damit verbundenen Unterdrückung der Phononenstreuung. Für uniaxiale Zugverspannung in [110]-Richtung liefert die zusätzliche Bandverformung durch die Scherverspannungen eine weitere Steigerung der Elektronenbeweglichkeit, jedoch ist der Einfluss durch die Feldquantisierung vorrangig. Für eine erhöhte Löcherbeweglichkeit sind im uniaxialen druckverspannten Fall vor allem Bandverformungen wesentlich, während die Verbesserung für den Fall biaxialer Zugverspannung vorwiegend auf einer Unterdrückung der Streuung basiert.

Tabelle 3.2: Einfluss verschiedener Verspannungsfälle auf die Beweglichkeit von Elektronen und Löchern sowie deren Ursache. Weiterhin ist die Wechselwirkung mit einem elektrischen vertikalen Feld (Feldquantisierung) angegeben.

Art der Verspannung	Einfluss auf Elektronenbeweglichkeit	Einfluss auf Löcherbeweglichkeit	Technologische Realisierung
Biaxiale Zugverspannung	Erhöhung • effektive Masse sinkt durch Umbesetzung in Δ_2-Täler • Unterdrückung der Streuung • Quantisierung wirkt additiv	Verringerung, Erhöhung erst bei hohen Verspannungswerten • effektive Masse nimmt durch Umbesetzung zu • Unterdrückung der Streuung erst ab $\sigma > 0.5$ GPa • Quantisierung: stark subtraktiv	sSOI
Uniaxiale Zugverspannung	Starke Erhöhung • effektive Masse sinkt durch Umbesetzung in Δ_2-Täler und Bandverformung • Unterdrückung der Streuung • Quantisierung: stark additiv	Starke Verringerung • effektive Masse nimmt durch Umbesetzung und Bandverformung zu • Quantisierung: leicht additiv	eSi:C, TOL
Biaxiale Druckverspannung	Verringerung • effektive Masse nimmt durch Umbesetzung zu • Quantisierung: subtraktiv	Leichte Erhöhung • effektive Masse sinkt durch Umbesetzung und Bandverformung • Unterdrückung der Streuung • Quantisierung: leicht additiv	–
Uniaxiale Druckverspannung	Starke Verringerung • effektive Masse nimmt durch Umbesetzung zu • Quantisierung: subtraktiv	Sehr starke Erhöhung • effektive Masse sinkt durch Umbesetzung innerhalb des Bandes und Bandverformung • Unterdrückung der Streuung erst ab $\sigma > -1$ GPa • Quantisierung: leicht additiv	eSiGe, COL

Kapitel 4

Modelle für die Prozess- und Bauelementesimulation

DIE extrem kleinen Abmessungen aktueller Bauelemente machen eine Charakterisierung ihrer Materialparameter zunehmend schwieriger. Erst durch die Simulation werden bestimmte physikalische Größen im Inneren des Bauelements, die sich einer Messung praktisch entziehen, quantitativ erfassbar, z.B. der räumliche Verlauf des elektrischen Felds, die Dotierungs- und Ladungsträgerkonzentrationen oder die Verspannungsfelder. Dieser Einblick in das Halbleitermaterial ermöglicht eine bessere Analyse und ein vertieftes Verständnis für die physikalischen Vorgänge und ist somit Grundlage für eine weitere Technologieverbesserung [134]. Hinzu kommt die Fähigkeit der Simulation unkonventionelle Ideen, wie neuartige Bauelementestrukturen untersuchen zu können, bevor erste experimentelle Ergebnisse verfügbar sind. Dadurch können die steigenden Kosten für die Entwicklung neuer Technologien deutlich reduziert und die Entwicklungszeit für neue Halbleitertechnologien verkürzt werden, was einen nicht zu unterschätzenden Wettbewerbsvorteil darstellt [135].

Die Prozesssimulation behandelt alle Aspekte der Bauelementefertigung. Das untersuchte Gebiet umfasst typischerweise den Bereich eines einzelnen Bauelements oder weniger benachbarter Bauelemente auf einem Chip. Aus der Abfolge der Prozessschritte sowie der Maskeninformation werden die Bauelementstruktur und das Dotierungsprofil sowie die Verspannung errechnet. Die Ergebnisse der Prozesssimulation dienen zusammen mit den angelegten Kontaktspannungen am Bauelement als Eingabe für die Bauelementesimulation. Hier werden die elektrischen Kenngrößen des Transistors, beispielsweise in Form von Strom-Spannungs-Kennlinien, generiert sowie innerelektronische Größen berechnet.

Nach einer kurzen Bemerkung über die Herausforderungen der prozessnahen Simulation im ersten Abschnitt folgt im Weiteren die Darstellung der verwendeten Modelle in der Prozess- und Bauelementesimulation. Der Schwerpunkt liegt auf der Modellierung des Verspannungseinflusses, welche anhand entsprechender Beispiele veranschaulicht wird. Abschließend wird die Kalibrierung der Modellparameter an einem 45 nm-Technologieprozess von GLOBALFOUNDRIES beschrieben.

4.1 Anforderungen an die Simulation

Das große Ziel der simulationsunterstützten Technologieentwicklung (TCAD) ist die Vorhersagefähigkeit der technologieabhängigen Parameter. Dabei hat der Begriff Vorhersagefähigkeit aber unterschiedliche Bedeutung für TCAD-Entwickler und -anwender. Während er für Erstere die Fähigkeit bedeutet, vorher gemessene experimentelle Ergebnisse reproduzieren zu können, impliziert Vorhersagefähigkeit für den Prozessingenieur die Fähigkeit, Eigenschaften und Verhalten einer zukünftigen Technologie vorherzusagen. Diese Zielvorstellung ist nur eingeschränkt erreichbar [136]. Die Entwicklung integrierter Schaltkreise ist ein sich rasant änderndes Feld, welches mit der kontinuierlichen Entwicklung neuer Prozesse und der Integration neuer Materialien eine stetige Anpassung der Simulationsmodelle erforderlich macht. Zudem kann eine Verkleinerung der Strukturabmessungen ältere Modelle ungültig werden lassen und grundlegend neue Modellierungskonzepte bzw. physikalische Effekte müssen in das Simulationsprogramm implementiert werden [137].

Dies verdeutlicht das Paradoxon der Simulation: Um etwas simulieren zu können, muss man es verstehen, wobei das wachsende Verständnis den Simulationsbedarf überflüssig macht [136]. Generell besteht eine Zeitdifferenz zwischen der Einführung eines speziellen Prozessschrittes oder der theoretischen Beschreibung eines physikalischen Phänomens und deren akkurater Modellierung – das Problem von "yesterday's technology modeled tomorrow" [138], [139]. Aus diesem Grund ist es sinnvoll, die Simulation eher als qualitativen Wegweiser zu verstehen, als absolute Genauigkeit zu erwarten. Für viele Probleme ist absolute Genauigkeit auch gar nicht gefordert. Relative Trends liefern exzellente Informationen über den fraglichen Prozess. Deshalb ist die Simulation immer noch ein sinnvolles Werkzeug, um die Prozessentwicklung zu lenken und physikalische Effekte zu veranschaulichen. Hinzu kommt, dass der Endnutzer von Simulationssoftware ein Technologieentwickler ist und deswegen Kompromisse zwischen Rechenzeit, Genauigkeit und Bedienfreundlichkeit gemacht werden müssen. Obwohl eine atomistische bzw. Monte-Carlo-Modellierung mehr Genauigkeit bietet, wird die Kontinuumsmodellierung weiterhin der bedeutendere Ansatz für Prozessingenieure sein [137]. Die rechenzeitintensiven Monte-Carlo-Modelle werden oft für Referenzsimulationen verwendet und die dort erlangten Erkenntnisse zur Erweiterung der Kontinuumsmodelle genutzt [83].

Bei der Technologieentwicklung in Halbleiterfirmen spielt TCAD derzeit noch eine untergeordnete Rolle. Trotz des großen Einsparpotenzials wird diese Methode nur von wenigen Ingenieuren als Werkzeug eingesetzt, wobei von einer Routinetätigkeit noch lange nicht gesprochen werden kann [140]. Das Hauptproblem liegt in der komplexen, oft wenig intuitiven Benutzung der Werkzeuge und in der sehr zeitaufwändigen Modellkalibrierung für eine neue Technologie, die, wenn sie gewissenhaft durchgeführt wird, ebenso lange dauern kann, wie die Lebensdauer einer Technologie selbst. Kalibrierung ist ein sehr schwieriges und zeitaufwändiges Problem. Die überwältigend vielen freien Parameter der Simulationsmodelle, Unsicherheiten in den zu kalibrierenden experimentellen Daten durch Prozessvariationen oder durch Ungenauigkeiten in der Messung (Gateoxiddicke, Gatelänge, Temperaturverlauf während einer Ausheilung usw.) bzw. die Schwierigkeiten, bestimmte Parameter messtechnisch zu erfassen (2D-Dotierungsprofile, Verspannungsfelder usw.), sind der Grund für diese Problematik. Es ist viel Erfahrung des Anwenders nötig, um in kurzer Zeit eine hochwertige Kalibrierung zu erzielen. Letztendlich ist es für einen Prozessingenieur immer noch einfacher (und teilweise schneller), ein Silizium-Experiment durchzuführen, wobei zudem das Vertrauen in die Ergebnisse größer ist [136]. Die Simulation hat aber unbestritten ihre Daseinsberechtigung. Neben den am Anfang dieses Kapitels genannten Anwendungsgebieten ist die Simulation beispielsweise im Bereich des Schaltkreisdesign unentbehrlich, da es hier nicht mehr möglich ist, eine auf Experimenten basierende Optimierung zu erreichen.

4.2 Allgemeine Modelle

4.2.1 Prozesssimulation

Bei der Simulation des Herstellungsprozesses eines MOSFETs sind viele Prozessschritte für die spätere Funktionsweise von Bedeutung. Die Modellierung der Ionenimplantation und der Diffusion der Dotanden ist dabei fundamental, da die Dotierungsprofile wesentlich die elektrischen Eigenschaften eines Bauelementes beeinflussen. Die diesen Modellen zugrunde liegenden Gleichungen werden anschließend kurz angegeben. Demgegenüber können die Lithographie, die Schichtabscheidung und diverse Ätzvorgänge als einfache geometrische Probleme betrachtet werden, auf die hier nicht näher eingegangen werden soll. Weiterführende Informationen zu diesen Prozessschritten sind beispielsweise im Benutzerhandbuch des Simulationsprogramms [86] oder in [13] bzw. [89] zu finden. Der wesentliche Aspekt in der Prozesssimulation, in Bezug auf diese Arbeit, ist die Verspannungsmodellierung, die in Abschnitt 4.3 separat betrachtet wird.

Die räumliche Lage der implantierten Ionen im Silizium wird analytisch durch statistische Verteilungsfunktionen, wie die Gauß- oder Pearson-Verteilung, beschrieben. Beispielsweise ist die Gauß-Verteilung der Dotanden durch die implantierte Ionendosis Q, die projizierte Reichweite R_p und die Standardabweichung ΔR_p charakterisiert:

$$N(x) = \frac{Q}{\sqrt{2\pi}\,\Delta R_p} \exp\left(-\frac{(x-R_p)^2}{2\Delta R_p^2}\right). \tag{4.1}$$

Diese Parameter hängen von der verwendeten Ionenspezies, Implantationsenergie, -dosis, -neigungswinkel und dem -rotationswinkel ab [141]. In die Pearson-Verteilung gehen noch die Schiefe und die Wölbung als Modellparameter ein. Dies erhöht die Freiheitsgrade zur Anpassung der analytischen Dotierungsprofile an Messwerte. Eine Überlagerung zweier Verteilungsfunktionen wird angewendet, um den „Channeling-Effekt" zu modellieren. Bei diesem Phänomenen können die implantierten Ionen in Leerräume zwischen den Atomreihen und -ebenen eintreten und erreichen aufgrund der regelmäßigen Kristallstruktur deutlich größere Eindringtiefen als jene Teilchen, die sich in zufällige Richtungen bewegen und damit nach kurzer Zeit durch Zusammenstöße mit Gitteratomen ihre Energie abgeben. Die zur Verfügung stehenden Parameter der Verteilungsfunktionen basieren auf Vergleichen mit experimentelle Daten und Monte-Carlo-Simulationen [86].

Aufgrund thermischer Prozesse diffundieren die durch die Ionenimplantation eingebrachten Dotanden und verteilen sich innerhalb der Struktur. Unter Diffusion versteht man allgemein einen Teilchenfluss in Richtung abnehmender Konzentration aufgrund der stochastischen Bewegung der Atome bzw. Moleküle, wodurch es zum Ausgleich von Konzentrationsunterschieden kommt. Dabei spielt im Silizium eine Vielzahl von Effekten eine Rolle, wie z.B. die Wechselwirkung mit Störstellen (Kristalldefekten), chemische Reaktionen an Grenzflächen, Materialwachstum und -veränderung (Oxidation und Silizierung), interne elektrische Felder und mechanische Verspannungen. Das äußerst komplexe Diffusionsverhalten der Dotanden muss für eine analytische Beschreibung notwendigerweise vereinfacht werden. In der Simulation wird das auf den Fickschen Gesetzen beruhende ChargedPair-Diffusionsmodell verwendet [86].

Das erste Ficksche Gesetz besagt, dass die Teilchenflussdichte J_T proportional dem räumlichen Gefälle der Teilchendichte N ist [142]:

$$\boldsymbol{J}_T = -D \cdot \nabla N\ . \tag{4.2}$$

Als Proportionalitätskonstante dient der Diffusionskoeffizient D, der über eine Arrhenius-Funktion der Form

$$D = D_0 \exp\left(-\frac{E_a}{k_B T}\right) \tag{4.3}$$

mit der Temperatur T verknüpft ist. Die Arrhenius-Funktion enthält eine Diffusionskonstante D_0 und eine Aktivierungsenergie E_a. Der Diffusionskoeffizient D beinhaltet dementsprechend die Temperaturabhängigkeit des Diffusionsprozesses.

Das zweite Ficksche Gesetz besagt, dass die zeitliche Änderung der Teilchendichte der Bilanz von Zu- und Abfluss (Quellen und Senken) der Teilchen entspricht:

$$\frac{\partial N}{\partial t} = -\nabla \boldsymbol{J}_T = \nabla(D \cdot \nabla N) \ . \tag{4.4}$$

Das Diffusionsverhalten der verschiedenen Dotanden (z.B. Bor, Arsen, Phosphor usw.) ist aufgrund der verschiedenen Aktivierungsenergien und Diffusionskoeffizienten sehr unterschiedlich und stark von der Anzahl und Art der vorhandenen Störstellen abhängig [143]. Dabei gilt, dass durch eine hohe Temperatur und ein starkes Konzentrationsgefälle eine hohe Diffusionsgeschwindigkeit erreicht wird.

Eine Übersicht der in der Prozesssimulation verwendeten Modelle ist in Tabelle 4.1 gegeben.

Tabelle 4.1: Spezielle Modelle der Prozesssimulation.

Implantation	Pearson-Verteilung der Ionen [144] mit Beachtung der Channeling-Effekte
	Schadens- und Amorphisierungsmodell nach [145]
Diffusion	ChargedPair-Diffusionsmodell [86]
	Aktivierungsmodell basierend auf der Festkörperlöslichkeit sowie Arsen-Leerstellen-Cluster- und Bor-Zwischengitter-Cluster-Modelle [86]
	Dotandensegregation an Grenzflächen [146]

4.2.2 Bauelementesimulation

In der Bauelementesimulation hat sich eine Hierarchie von Transportmodellen etabliert, die durch verschiedene Grade der Vereinfachung der Boltzmannschen Transportgleichung aus der Thermodynamik abgeleitet sind [147]. Die genaueste Methode zur Beschreibung des Ladungstransports ist die Lösung der Boltzmannschen Transportgleichung, z.B. mit der sehr zeitaufwändigen Monte-Carlo-Methode [148] zur Analyse elementarer Streuprozesse einzelner Ladungsträger. Für die praktische Anwendung sind jedoch makroskopische Modelle effizienter [149], welche die physikalischen Vorgänge mit Hilfe von Mittelwerten über eine großer Anzahl von Ladungsträgern betrachten. Die bekanntesten sind das Drift-Diffusions-Modell, welches die am stärksten vereinfachte, aber gebräuchlichste Modellstufe darstellt, und das Energiebalance- oder hydrodynamische Transportmodell [150], [151]. Ein tiefer gehender Vergleich der einzelnen Transportmodelle ist beispielsweise in [90] oder in [152] zu finden.

Der Einfluss einer mechanischen Deformation auf die Ladungsträgerbeweglichkeit wird durch spezielle Modelle erfasst, die in Abschnitt 4.4 gesondert behandelt werden.

4.2 Allgemeine Modelle

Unabhängig von der Komplexität des Ladungsträgertransportmodells in Halbleitern, sind zwei Gleichungen von grundlegender Bedeutung für die Beschreibung des Ladungstransports. Die Poisson-Gleichung stellt einen Zusammenhang zwischen der orts- und zeitabhängigen Ladungsträgerdichte ρ zu dem elektrostatischen Potenzial φ im Bauelement her:

$$\nabla \cdot (\varepsilon \nabla \varphi) = -\rho \ . \tag{4.5}$$

Hier ist ε die Permittivität ($\varepsilon = \varepsilon_0 \cdot \varepsilon_r$). Die Ladungsträgerdichte wird durch ortsfeste Ladungen, d.h. durch die Akzeptor- und die Donatorkonzentration N_A und N_D sowie freie Ladungsträger (Elektronendichte n und Löcherdichte p) bestimmt, $\rho = e(p - n + N_D - N_A)$.

Die zweite Gleichung ist die Kontinuitätsgleichung, welche die Stromdichte J zur Bilanz der Elektronen- und Löcherdichten in Beziehung setzt:

$$\nabla J_n = e\left[(R - G) + \frac{\partial n}{\partial t}\right] \text{ und} \tag{4.6}$$

$$\nabla J_p = -e\left[(R - G) + \frac{\partial p}{\partial t}\right] \ . \tag{4.7}$$

Die zeitliche Änderung der Ladungsträgerdichte wird durch Rekombinations- und Generationsvorgänge, gekennzeichnet durch die Rekombinations- und Generationsraten R bzw. G, bestimmt. Diese müssen in der Simulation durch entsprechende Modelle untersetzt werden, die z.B. die Effekte der Auger- und Shockley-Read-Hall-Rekombination bzw. von Generationsmechanismen durch Stoßionisation oder Band-Zu-Band-Tunnelprozesse beschreiben [89]. Darauf soll hier aus Gründen der Übersichtlichkeit nicht weiter eingegangen werden.

Die Transportgleichungen für den Drift-Diffusions-Fall ergeben sich zu

$$J_n = -e(n\mu_n \nabla \varphi - D_n \nabla n) = e(n\mu_n E + D_n \nabla n) \ , \tag{4.8}$$

$$J_p = e(p\mu_p E - D_p \nabla p) \ , \tag{4.9}$$

mit μ_n, μ_p als die Elektronen- bzw. Löcherbeweglichkeit und D_n, D_p kennzeichnen den Diffusionskoeffizient der Elektronen bzw. Löcher, der über die Einstein-Relation

$$D = \frac{\mu k_B T}{e} \ , \tag{4.10}$$

mit der Gittertemperatur des Halbleiters in Zusammenhang steht. In dem Modell nach Gleichung (4.8) bzw. (4.9) ist die Stromdichte als Summe zweier Komponenten dargestellt: Der Driftanteil, der durch das elektrische Feld getrieben ist und der Diffusionsanteil aufgrund des Gradienten der Ladungsträgerkonzentration.

Die Generations- und Rekombinationsraten sowie die Ladungsträgerbeweglichkeit μ sind neben den Materialparametern die einzigen freien Parameter des Drift-Diffusions-Modells.

Die Gesamtstromdichte J ist gegeben durch:

$$J = J_n + J_p + \frac{\partial D}{\partial t} \ , \tag{4.11}$$

und D kennzeichnet die elektrische Flussdichte ($D = \varepsilon \cdot E$).

Kapitel 4 – Modelle für die Prozess- und Bauelementesimulation

Durch die rapide Verkleinerung der Bauelementeabmessungen dominieren neue physikalische Effekte die Transporteigenschaften, wodurch die Gültigkeit konventioneller Ladungstransportmodelle in Frage gestellt wird [153]. Das Drift-Diffusions-Modell, welches aufgrund seiner Einfachheit und numerischen Robustheit einen beachtlichen Erfolg genießt, muss verallgemeinert werden, um das Aufheizen der Ladungsträger (d.h. die Ladungsträger befinden sich nicht im thermodynamischen Gleichgewicht mit dem Kristallgitter, so genannte heiße Ladungsträger) und die damit verbundenen nicht-lokalen Effekte durch die starken Feldgradienten (z.B. Velocity Overshoot) zu berücksichtigen. Für das Energiebalance-Transportmodell, auch als vereinfachtes hydrodynamisches Transportmodell bezeichnet, werden die Gleichungen (4.8) bzw. (4.9) mit Hilfe des Gradienten der Ladungsträgertemperaturen T_n und T_p erweitert und somit der Energieerhalt der Ladungsträger in das Transportmodell mit einbezogen:

$$J_n = e\left(n\mu_n E + D_n \nabla n + n\mu_n \frac{k_B}{e} \nabla T_n \right) \text{ bzw.} \tag{4.12}$$

$$J_p = e\left(p\mu_p E - D_p \nabla p - p\mu_p \frac{k_B}{e} \nabla T_p \right). \tag{4.13}$$

Neben diesen Grundgleichungen sind zahlreiche weitere Modelle notwendig (Tabelle 4.2), beispielsweise solche zur Beschreibung der Ladungsträgerbeweglichkeiten. Hierfür steht eine Vielzahl von Modellen unterschiedlichen Umfangs zur Verfügung, wobei die verwendeten Beziehungen meist als empirische Beschreibungen denn als korrekte physikalische Modelle zu verstehen sind. Neben einer Abhängigkeit von der Dotierung und der Temperatur (die Beweglichkeit verringert sich bei einer Erhöhung dieser Parameter) haben im Transistorkanal noch andere Effekte Einfluss auf die Ladungsträgerbeweglichkeit, wie z.B. der Effekt der Hochfeldsättigung bei hohen lateralen elektrischen Feldern oder die Grenzflächenstreuung der Inversionsladungsträger an der Si/SiO$_2$-Grenzfläche zum Gate-Isolator. Die einzelnen Beiträge werden über die Matthiesen-Regel, analog zu Gleichung (3.7), in eine Gesamtbeweglichkeit überführt.

Tabelle 4.2: Spezielle Modelle der Bauelementesimulation.

Ladungstransport	Energiebalance-Transportmodell [90]
Rekombination und Generation	Auger-Rekombination [154]
	Shockley-Read-Hall-Rekombination [155]
	Band-zu-Band-Tunneln [156]
	Stoßionisation [157]
Beweglichkeitseffekte	Hochfeldsättigung [158]
	Grenzflächenstreuung [159]
	Abhängigkeit der Majoritäts- und Minoritätsladungsträger von der Dotierung und der Temperatur [160]
Quantenkorrektur	Veränderte Ladungsträgerdichteverteilung an Grenzflächen [161], führt z.B. zur Verringerung der Gate-Kapazität und zur Schwellspannungsverschiebung

4.3 Verspannungsmodellierung in der Prozesssimulation

Die korrekte Modellierung der Verspannungsgeneration und -relaxation ist in modernen Transistoren fundamental, wobei eine Vielzahl an Mechanismen und Prozessschritten dafür verantwortlich sind. Deren theoretische Beschreibung sowie ihre Implementierung in den kommerziell verfügbaren Prozesssimulator *sprocess* von SYNOPSYS [86] sind Schwerpunkte dieses Abschnitts.

4.3.1 Kontinuumsmechanik

Die Verspannung ist allgemein als Kraft pro Flächeneinheit definiert

$$\sigma_{ij} = \lim_{\Delta A_j \to 0} \frac{\Delta F_i}{\Delta A_j} = \frac{\mathrm{d}F_i}{\mathrm{d}A_j} , \qquad (4.14)$$

wobei der Index i die Richtung der Kraft und der Index j die Normalenrichtung der Fläche angibt.

Die Deformation ist ein Maß für die Verformung eines Objektes unter Einwirkung einer Verspannung und als Längenänderung Δu im Verhältnis zur Originallänge ΔL definiert:

$$\varepsilon_{kl} = \lim_{\Delta L_l \to 0} \frac{\Delta u_k}{\Delta L_l} = \frac{\mathrm{d}u_k}{\mathrm{d}L_l} \qquad (4.15)$$

mit k und l als Kennzeichnung der jeweiligen Raumrichtung.

Eine weitere mechanische Kenngröße ist die Poissonzahl (Querkontraktionszahl) v, welche als Reaktion auf eine uniaxiale Verspannung die Deformation des Körpers parallel zur Verspannung mit der transversal dazu auftretenden Deformation ins Verhältnis setzt:

$$v = \frac{\varepsilon_{\mathrm{trans}}}{\varepsilon_{\mathrm{parallel}}} . \qquad (4.16)$$

In kristallinen Materialien wie Silizium ändern sich die mechanischen Eigenschaften für verschiedene Kristallrichtungen, was zu Unterschieden von bis zu 30% in der Verspannungs-Deformations-Beziehung führt [162]. Dies wird im anisotropen Modell des Hookeschen Gesetzes berücksichtigt:

$$\sigma_{ij} = \sum_{k=1}^{3}\sum_{l=1}^{3} c_{ijkl}\varepsilon_{kl} , \qquad (4.17)$$

welches die Verspannung $\underline{\sigma}$ über den Elastizitätstensor $\underline{c}$ in Relation zur Deformation $\underline{\varepsilon}$ stellt.

Unter Ausnutzung der Symmetriebeziehungen des kubischen Kristallsystems, kann der Elastizitätstensor analog zu den Gleichungen (2.7) und (2.8) als 6×6-Matrix geschrieben werden:

$$\begin{bmatrix} \sigma_{xx} \\ \sigma_{yy} \\ \sigma_{zz} \\ \sigma_{yz} \\ \sigma_{xz} \\ \sigma_{xy} \end{bmatrix} = \begin{bmatrix} \sigma_1 \\ \sigma_2 \\ \sigma_3 \\ \sigma_4 \\ \sigma_5 \\ \sigma_6 \end{bmatrix} = \begin{bmatrix} c_{11} & c_{12} & c_{12} & 0 & 0 & 0 \\ c_{12} & c_{11} & c_{12} & 0 & 0 & 0 \\ c_{12} & c_{12} & c_{11} & 0 & 0 & 0 \\ 0 & 0 & 0 & c_{44} & 0 & 0 \\ 0 & 0 & 0 & 0 & c_{44} & 0 \\ 0 & 0 & 0 & 0 & 0 & c_{44} \end{bmatrix} \cdot \begin{bmatrix} \varepsilon_1 \\ \varepsilon_2 \\ \varepsilon_3 \\ 2\varepsilon_4 \\ 2\varepsilon_5 \\ 2\varepsilon_6 \end{bmatrix} . \qquad (4.18)$$

Sind dagegen die Verspannungen gegeben, können durch Inversion von Gleichung (4.17) die Deformationen bestimmt werden. Unter Einführung des inversen Elastizitätstensors $\underline{s} = \underline{c}^{-1}$ (auch als Nachgiebigkeitstensor bezeichnet) folgt:

$$\varepsilon_{ij} = \sum_{k=1}^{3}\sum_{l=1}^{3} s_{ijkl} \sigma_{kl} \tag{4.19}$$

bzw. in Matrix-Form

$$\begin{bmatrix} \varepsilon_1 \\ \varepsilon_2 \\ \varepsilon_3 \\ 2\varepsilon_4 \\ 2\varepsilon_5 \\ 2\varepsilon_6 \end{bmatrix} = \begin{bmatrix} s_{11} & s_{12} & s_{12} & 0 & 0 & 0 \\ s_{12} & s_{11} & s_{12} & 0 & 0 & 0 \\ s_{12} & s_{12} & s_{11} & 0 & 0 & 0 \\ 0 & 0 & 0 & s_{44} & 0 & 0 \\ 0 & 0 & 0 & 0 & s_{44} & 0 \\ 0 & 0 & 0 & 0 & 0 & s_{44} \end{bmatrix} \cdot \begin{bmatrix} \sigma_1 \\ \sigma_2 \\ \sigma_3 \\ \sigma_4 \\ \sigma_5 \\ \sigma_6 \end{bmatrix}. \tag{4.20}$$

Die Konstanten des Nachgiebigkeitstensors s_{ij} sind über folgende Gleichungen mit den Konstanten des Elastizitätstensors c_{ij} verknüpft:

$$s_{11} = \frac{c_{11} + c_{12}}{c_{11}^2 + c_{11}c_{12} - 2c_{12}^2}, \tag{4.21}$$

$$s_{12} = \frac{-c_{12}}{c_{11}^2 + c_{11}c_{12} - 2c_{12}^2} \quad \text{und} \tag{4.22}$$

$$s_{44} = \frac{1}{c_{44}}. \tag{4.23}$$

Sind das Koordinatensystem des Kristalls und das des Simulationsprogramms nicht identisch bzw. greift die Verspannung nicht entlang der kristallographischen Hauptachsen an, sind für beliebige Orientierungen Koordinatentransformationen erforderlich [13]. Beispielsweise ergibt sich der resultierende Verspannungstensor für die Kristallhauptachsen durch eine externe Verspannung P entlang der [100]- und der [110]-Richtung zu [92]:

$$\sigma_{<100>} = \begin{bmatrix} \sigma_{xx} \\ \sigma_{yy} \\ \sigma_{zz} \\ \sigma_{yz} \\ \sigma_{xz} \\ \sigma_{xy} \end{bmatrix} = \begin{bmatrix} P \\ 0 \\ 0 \\ 0 \\ 0 \\ 0 \end{bmatrix} \quad \text{und} \quad \sigma_{<110>} = \begin{bmatrix} P/2 \\ P/2 \\ 0 \\ 0 \\ 0 \\ P/2 \end{bmatrix}. \tag{4.24}$$

Durch Einsetzen von Gleichung (4.24) in die Gleichung (4.20) kann der zugehörige Deformationstensor berechnet werden:

4.3 Verspannungsmodellierung in der Prozesssimulation

$$\varepsilon_{<100>} = P \begin{bmatrix} s_{11} \\ s_{12} \\ s_{12} \\ 0 \\ 0 \\ 0 \end{bmatrix} \quad \text{und} \quad \varepsilon_{<110>} = \frac{P}{2} \begin{bmatrix} s_{11}+s_{12} \\ s_{11}+s_{12} \\ 2s_{12} \\ 0 \\ 0 \\ s_{44}/2 \end{bmatrix}. \tag{4.25}$$

Für den Fall biaxialer Verspannung, z.B. durch epitaktisch gewachsenes Silizium auf einem relaxierten (001)-SiGe-Substrat, ist der Zusammenhang entsprechend

$$\varepsilon_{(001)} = \varepsilon_{\parallel} \begin{bmatrix} 1 \\ 1 \\ -2\dfrac{c_{12}}{c_{11}} \\ 0 \\ 0 \\ 0 \end{bmatrix} \quad \text{und} \quad \sigma_{(001)} = \varepsilon_{\parallel} \begin{bmatrix} P/2 \\ P/2 \\ 0 \\ 0 \\ 0 \\ 0 \end{bmatrix}, \tag{4.26}$$

wobei der Term $-2 \cdot c_{12}/c_{11}$ eine direkte Folge des Poissoneffekts ist.

4.3.2 Physikalische Modellierung

Die Grundlage für die mechanische Verspannungsmodellierung im Simulationsprogramm bildet das Kräftegleichgewicht aus internen und externen Kräften [163]:

$$\sum_{j=x,y,z} \frac{\partial \sigma_{ij}}{\partial j} = 0 \quad \text{mit } i = x, y, z. \tag{4.27}$$

Mögliche Ursachen für die externen Kräfte werden in den Abschnitten 4.3.3 bis 4.3.6 detaillierter dargestellt.

Wenn externe Kräfte auf einen beliebigen Körper einwirken, befindet sich die Verspannung innerhalb des Körpers vorerst nicht im Gleichgewicht und Gleichung (4.27) ist nicht erfüllt. Durch iteratives Lösen dieser Gleichung ergeben sich für die einzelnen Elemente (Knotenpunkte) der diskretisierten Struktur interne Verspannungen σ_{ij}, aus denen über die spezifischen Materialgleichungen (Zusammenhang zwischen Deformation und Verspannung, s.u.) und den zugehörigen Materialkonstanten (z.B. **c** und v) die resultierende Dehnung ε_{kl} ermittelt wird.

Eine beliebige Deformation lässt sich in zwei Teile zerlegen, bestehend aus den Normalkomponenten ε_{hh} und den Scheranteil ε'_{kl} [164]:

$$\varepsilon_{kl} = \varepsilon'_{kl} + \frac{1}{3}\sum_{h}\varepsilon_{hh} . \tag{4.28}$$

Der hydrostatische Anteil beschreibt die Materialänderung durch eine reine Volumenänderung, wogegen der Scheranteil einer Deformation durch reine Scherkomponenten ohne Volumenänderungen charakterisiert ist (Bild 4.1). Die Verspannung lässt sich analog beschreiben.

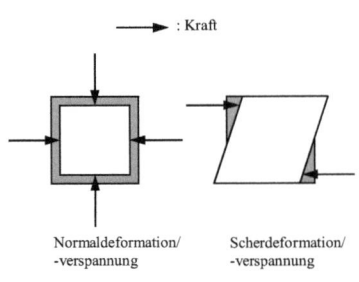
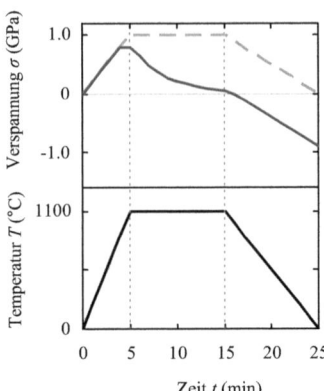

Bild 4.1: Einfluss eines hydrostatischen und eines Scherdeformationsanteils auf einen Körper.

Bild 4.2: Verspannung in einem elastischen (Strichlinie) und in einem viskoselastischen (Volllinie) Material während eines Temperaturverlaufs (unten), nach [164].

Die Materialgleichung für den hydrostatischen Anteil lässt sich durch

$$\sum_h \sigma_{hh} = 3\underline{K} \sum_h \varepsilon_{hh} \qquad (4.29)$$

ausdrücken mit $\underline{K}$ als der Kompressionsmodul,

$$\underline{K} = \frac{\underline{c}}{3(1-2v)} \; . \qquad (4.30)$$

Die Materialgleichung für den Scheranteil wird für die verschiedenen Materialfälle getrennt untersucht. Die in der Mikroelektronik verwendeten Materialien weisen, teilweise auch abhängig von den Prozessbedingungen, viskoses, viskoselastisches oder elastisches Verhalten auf.

- Viskose Materialien besitzen (für den Scheranteil) einen linearen Zusammenhang zwischen der Verspannung σ_{ij} und Deformationsänderung $\partial \varepsilon'_{kl}/\partial t$ über die Viskosität $\underline{\eta}$ [164]:

$$\sigma'_{ij} = 2\eta_{ijkl} \frac{\partial \varepsilon'_{kl}}{\partial t} = 2\eta_{ijkl} \dot{\varepsilon}'_{kl} \; . \qquad (4.31)$$

Die Viskosität ist zudem von der Temperatur und von der Scherverspannung abhängig [86]. Mikroskopisch gesehen brechen in Materialien mit viskosen Verhalten die Bindungen zwischen den Atomen durch Deformation auf, während sich gleichzeitig neue Bindungen bilden. Wenn die Kraft nachlässt, bleiben die Bindungen in ihrer aktuellen Konfiguration bestehen.

- Für elastische Materialien besteht ein linearer Zusammenhang zwischen der Verspannung und der Deformation nach Gleichung (4.17)

$$\sigma'_{ij} = 2G_{ijkl}\varepsilon'_{kl} \; . \qquad (4.32)$$

Der Schermodul $\underline{G}$ ist über

$$\underline{G} = \frac{\underline{c}}{2(1+v)} \qquad (4.33)$$

definiert.

4.3 Verspannungsmodellierung in der Prozesssimulation

- Viskoelastische Materialien weisen sowohl elastisches als auch viskoses Verhalten auf. Es gilt:

$$\frac{\dot{\sigma}'_{ij}}{G_{ijkl}} + \frac{\sigma'_{ij}}{\eta_{ijkl}} = 2\dot{\varepsilon}'_{kl} .$$ (4.34)

Silizium und Polysilizium können unter den hier untersuchen Temperaturbereichen und Prozessbedingungen als linear-elastische Materialien angesehen werden [165], [166]. Dabei wird die allgemein gültige Gleichung (4.34) am elastischen Limit genutzt, indem man die Viskosität η_{ijkl} als sehr groß definiert (was zu Gleichung (4.32) führt). Siliziumdioxid (SiO$_2$) und Siliziumnitrid (Si$_3$N$_4$) werden beispielsweise als viskose Materialien betrachtet, die mit steigenden Temperaturen immer „flüssiger" werden. Durch die Näherung einer sehr kleinen Relaxationszeit τ_{relax} ($\underline{G} = \underline{\eta}/\tau_{\text{relax}}$) im Verhältnis zum betrachteten Zeitraum kann Gleichung (4.34) durch Gleichung (4.31) angenähert werden.

Ein hypothetischer Verspannungsverlauf aufgrund der Erwärmung eines elastischen bzw. viskoelastischen Materialfilms auf einem Siliziumsubstrat ist in Bild 4.2 skizziert. Die Verspannung im elastischen Material folgt wie erwartet dem Verlauf des Temperaturprofils. Für den viskoelastischen Fall zeigt der Film bei Temperaturen über 1000 °C Fließvermögen. Verspannungen werden durch viskose Relaxation abgebaut und nach einiger Zeit (etwa 15 min) ist die Verspannung näherungsweise null. Fällt die Temperatur wieder, verliert das Material seine viskosen Eigenschaften und thermische Verspannungen während der Abkühlung werden „eingefroren". Der Endzustand ist im Gegensatz zum elastischen Fall nicht verspannungsfrei.

Für die hier durchgeführten 2D-Simulationen wurde das Modell des ebenen Deformationstensors in transversaler Richtung (d.h. in die Tiefe z, z.B. die Kanalweite) genutzt. Dieser Fall wird angewendet, wenn die Abmessung der Struktur in einer Dimension, hier die z-Richtung, im Vergleich zu den anderen beiden transversalen Richtungen sehr groß ist. Für solche langen Strukturen mit konstantem Querschnitt wirken die Kräfte nur in der xy-Ebene und die Deformation (sowie die entsprechenden Scherkomponenten) in z-Richtung werden zu null angenommen ($\varepsilon_{zz} = \varepsilon_{xz} = \varepsilon_{yz} \approx 0$) [166].

Die verwendeten Materialparameter für die verschiedenen Materialien sind in Tabelle 4.3 zusammengefasst. Der dort aufgeführte Elastizitätsmodul E ist der $\underline{c}$-Wert für eine spezielle Kristallrichtung und über die Koordinatentransformation

$$\frac{1}{E_{<hkl>}} = s_{11} + \frac{(2s_{12} - 2s_{11} + s_{44}) \cdot (k^2 l^2 + l^2 h^2 + h^2 k^2)}{(h^2 + k^2 + l^2)^2}$$ (4.35)

bestimmbar.

Tabelle 4.3: Ausgewählte Materialkonstanten für verschiedene Materialien [44], [45], [164], [167], [168]. Für die anisotropen Halbleiter Si, Ge und Si$_{0.8}$Ge$_{0.2}$ sind die Werte für die <110>-Richtung gültig.

Material	Therm. Ausdehnungs-koeffizient α bei 20 °C ($10^{-6}\cdot\text{K}^{-1}$)	Gitter-konstante a (nm)	Elastizitäts-modul E (GPa)	Poisson-zahl ν	Viskosität η (Pa·s)
Si	2.6	0.5431	169	0.279	10^{40}
Ge	5.7	0.5658	103	0.270	10^{40}
Si$_{0.8}$Ge$_{0.2}$	3.22	0.5476	156	0.277	10^{40}
SiO$_2$	0.56	–	66	0.17	$5.25\cdot 10^4$
Si$_3$N$_4$	40	–	300	0.23	$1.3\cdot 10^6$
NiSi	43	–	150	0.31	$5\cdot 10^4$

4.3.3 Verspannung durch unterschiedliche thermische Ausdehnung

Thermische Ausdehnung führt zu einer reinen Volumenänderung der Materialien und beeinflusst entsprechend nur den hydrostatischen Anteil in Gleichung (4.28). Die bei einer Temperaturänderung ΔT erzeugte Deformation in einem Materialfilm mit abweichenden thermischen Ausdehnungskoeffizienten α im Vergleich zum Substrat ist:

$$\varepsilon_{\text{therm}} = (\alpha_{\text{Film}} - \alpha_{\text{Substrat}}) \cdot \Delta T \tag{4.36}$$

und Gleichung (4.29) muss wie folgt erweitert werden [164]:

$$\sum_h \sigma_{hh} = 3\mathbf{K} \sum_h (\varepsilon_{hh} - 3\varepsilon_{\text{therm}}) . \tag{4.37}$$

Die entsprechende biaxiale Verspannung im Film ($\sigma_1 = \sigma_2$ und $\sigma_3 = 0$) kann entsprechend über

$$\sigma_{\text{therm}} = \sigma_{\text{biax}} = \frac{E_{\text{Film}}}{1 - v_{\text{Film}}} \varepsilon_{\text{therm}} \tag{4.38}$$

bestimmt werden [60].

Als Abschätzung der Größenordnung solcher thermisch bedingter Deformationen wird der Fall einer SiGe-Schichtabscheidung auf einem Siliziumsubstrat untersucht. Unter der Annahme, dass die einzelnen thermischen und mechanischen Materialkonstanten (α, E und v, siehe Tabelle 4.3) der SiGe-Legierung linear zwischen den Werten von Silizium und Germanium interpoliert werden können, ist die nach der Abscheidung (Epitaxietemperatur von $T = 700\ °C$) vorhandene Deformation bei Raumtemperatur:

$$\varepsilon_{\text{therm},\text{Si}_{0.8}\text{Ge}_{0.2}} = (\alpha_{\text{Si}_{0.8}\text{Ge}_{0.2}} - \alpha_{\text{Si}})\Delta T = (3.22 \cdot 10^{-6} - 2.6 \cdot 10^{-6})\ \text{K}^{-1} \cdot 680\ \text{K} = 4.22 \cdot 10^{-4} = 0.0422\% . \tag{4.39}$$

Die entsprechende thermisch bedingte Verspannung in einem SiGe-Film ist

$$\sigma_{\text{therm},\text{Si}_{0.8}\text{Ge}_{0.2}} = \left(\frac{E_{\text{Si}_{0.8}\text{Ge}_{0.2}}}{1 - v_{\text{Si}_{0.8}\text{Ge}_{0.2}}}\right)\varepsilon_{\text{therm},\text{Si}_{0.8}\text{Ge}_{0.2}} = \frac{156\ \text{GPa}}{1 - 0.277} \cdot 0.000422 \approx 91\ \text{MPa}, \tag{4.40}$$

d.h. zugverspannt. Diese Verspannung kann jedoch im Vergleich zu der deutlich größeren Druckverspannung aufgrund der abweichenden Gitterkonstanten von Silizium und SiGe vernachlässigt werden, wie im folgenden Abschnitt gezeigt wird.

4.3.4 Verspannung durch abweichende Gitterkonstanten

Die Existenz von Fremdatomen im Silizium, wie zum Beispiel Dotanden oder Germanium bzw. Kohlenstoff, führt zu einer Störung der Kristallordnung, die sich in einer Deformation und entsprechend in einer Variation der Gitterkonstanten a bemerkbar macht. Die Gitterfehlanpassung e zwischen zwei Materialien mit unterschiedlichen Gitterkonstanten ist hier unter der Annahme, dass die gesamte Deformation im Film stattfindet, da das deutlich dickere Substrat als starr angesehen werden kann, wie folgt definiert:

$$e = \frac{a_{\text{Film}} - a_{\text{Substrat}}}{a_{\text{Substrat}}} . \tag{4.41}$$

Die Deformation in der Ebene in einem gitterangepassten, d.h. pseudomorph aufgewachsenem Film ist $\varepsilon_{\parallel} = -e$ und die dazugehörige epitaktische Verspannung im Film lässt sich formulieren als

$$\sigma_\| = -2G \frac{v+1}{v-1} \varepsilon_\| \, , \tag{4.42}$$

wobei G der Schermodul in <100>-Richtung ist (G = 51 GPa).

Untersucht man beispielsweise die Abscheidung einer pseudomorphen SiGe-Schicht auf einem Siliziumsubstrat, so ist deren unverspannte Gitterkonstante a_{SiGe} (abhängig von der Germaniumkonzentration x) näherungsweise über folgende Beziehung bestimmbar (Vegardsches Gesetz, [169]):

$$a_{SiGe} = a_{Si}(1-x) + a_{Ge} \cdot x = 0.0277 \text{ nm} \cdot x + 0.5341 \text{ nm} \, . \tag{4.43}$$

Für eine SiGe-Schicht mit 20% Germaniumkonzentration (a_{SiGe} = 0.5476 nm) ergibt sich eine Deformation in der Ebene von $\varepsilon_\| = -e = -0.84\%$ und eine Verspannung von $\sigma_\| = -1.51$ GPa. Da die Gitterkonstante des SiGe-Films in der Ebene gestaucht ist, um sich der Gitterkonstante des darunter liegenden Siliziums anzupassen, kommt es durch die Querkontraktion zu einer Dehnung senkrecht zur Wachstumsebene:

$$\varepsilon_\perp = -\frac{2c_{12}}{c_{11}} \varepsilon_\| = -\frac{2v}{1-v} \varepsilon_\| \approx -0.70 \, \varepsilon_\| \, . \tag{4.44}$$

Die Stauchung in der Ebene um 0.84% relativ zur relaxierten $Si_{0.8}Ge_{0.2}$-Gitterzelle bewirkt eine Dehnung senkrecht zur Wachstumsebene um 0.59% (Bild 4.3).

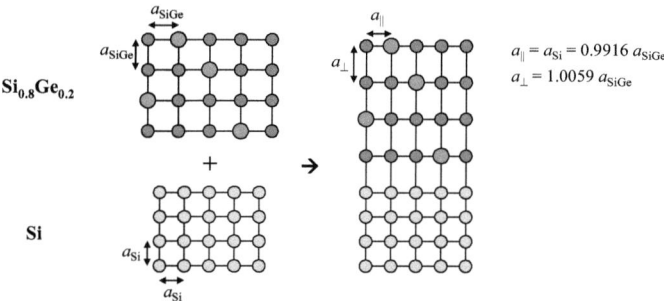

Bild 4.3: Schematische Darstellung der Gitterdeformation für den Fall einer pseudomorphen $Si_{0.8}Ge_{0.2}$-Schicht auf Silizium.

Wie bereits erwähnt wurde, können auch Dotanden, deren eigentliche Aufgabe die Bereitstellung von freien Ladungsträgern im Silizium ist, durch ihre zum Silizium abweichenden Atomradien Deformationen hervorrufen. Auf Gitterplätzen eingebautes Bor verursacht aufgrund seines kleineren Atomradius durch eine im Vergleich zu den Si–Si-Bindungen kürzere B–Si-Bindung hydrostatische Kontraktionen. Dies macht bei Raumtemperatur eine Verringerung der effektiven Gitterkonstante von Silizium um bis zu -0.00141 nm pro Atomprozent Bor aus [166]. Für typische Dotierungen der Source/Drain-Gebiete eines p-MOSFETs im $2 \cdot 10^{20}$ cm^{-3}-Bereich ist das dotierte Silizium mit 175 MPa zugverspannt. Die Verspannung im Kanalbereich eines 45 nm langen Kurzkanaltransistor beträgt immerhin noch ca. 80 MPa [166], was zwar tendenziell eine Verringerung der Löcherbeweglichkeit hervorruft, aber letztendlich unvermeidlich und im Beisein anderer Verspannungsquellen vernachlässigbar ist. Der Einfluss anderer Dotanden wie Phosphor und Arsen ist dagegen deutlich geringer, wobei erstere ebenfalls eine leichte Zugverspannung verursacht und letztere nur eine verschwindend kleine Druckverspannung erzeugt [170].

4.3.5 Verspannung durch Materialwachstum

Die Bildung von Siliziumdioxid (SiO_2) durch thermische Oxidation induziert Verspannungen in der Struktur durch die Volumenausdehnung der oxidierten Region. Das Volumen von oxidiertem Silizium ist 2.2 mal größer als das des verbrauchten Siliziums [165]. Für ebene Strukturen führt dies noch nicht zu nennenswerten Verspannungen, da das neu entstandene Volumen das ältere Oxid nach oben zur freien Oberfläche drückt. In nicht planaren Geometrien, wie z.B. an Ecken oder in Gräben sowie in durch andere Materialien begrenzten Regionen können die Verspannungen jedoch beträchtliche Werte annehmen. Das neu gewachsene Oxid findet keinen freien Platz und große Druckverspannungen entstehen in solchen Regionen. Die Oxidationsrate ist selbst verspannungsabhängig, so dass unter Druckverspannung die Oxidation verlangsamt wird [167]. Die Modellierung der Oxidation erfolgt in drei Schritten:

- Eindiffusion der Oxidanten durch das bereits bestehende Oxid bis zur Si/SiO_2-Grenzfläche.
- Materialumwandlung an der Grenzfläche.
- Bestimmung des Materialwachstums und entsprechende Verschiebung der Materialgrenzen.

Wenn Metalle, z.B. Kobalt und Nickel, auf kristallines oder polykristallines Silizium aufgebracht werden, bildet sich bei erhöhten Temperaturen von einigen 100 °C ein neues Material an der Metall/Silizium-Grenzfläche. Das Wachstum dieser Metall-Silizium-Verbindung (Silizid) verhält sich sehr ähnlich dem der Oxidation [164]. Der Unterschied besteht in der Art der Quelle des eindiffundierenden Materials, einmal durch den Verbrauch von Metall und einmal durch eine praktisch unendlich ergiebige Sauerstoffquelle aus der Atmosphäre. Außerdem durchläuft der Silizierungsprozess mehrere Phasen abhängig von der Temperatur und des verwendeten Metalls [45]. Durch die Änderung der Volumina der beteiligten Materialien während der Silizierung entstehen Druckverspannungen. Diese werden aber durch deutlich stärkere Zugverspannungen überlagert, die während der Abkühlung aufgrund der unterschiedlichen thermischen Ausdehnungskoeffizienten von Silizid und Silizium entstehen. Für alle üblichen Silizide (NiSi, CoSi und TiSi) ist letztendlich nur diese thermisch-bedingte Zugverspannung relevant [44].

4.3.6 Intrinsische Verspannung

Bestimmte Materialien, z.B. Nitrid, weisen direkt nach der Abscheidung große intrinsische Verspannungen von einigen GPa auf. Intrinsische Verspannungen (oder Wachstumsverspannungen) entstehen durch Abscheidebedingungen, bei denen die Prozesse sich nicht im thermodynamischen Gleichgewicht befinden [164]. Dabei bilden sich Mikrostrukturen aus, deren Atome sich nicht so anordnen können, wie es energetisch günstig ist, da sie z.B. von nachfolgenden Schichten begraben werden und keine Zeit für eine Neuordnung bleibt [44]. Der auf dem Substrat abgeschiedene Film tendiert dazu, durch Schrumpfung oder Dehnung einen energetisch günstigeren Zustand einzunehmen. Nachfolgende thermische Prozessschritte können die Eigenschaften des Films wie Dichte und Zusammensetzung und entsprechend auch die Verspannung verändern [171]. Im Simulationsprogramm kann eine intrinsische Verspannung direkt für beliebige Materialien vorgegeben werden.

4.4 Verspannungsmodellierung in der Bauelementesimulation

Die korrekte Erfassung des Verspannungseinflusses auf die Transporteigenschaften ist von großer Bedeutung für die Vorhersage des elektronischen Verhaltens der simulierten Bauelemente. Dafür steht eine Vielzahl an Modellen zur Verfügung, von denen hier jeweils eins für die Beschreibung der verspannungsabhängigen Elektronen- bzw. Löcherbeweglichkeit näher beschrieben wird.

Zusätzlich muss an dieser Stelle noch das Deformationspotenzialmodell erwähnt werden, welches zur Beschreibung der Bandkantenverschiebungen unter Verspannungseinfluss bereits in Abschnitt 3.2.1 verwendet wurde. Es erlaubt somit die Berechnung der Schwellspannungsverschiebung und ist weiterhin die Grundlage für das Elektronen-Beweglichkeitsmodell. Ebenso stellt das piezoresistive Beweglichkeitsmodell aus Abschnitt 2.3 eine einfache Beschreibung für die verspannungsabhängigen Elektronen- und Löcherbeweglichkeiten dar und wird später vergleichend mit den beiden hier dargestellten Modellen angewendet.

Die verspannungsabhängigen Beweglichkeiten werden für die Simulation in die Transportgleichungen über die Erweiterung

$$\underline{J} = \underline{\mu}\left(\frac{\underline{J}_0}{\mu_0}\right) \tag{4.45}$$

einbezogen. Hier sind μ_0 bzw. $\underline{J}_0$ die isotrope Beweglichkeit und der Stromdichtetensor ohne Verspannung und $\underline{\mu}$ und $\underline{J}$ der Beweglichkeits- und der Stromdichtetensor unter Einwirkung einer Verspannung. Die Berücksichtigung der Verspannungseffekte über Gleichung (4.45) stellt eine relativ einfache Implementierung dar. Eine Änderung der Beweglichkeit verursacht in diesem Fall eine gleich große Änderung des linearen sowie des Sättigungsdrainstroms. Dies ist, wie in Abschnitt 5.6 noch demonstriert wird, nicht immer der Fall. Ein verbessertes Modell konnte bisher noch nicht entwickelt werden, da viele dieser Effekte noch nicht zweifelsfrei geklärt sind. Dennoch ist dieser Ansatz ausreichend, um viele Phänomene der Verspannungstechniken untersuchen und erklären zu können.

4.4.1 Elektronen-Beweglichkeitsmodell

Das verspannungsabhängige Beweglichkeitsmodell für Elektronen basiert auf der Umbesetzung der Elektronen zwischen den einzelnen Tälern des Leitungsbandes, welche durch eine Verspannung unterschiedlich energetisch gehoben bzw. gesenkt werden. Entsprechend ändert sich die Besetzungswahrscheinlichkeit der Täler für die Elektronen (vgl. Abschnitt 3.3) und die Leitfähigkeitsmasse durch Umbesetzung in Täler mit einer anderen effektiven Masse. Basierend auf der Änderung der Leitungsbandenergie nach dem Deformationspotenzialmodell wird die deformationsabhängige Elektronenbeweglichkeit wie folgt berechnet [86], [172]:

$$\mu_n^i = \mu_{n,0}\left[1 + \frac{1 - m_{n,l}^*/m_{n,t}^*}{1 + 2(m_{n,l}^*/m_{n,t}^*)}\left(\exp\left(\frac{\Delta E_C - \delta E_C^i}{kT}\right) - 1\right)\right], \quad i = x, y, z, \tag{4.46}$$

wobei $\mu_{n,0}$ die Elektronenbeweglichkeit im unverspannten Zustand, $m_{n,l}^*$ und $m_{n,t}^*$ die longitudinale und transversale effektive Masse der Elektronen in dem jeweiligen Tal, ΔE_C und δE_C^i der Mittelwert des Leitungsbandes nach Gleichung (3.10) bzw. die Energie eines Subbandes nach Gleichung (3.8) entsprechend der Koordinatenrichtung i ist. Der Einfluss der veränderten Streuung [173] und der effektiven Massenänderung der [001]-Täler für Scherverspannungen [116] kann wahlweise berücksichtigt werden.

4.4.2 Löcher-Beweglichkeitsmodell

Unter der Annahme, dass sich der Großteil der Löcher im schweren Löcherband befindet und entsprechend für den Ladungstransport verantwortlich ist, wird in [174] ein Löcher-Beweglichkeitsmodell vorgeschlagen, bei dem das Valenzband in der Transportebene durch zwei orthogonale Ellipsen entsprechend Bild 4.4 modelliert werden kann. Jede Ellipse wird durch eine longitudinale und eine transversale Masse $m_{p,l}^*$ bzw. $m_{p,t}^*$ beschrieben, aus denen eine gemittelte Beweglichkeit in Transportrichtung bestimmt wird. Im unverspannten Fall ist die Besetzung der Ellipsen identisch. Die Beweglichkeit ist isotrop mit dem Wert:

$$\mu_{p,0} = e\tau \left(\frac{0.5}{m_{p,t,0}^*} + \frac{0.5}{m_{p,l,0}^*} \right) . \tag{4.47}$$

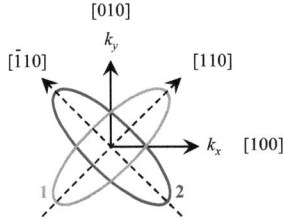

Bild 4.4:
Schematische Darstellung des Valenzbandes als 2-Ellipsenmodell. Ellipse 1 ist entlang der [110]-Richtung orientiert, Ellipse 2 senkrecht dazu.

Durch eine Verspannung unterscheiden sich die sonst äquivalenten Ellipsen bezüglich ihrer energetischen Lage. Die Energiedifferenz ΔE_V zwischen den beiden Ellipsen

$$\Delta E_V = d_1 \sigma_s \tag{4.48}$$

ist abhängig vom Verspannungstensor, welcher vereinfacht für den 2D-Fall in der Ebene folgende Form annimmt:

$$\underline{\sigma} = \begin{bmatrix} \sigma_{11} \\ \sigma_{22} \\ \sigma_{12} \end{bmatrix} = \begin{bmatrix} \sigma_a + \sigma_{biax} \\ \sigma_{biax} - \sigma_a \\ \sigma_s \end{bmatrix} . \tag{4.49}$$

Hierbei sind σ_{biax}, σ_s und σ_a die biaxiale Verspannung, Scherverspannung und antisymmetrische uniaxiale Verspannung. Das Löcher-Beweglichkeitsmodell ist demnach unabhängig von einer vertikalen Verspannungskomponente.

Die energetische Aufspaltung führt zu einer Umbesetzung der Löcher zwischen den beiden Ellipsen, welche sich bevorzugt im oberen Band (Ellipse mit der geringeren Energie) aufhalten, wodurch sich die Leitfähigkeitsmasse und somit die Beweglichkeit verändert. Für den zweidimensionalen Fall berechnet sich die Beweglichkeit für die [110]- bzw. [1̄10]-Richtung unter der Annahme identischer und von der Verspannung unabhängiger Streuraten τ wie folgt:

$$\begin{bmatrix} \mu_p^{[110]} \\ \mu_p^{[\bar{1}10]} \end{bmatrix} = \mu_{p,0} \left(\frac{2 m_{p,l,0}^* m_{p,t,0}^*}{m_{p,l,0}^* + m_{p,t,0}^*} \right) \begin{bmatrix} \dfrac{f_1}{m_{p,t,1}^*} + \dfrac{f_2}{m_{p,l,2}^*} & 0 \\ 0 & \dfrac{f_1}{m_{p,l,1}^*} + \dfrac{f_2}{m_{p,t,2}^*} \end{bmatrix}, \tag{4.50}$$

wobei sich der Index 0 auf die effektiven Massen im unverspannten Zustand bezieht und die Indizes 1 und 2 zu den beiden entlang der [110]- und [$\bar{1}$10]-Achsen orientierten Ellipsen gehören. Die Besetzungswahrscheinlichkeit f einer solchen Ellipse berechnet sich zu

$$f_1 = \frac{1}{1 + \exp(-\Delta E_V / kT)} \quad \text{und} \quad f_2 = 1 - f_1 . \tag{4.51}$$

Unter anderem kommt es bei einer Verspannung zu einer Veränderung der transversalen effektiven Masse der Ellipsen:

$$\frac{1}{m^*_{p,t,j}} = \frac{1}{m^*_{p,t,0}} \left(1 \pm s_{t,1} \sigma_s + s_{t,2} \sigma_s^2 + b_{t,1} \sigma_b + b_{t,2} \sigma_b^2 \right) . \tag{4.52}$$

Der Index j steht für die beiden Ellipsen, welche durch ± unterschieden werden. Die Parameter $s_{t,1}$, $s_{t,2}$, $b_{t,1}$ und $b_{t,2}$ sind freie Parameter zur Anpassung des Modells. Die longitudinalen Massen werden als verspannungsunabhängig betrachtet ($m^*_{p,l,1} = m^*_{p,l,2} = m^*_{p,l,0}$).

Die verwendeten Modellparameter der beiden verspannungsabhängigen Beweglichkeitsmodelle sind in Tabelle 4.4 zusammengefasst.

Tabelle 4.4: Modellparameter der verspannungsabhängigen Beweglichkeitsmodelle [86].

Gleichung (4.46)	Gleichung (4.48)	Gleichung (4.50)	Gleichung (4.52)
$m^*_{n,t} = 0.196 \cdot m_0$	$d_1 = -3.0 \cdot 10^{-11}$ eV·Pa^{-1}	$m^*_{p,t,0} = 0.15 \cdot m_0$	$s_{t,1} = -9.4 \cdot 10^{-10}$ Pa^{-1}
$m^*_{n,l} = 0.914 \cdot m_0$		$m^*_{p,l,0} = 0.48 \cdot m_0$	$s_{t,2} = 8.0 \cdot 10^{-19}$ Pa^{-2}
			$b_{t,1} = -0.5 \cdot 10^{-10}$ Pa^{-1}
			$b_{t,2} = 3.0 \cdot 10^{-21}$ Pa^{-2}

4.5 Kalibrierung der Simulationsmodelle

Die Kalibrierung der Modellparameter ist ein notwendiger Schritt, bevor mit der Untersuchung des Variationseinflusses bestimmter Parameter oder einer Simulation neuer Transistorstrukturen begonnen werden kann. Dies liegt vor allem in den empirischen Modellen begründet, die für die Beschreibung der meist sehr komplexen Prozesse und Effekte verwendet werden. Selbst Modelle, die auf physikalischen Beschreibungen basieren, müssen Vereinfachungen und Annahmen treffen, um die Vorgänge analytisch zu beschreiben [175]. Die Kalibrierung wird hier anhand eines SOI-Transistor der 45 nm-Technologie von GLOBAL-FOUNDRIES beschrieben [176], erfolgte aber analog auch für die später ebenfalls untersuchten 90 nm- und 65 nm-Technologien.

Der grundlegende geometrische Aufbau ist bei n- und p-MOSFET weitestgehend identisch (Bild 4.5). Die technologischen Kenngrößen sind in Tabelle 4.5 am Beispiel der 45 nm-Technologie zusammengefasst. Die initiale Gatehöhe ist h_G = 100 nm, welche durch Ätzschritte und Silizierung am Ende des Herstellungsprozesses um etwa 20 nm kleiner ist. Der Mitte-Mitte-Abstand (Pitch) zweier benachbarter Transistoren ergibt sich zu 190 nm. Die Länge des Aktivgebiets L_{aktiv} kennzeichnet das freie, effektive Gebiet für beispielsweise die Silizierung und ist über $L_{aktiv} = [\text{Pitch} - L_G - 2(L_{Sp0} + L_{Sp1})]/2$ definiert.

Die Kanalrichtung ist entlang der [110]-Richtung orientiert (Bild 4.5) und mit der x-Achse des Simulationssystems identisch. Diese Definition des Koordinatensystems wird für den Rest der Arbeit beibehalten.

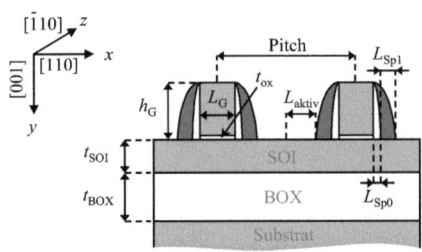

Bild 4.5: Definition der technologischen Kenngrößen eines Transistors und Festlegung des Koordinatensystems.

Tabelle 4.5: Technologische Kenngrößen der 45 nm-Technologie.

Kenngröße	Wert (in nm)
SOI-Filmdicke t_{SOI}	74
BOX-Dicke t_{BOX}	145
Gatehöhe h_G	80
Gatelänge L_G	38
Physikalische Gateoxiddicke t_{ox}	1.35
Länge des Aktivgebiets L_{aktiv}	42
Länge des Spacers L_{Sp0}	9
Länge des Spacers L_{Sp1}	25
Mitte-Mitte-Abstand (Pitch)	190

Die Einstellungen des Diskretisierungsgitters sind ein wichtiger Aspekt jedes Finite-Elemente-Methode (FEM)-Programms. Das Gitter dient dazu, die an sich kontinuierliche Struktur des Bauelements zu diskretisieren, also in eine vernetzte, geordnete Menge von Einzelpunkten abzubilden. Nur so kann die Berechnung der Eigenschaften des elektronischen Bauelements mit Hilfe von numerischen Methoden erfolgen. Dabei entscheidet die Beschaffenheit des Gitters wesentlich über die Genauigkeit der Simulation und den dazu benötigten Zeitaufwand. Der Optimierung des Gitters wird daher in der Simulation viel Aufmerksamkeit gewidmet. Zuerst wählt man im allgemeinen ein grobes Gitter, welches schrittweise in den interessierenden Regionen, d.h. in den Kanal- und Source/Drain-Gebieten verfeinert wird, bis nur noch eine vernachlässigbare Abhängigkeit der simulierten Werte von der Gitterweite auftritt. Dabei muss letztendlich ein Kompromiss zwischen Gitterauflösung und Rechenzeit gefunden werden.

Die hier simulierten Strukturen bestehen durchschnittlich aus 6000 bis 8000 Knoten. Für die Prozesssimulation eines vollständigen MOSFETs beträgt die Rechenzeit rund eine Stunde auf einer Sun Workstation mit einem 2.8 GHz AMD Opteron Prozessor und 8 GB RAM. Für Berechnung der Transfer- und Ausgangskennlinien (je nach Konvergenzverhalten bis zu 100 Datenpunkte pro Kennlinie) durch die Bauelementesimulation wird eine weitere Stunde Rechenzeit benötigt.

4.5.1 n-MOSFET

A) Prozesssimulation

Für die simulierten Dotierungsprofile wurde eine Anpassung anhand gemessener SIMS-Profile (Sekundärionen-Massenspektrometrie) von unstrukturierten Wafern vor und nach der Ausheilung durchgeführt. Die kalibrierten Profile sind in Bild 4.6 dargestellt. Im Rahmen der Messgenauigkeit ist eine gute Übereinstimmung zwischen Experiment und Simulation vorhanden. Die Lage des pn-Übergangs, d.h. der Schichtfolge aus p- und n-dotiertes Silizium, an deren Grenzfläche die Akzeptorenkonzentration identisch zur Donatorenkonzentration ist, ist durch den Schnittpunkt der Arsen- und Bor-Profile gegeben. Basierend auf TEM-Aufnahmen wurde die Transistorstruktur angepasst. Der am Ende der Prozesssimulation erzeugte Transistor ist in Bild 4.7 mit der Darstellung des Dotierungsprofils gezeigt. Die metallurgische Kanallänge L_{met}, dies ist der Abstand der beiden pn-Übergänge, ist aufgrund der Unterdiffusion der Source/Drain-Gebiete mit L_{met} = 32 nm (gemessen 2 nm unter dem Gate) kleiner als die geometrische Gatelänge L_G = 38 nm.

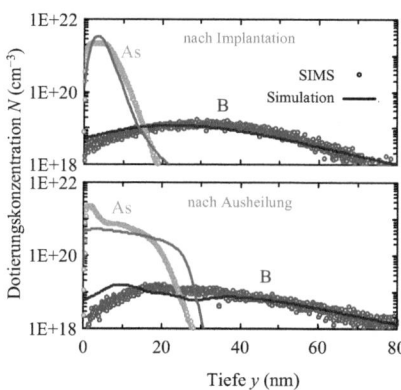
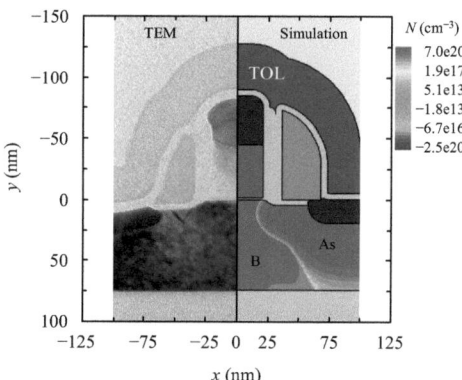

Bild 4.6: Dotierungsprofile der Arsen-Erweiterungsgebiete und Bor-Halos beim n-MOSFET nach der Implantation (oben) und nach der Ausheilung bei 1065 °C für 2 Sekunden (unten).

Bild 4.7: Transistorquerschnitt eines n-MOSFETs mit TOL (links: TEM; rechts: Simulation mit Dotierungsprofil – rote Bereiche kennzeichnen n-dotierte Gebiete, blaue Bereiche sind p-dotiert).

B) Bauelementesimulation

Bei der Kalibrierung hat es sich in der Praxis bewährt, die elektrischen Parameter in folgender Reihenfolge abzugleichen [134]:

(1) Schwellspannung im linearen Bereich ($U_{th,lin}$) über t_{ox}, N_{poly}, Halos, L_G

(2) Kennlinie im Unterschwellbereich (S und DIBL) über t_{ox}, L_G

(3) Kurzkanaleffekt ($U_{th,lin}[L_G]$) über Kanaldotierung, d.h. die Erweiterungsgebiete, Halos, Spacer-Längen, Ausheilungstemperatur und -zeit

(4) Sättigungsfall (Schwellspannung $U_{th,sat}$, Generations-/Rekombinations- sowie SOI-Effekte)

(5) Maximaler Drainstrom ($I_{D,lin}$ und $I_{D,sat}$) über $R_{S/D}$ und Parameter des Transportmodells

(6) Eingangs- und Ausgangskennlinienfelder sowie Universalkurve

Prinzipiell erfolgt zu Beginn die Kalibrierung für den linearen Fall (U_{DS} sehr klein), da hier noch keine zusätzlichen Hochfeldeffekte, wie der Abschnürungseffekt oder der Einfluss der Sättigungsgeschwindigkeit, eine Rolle spielen. Die Schwellspannung ist der erste Parameter, der abgeglichen werden sollte. Anhand des Wertes für Langkanaltransistoren (L_G in der Größenordnung weniger Mikrometer) versucht man durch eine Variation der Gateoxiddicke t_{ox} bzw. der Gate-Austrittsarbeit (über die Polydotierung N_{poly}) in der *Prozess*simulation eine Übereinstimmung der experimentellen und simulierten Schwellspannungswerte in der *Bauelemente*simulation zu erzielen. Ausgangspunkt dafür bilden die technologischen Nenngrößen, welche im Bereich bekannter Toleranzen variiert wurden. Die Gateoxiddicke wurde übereinstimmend mit optischen Messungen zu 1.35 nm gewählt. Für die Bauelementesimulation erhält das Polysilizium vereinfachend eine feste Dotierungskonzentration von $1.5 \cdot 10^{20}$ cm^{-3}. Beim Übergang zum Kurzkanaltransistor (für L_G kleiner etwa 100 nm) müssen zusätzlich die Halo-Implantationen betrachtet werden, die wesentlich für die Schwellspannung in Transistoren mit kurzen Gatelängen ist. Deren Variation muss in Abstimmung mit anderen elektrischen Kenngrößen erfolgen, wie weiter unten erläutert wird.

Anschließend betrachtet man die Transferkennlinie im Unterschwellbereich, bei der sowohl die Unterschwellsteigung S als auch die Kennlinienverschiebung bei unterschiedlichen Drain-Source-Spannungen von Bedeutung sind. Erstere ist über die Gateoxiddicke t_{ox}, meistens aber über die Gatelänge L_G anpassbar. Letzterer Effekt wird als Drain-Induced Barrier Lowering (DIBL) bezeichnet. Eine erhöhte Drain-Source-Spannung vermindert die Potenzialbarriere zwischen Source und Drain im Kanalgebiet. Die Kanalladung und der Drainstrom werden nicht mehr allein vom Gate, sondern auch von der Drain-Source-Spannung beeinflusst. Sowohl dieser spannungsabhängige Kurzkanaleffekt als auch der gatelängenabhängige Kurzkanaleffekt, d.h. eine Verringerung der Schwellspannung mit kleiner werdender Gatelänge (Schwellspannungs-Rolloff), hängen maßgeblich von der Lage und Form der Dotierungsgebiete bzw. der pn-Übergänge ab, speziell der Erweiterungsgebiete mit ihre Unterdiffusion unter das Gate. Hier sind die Spacer-Längen, vor allem des Spacer0, sowie die Implantationsbedingungen der Erweiterungsgebiete und der Halos sowie das Ausmaß der Diffusion während einer Ausheilung die wesentlichen Parameter für eine Anpassung.

Nun kann die Transferkennlinie für den Sättigungsfall (U_{DS} groß) hinzugenommen werden, deren Verlauf zusätzlich durch die auftretenden Generations- und Rekombinationseffekte sowie durch Floating-Body-Effekte bei SOI-Transistoren bestimmt wird. Aufgrund der Vielzahl freier Modellparameter werden hier weitestgehend die Standard-Parameter verwendet, da eine Änderung dieser Werte nicht physikalisch begründet werden kann.

Die Drainströme im eingeschalteten Zustand, $I_{D,lin}$ und $I_{D,sat}$ können erst dann in die Simulation einbezogen werden, wenn die Schwellspannungen und das Unterschwellverhalten hinreichend zufriedenstellend mit den Messungen übereinstimmen, da sich hier alle bisherigen Unsicherheiten der Simulation addieren [134]. Hier stehen vor allem die Parameter des Transportmodells sowie der parasitäre Source/Drain-Widerstand $R_{S/D}$ als Kalibrierungsparameter zur Verfügung.

Abschließend sind die Kennlinienfelder sowie die Universalkurve abzugleichen. Treten hier Abweichungen auf, müssen Änderungen bei den vorausgegangenen Punkten im Kalibrierungsablauf vorgenommen werden. Dies macht es wiederum erforderlich, die nachfolgenden Schritte der Kalibrierung erneut durchzuarbeiten. Gerade da einige Parameter wie Gatelänge und Dotierungsprofil auf mehrere elektrische Kenngrößen Einfluss haben, ist ein iteratives Vorgehen unumgänglich.

Die kalibrierten Transfer- und Ausgangskennlinien des unverspannten n-MOSFETs in Bild 4.8 und Bild 4.9 zeigen eine sehr gute Übereinstimmung mit experimentellen Daten. Auch die gatelängenabhängigen Kenngrößen wie Schwellspannungs-Rolloff (Bild 4.10) und Universalkurve (Bild 4.11) konnten hinreichend genau modelliert werden.

4.5 Kalibrierung der Simulationsmodelle

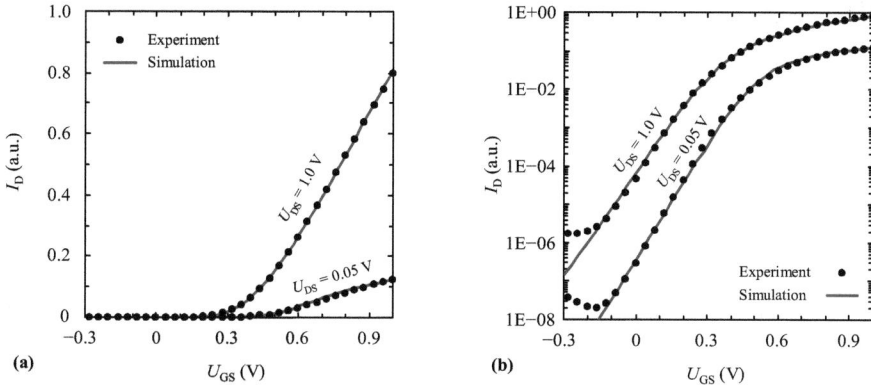

Bild 4.8: Transferkennlinie des unverspannten n-MOSFETs in (a) linearer und (b) halblogarithmischer Darstellung.

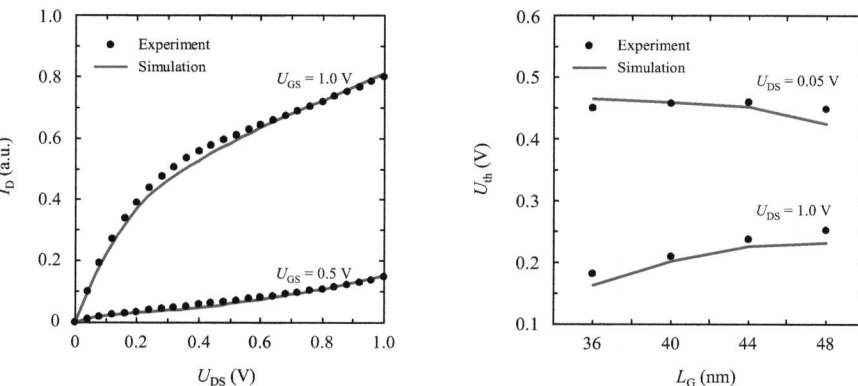

Bild 4.9: Ausgangskennlinie des unverspannten n-MOSFETs.

Bild 4.10: Kurzkanalverhalten des unverspannten n-MOSFETs.

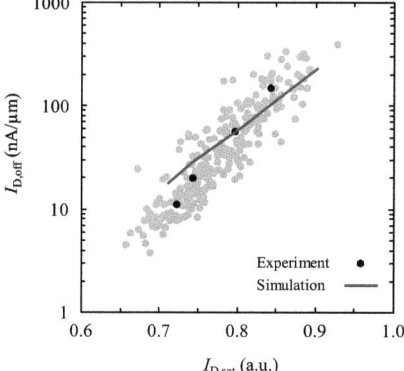

Bild 4.11: Universalkurve des unverspannten n-MOSFETs. Die schwarzen Punkte kennzeichnen die Mittelwerte der Messwerte (graue Punkte) für die vier verschiedenen Gatelängen.

C) Zugverspannte Nitridschicht – TOL

Für den verspannten n-MOSFET mit TOL stehen in der Prozesssimulation praktisch nur zwei Parameter zur Verfügung, die TOL-Filmdicke und die intrinsische Verspannung des TOLs. Basierend auf TEM-Aufnahmen wurde in der Prozesssimulation eine anisotrope Filmabscheidung (35 nm dicker Film auf horizontalen Flächen und 25 nm an vertikalen Kanten) genutzt, die der tatsächlichen Struktur sehr nahe kommt. Einen weiteren Einfluss auf die Prozesssimulation durch den TOL selbst ist nicht vorhanden, da er erst nach der Silizierung und damit nach der Ausheilung und Diffusion in den Prozessablauf implementiert wird.

In dem experimentell gemessenen elektrischen Verhalten äußert sich der Einfluss des TOLs neben der Drainstromerhöhung in einer Verringerung der Schwellspannung (Bild 4.12). Der Drainstrom erhöht sich (bei $U_{GS} = 1.0$ V) um $\Delta I_D = (I_D - I_{D,0})/I_{D,0} = 6\%$ und die Sättigungsschwellspannung sinkt um $\Delta U_{th,sat} = U_{th,sat,0} - U_{th,sat} = 17$ mV auf 193 mV ($\Delta U_{th,lin} = 17$ mV auf 435 mV). Beide Effekte wurden anfänglich durch die Bauelementesimulation nur unzureichend erfasst, da die Änderungen zu schwach waren ($\Delta I_D = 2\%$ und $\Delta U_{th} = 4$ mV). Zur Korrektur wurde die Verspannung im Transistor erhöht, um die Elektronenbeweglichkeit (und entsprechend den Drainstrom I_D) stärker zu verbessern, indem die intrinsische TOL-Verspannung doppelt so groß, verglichen mit den aus Waferverbiegungsmessungen ermittelten Werten ($\sigma_{Film} = 1.2$ GPa $\rightarrow \sigma_{Film} = 2.4$ GPa), angenommen wird. Dies kann dadurch gerechtfertigt werden, dass in der nicht planaren Umgebung des Transistors durch lokale Effekte stärkere Verspannungen im Film auftreten als im planaren Fall der Waferverbiegungsmessung. Zusätzlich werden die Deformationspotenziale nach [104] verwendet, welche eine stärkere Bandkantenverschiebung bei vertikalen Verspannungen, wie sie beim TOL auftreten, und entsprechend stärkere Schwellspannungsverringerungen bewirken. Die kalibrierte Universalkurve zeigt eine Verbesserung des verspannten Transistors um 5% (Bild 4.13) in relativ guter Übereinstimmung mit dem Experiment (+7%).

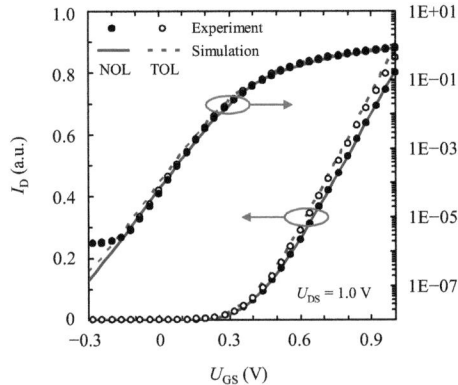

Bild 4.12: Kalibrierte Transferkennlinie des mit TOL verspannten n-MOSFETs im Vergleich zum unverspannten Fall (Neutral Overlayer Film – NOL).

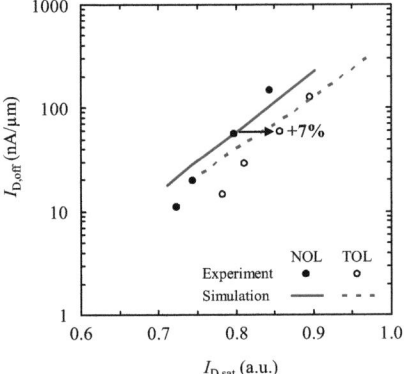

Bild 4.13: Kalibrierte Universalkurve des mit TOL verspannten n-MOSFETs im Vergleich zum unverspannten Fall (Neutral Overlayer Film – NOL).

4.5.2 p-MOSFET

A) Prozesssimulation

Ausgehend von den abgeglichenen eindimensionalen vertikalen Dotierungsprofilen (Bild 4.14) ergibt sich für den vollständig simulierten p-MOSFET die in Bild 4.15 dargestellte Struktur mit dem entsprechenden Dotierungsprofil. Im Vergleich zum n-MOSFET ist die metallurgische Kanallänge des unverspannten p-MOSFETs (hier nicht dargestellt) mit $L_{met} = 26.4$ nm deutlich kürzer, was vor allem auf das höhere Diffusionsvermögen der Dotandenspezies Bor in den Erweiterungsgebieten zurückzuführen ist.

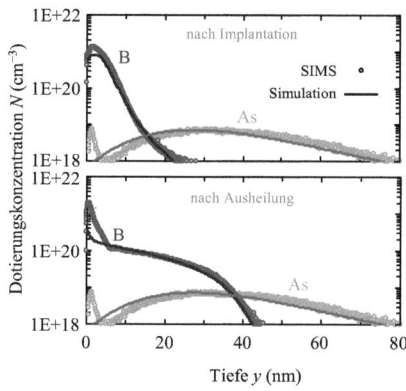

Bild 4.14: Dotierungsprofile der Bor-Erweiterungsgebiete und Arsen-Halos beim p-MOSFET nach der Implantation (oben) und nach der Ausheilung bei 1065 °C für 2 Sekunden (unten).

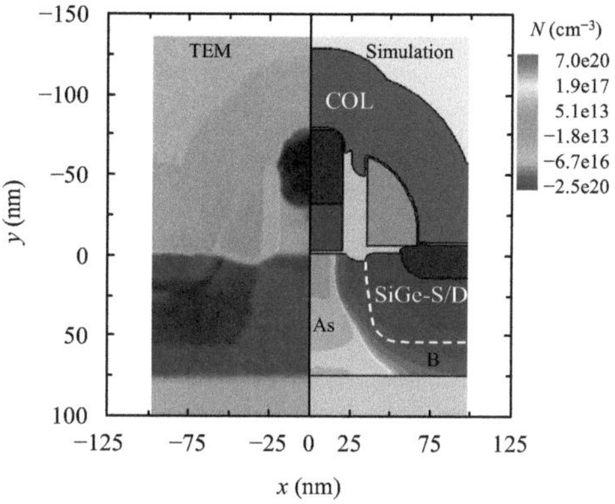

Bild 4.15: Transistorquerschnitt eines p-MOSFETs mit COL und SiGe-S/D (links: TEM; rechts: Simulation mit Dotierungsprofil).

B) Bauelementesimulation

Beim Übergang in die Bauelementesimulation wird das Polysilizium-Gate mit einer konstanten p-Typ-Dotierung von $8 \cdot 10^{19}$ cm^{-3} belegt. Für den unverspannten p-MOSFET ist die Übereinstimmung der Simulation mit den experimentellen Daten sehr gut (Bilder 4.16 bis 4.19).

Kapitel 4 – Modelle für die Prozess- und Bauelementesimulation

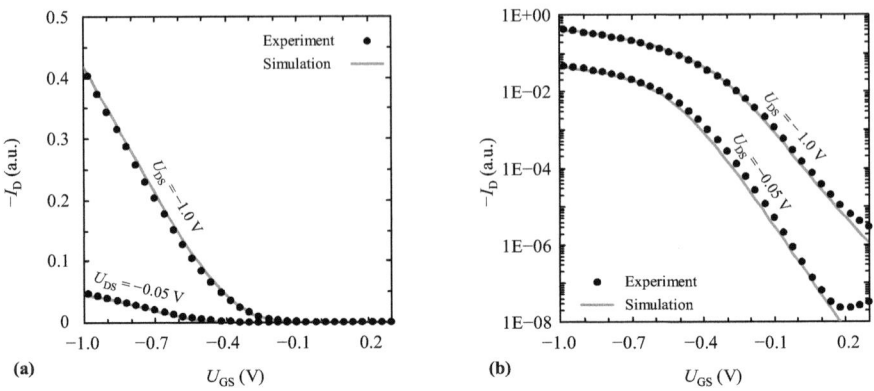

Bild 4.16: Transferkennlinie des unverspannten p-MOSFETs in (a) linearer und (b) halblogarithmischer Darstellung.

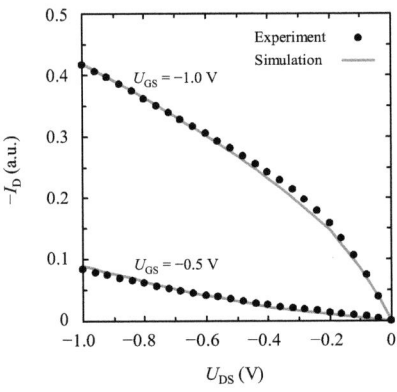

Bild 4.17: Ausgangskennlinie des unverspannten p-MOSFETs.

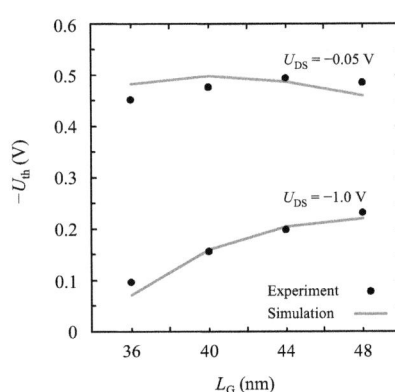

Bild 4.18: Kurzkanalverhalten des unverspannten p-MOSFETs.

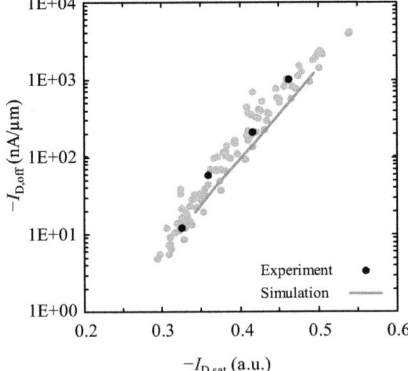

Bild 4.19: Universalkurve des unverspannten p-MOSFETs. Die schwarzen Punkte kennzeichnen die Mittelwerte der Messwerte (graue Punkte) für die vier verschiedenen Gatelängen.

C) Druckverspannte Nitridschicht – COL

Analog zum n-MOSFET-Fall mit TOL wurde für den COL eine doppelte so starke Verspannung ($\sigma_{\text{Film}} = -7$ GPa) angenommen. In der Transferkennlinie macht sich der COL-Effekt vor allem im Überschwellbereich bemerkbar (Bild 4.20). Der experimentelle sowie der simulierte Drainstromgewinn (bei konstantem Sperrstrom) liegt bei $\Delta I_{\text{D,sat}} = 19\%$ sowie $\Delta I_{\text{D,sat}} = 17\%$ (Bild 4.21) bei einer gleichzeitigen Verringerung der Sättigungsschwellspannung um $\Delta U_{\text{th}} = -13$ mV von $U_{\text{th,sat,0}} = -153$ mV auf $U_{\text{th,sat}} = -140$ mV.

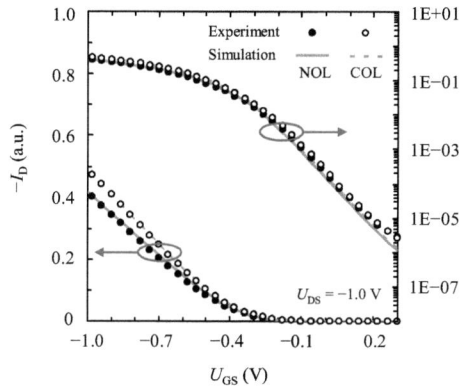
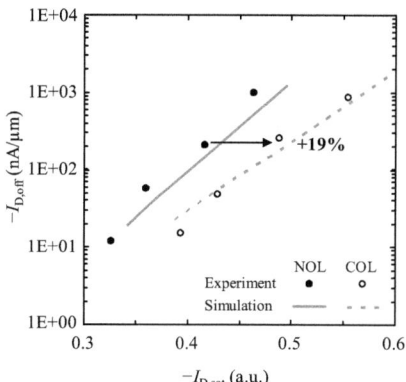

Bild 4.20: Kalibrierte Transferkennlinie des mit COL verspannten p-MOSFETs.

Bild 4.21: Kalibrierte Universalkurve des mit COL verspannten p-MOSFETs.

D) SiGe-S/D-Gebiete

Für die SiGe-S/D-Technik werden anschließend an die Gate-Formation, noch vor der Implantation der Halo- und Erweiterungsgebiete, Vertiefungen in die Source/Drain-Gebiete geätzt und anschließend mit einer Silizium-Germanium-Verbindung wieder aufgefüllt. Die Germaniumkonzentration beträgt entsprechend dem experimentellen Vergleichstransistor 23% und der Abstand der SiGe-Gebiete zum Kanal ist 15 nm. Der nachfolgende Prozessablauf bleibt nahezu unverändert. Durch die Verwendung von SiGe-S/D-Gebieten beim p-MOSFET werden aufgrund der dadurch erzeugten Verspannungen und durch die veränderten Materialparameter des SiGe (Bandlücke usw.) neben der Ladungsträgerbeweglichkeit auch die Dotandendiffusion und die Kontaktierungswiderstände verändert.

Die gehemmte Bor-Diffusion durch die Druckverspannung und die Präsenz der Germanium-Atome in den Source/Drain-Gebieten muss durch eine Erhöhung der Implantationsdosis für die Erweiterungsgebiete von $0{,}9 \cdot 10^{15}$ cm^{-2} auf $1{,}1 \cdot 10^{15}$ cm^{-2} ausgeglichen werden. Gleichzeitig wird die Halo-Implantationsdosis um $2 \cdot 10^{12}$ cm^{-2} verringert, um eine vergleichbare Schwellspannung des nominellen Transistors zu erhalten. Die resultierende metallurgische Kanallänge beträgt 29,4 nm und ist somit 3 nm länger als beim unverspannten p-MOSFET. Dies macht sich in der Transferkennlinie (Bild 4.22) auch durch einen steileren Verlauf im Unterschwellbereich bemerkbar (88,7 mV/Dekade = $S < S_0$ = 94,2 mV/Dekade). Da sich das Germanium nicht in den pn-Übergängen oder im Kanalgebiet befindet, werden deren Eigenschaften nicht wesentlich verändert. Der Gewinn in der Universalkurve des mit SiGe-S/D-Gebieten verspannten p-MOSFETs beträgt 27% im Experiment und 30% in der Simulation (Bild 4.23).

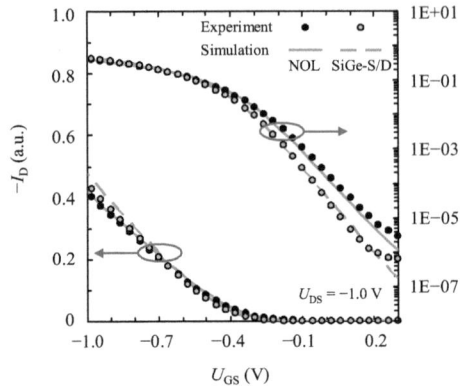

Bild 4.22: Kalibrierte Transferkennlinie des mit SiGe-S/D verspannten p-MOSFETs.

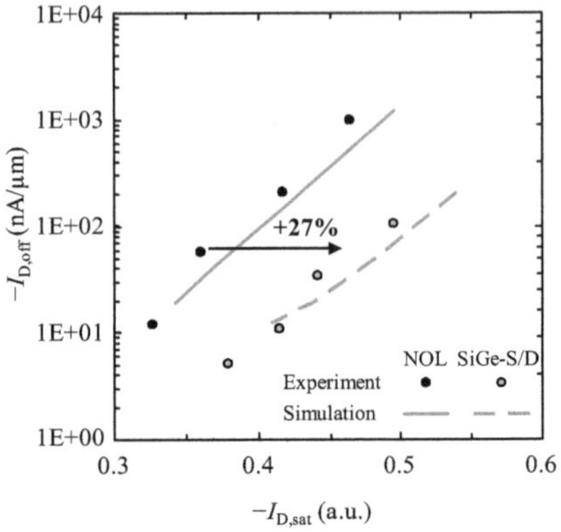

Bild 4.23: Kalibrierte Universalkurve des mit SiGe-S/D verspannten p-MOSFETs.

E) COL und SiGe-S/D-Gebiete

Für eine weitere Steigerung der Leistungsfähigkeit des p-MOSFET bietet es sich an, die beiden Verspannungstechniken COL und SiGe-S/D-Gebiete zu kombinieren. Das elektrische Verhalten kann mit denselben Modellparametern wie sie für die einzelnen Verspannungstechniken kalibriert worden sind, erfolgreich modelliert werden (Bild 4.24). Im Experiment kommt es bei der Kombination von COL und SiGe-S/D-Gebieten beim p-MOSFET zu einer Leistungssteigerung von 54%, die größer ist als die Summe der einzelnen Beiträge mit 19% und 27% (Bild 4.25). Der zusätzliche Gewinn kann auch durch die Simulation nachvollzogen werden (52% > 17% + 30%) und ist durch die überproportionale Korrelation der Verspannung mit der Löcherbeweglichkeit erklärbar (vgl. Abschnitt 3.6).

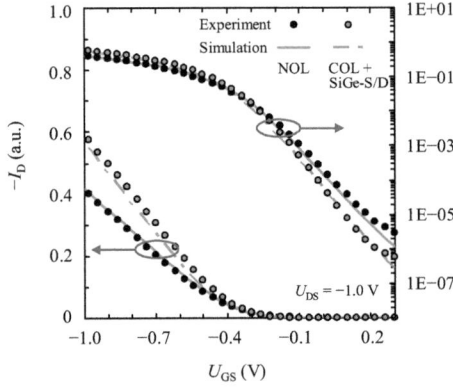

Bild 4.24: Kalibrierte Transferkennlinie des mit COL und SiGe-S/D-Gebieten verspannten p-MOSFETs.

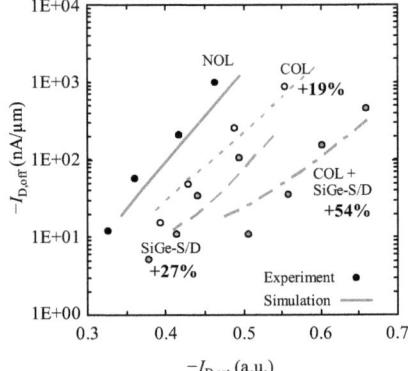

Bild 4.25: Kalibrierte Universalkurve des mit COL und SiGe-S/D-Gebieten verspannten p-MOSFETs.

4.6 Zusammenfassung

Aus Sicht der Simulation ist die Verspannungsmodellierung durch viele Unsicherheiten gekennzeichnet, z.B. bezüglich der Materialparameter des Silizids oder des Nitrids. Speziell die Details der plastischen Prozesse, die u.a. mit den verspannungsspeichernden Prozessen (SMT) verbunden sind, stehen zur Diskussion [177]. Auf der anderen Seite beinhaltet die Verifikation der Verspannungssimulation durch elektrische Messungen auch die Bauelementesimulation mit einem Modell für die deformationsbedingte Beweglichkeitsänderung. Für eine akkurate Beweglichkeitsmodellierung ist die komplette Bandstrukturinformation erforderlich sowie ein physikalisches Modell für die Grenzflächenstreuung. Dies ist zwar im Falle einer Monte-Carlo-Simulation möglich, aus Zeitgründen nutzt man praktisch weiterhin Kontinuumsmodelle (z.B. das Drift-Diffusions-Modell). Diese können aber nur in gewisser Weise vereinfachte Beweglichkeitsmodelle einbeziehen, speziell für die Beschreibung der Löcherbeweglichkeit mit ihrer komplexen Bandstruktur. Folglich ist es nicht eindeutig, ob die Diskrepanzen zwischen elektrischen Messungen und Simulationsergebnissen auf die Unsicherheiten der Verspannungsmodellierung oder auf Schwächen in der Beweglichkeitsmodellierung zurückzuführen sind.

Auch wenn die hier dargestellten Modelle, bedingt durch den Kompromiss aus Rechenzeit und Genauigkeit, teilweise starke Vereinfachungen aufweisen, so werden die wesentlichen Verspannungseffekte, wie z.B. die Schwellspannungsverschiebungen und die Beweglichkeits- sowie die Drainstromänderungen, erfasst. Entsprechend konnte neben der Anpassung des Simulationsablaufs, die Kalibrierung der Modellparameter für n- und p-MOSFET für den unverspannten und verspannten Fall erfolgreich durchgeführt werden. Im nächsten Kapitel werden die Gründe für die teilweise schon angedeuteten Besonderheiten der einzelnen Verspannungstechniken ausführlicher diskutiert, wobei die Simulation als Werkzeug für die Untersuchung von Prozessvariationen und Optimierungsansätzen Anwendung findet.

Kapitel **5**

Theoretische und experimentelle Ergebnisse

DER weitere Fortschritt in der CMOS-Entwicklung macht es erforderlich, die Verspannungstechniken und ihre Auswirkungen auf das elektrische Transistorverhalten zu verstehen und beherrschen zu können, um dadurch eine verbesserte Leistungsfähigkeit der Bauelemente zu erhalten. In diesem Kapitel stehen die experimentellen sowie die Simulationsergebnisse zu den einzelnen Verspannungstechniken im Vordergrund. Die Entstehung von Verspannungen durch die verschiedenen Ansätze, die Übertragungsmechanismen in den Transistorkanal und wesentliche Parameter für eine weitere Optimierung werden beschrieben. Weiterhin sind bei der Prozessintegration die Besonderheiten der einzelnen Verspannungstechniken zu berücksichtigen, deren Kenntnis vor allem bei der Bestimmung des Potenzials für weitere Leistungssteigerungen in zukünftigen Technologien relevant ist.

In den folgenden Untersuchungen, sowohl beim Experiment als auch bei der Simulation, findet jeweils nur eine Verspannungstechnik Anwendung, um deren alleinigen Einfluss zu bestimmen. Erst am Ende werden die Wechselwirkungen der verschiedenen Verspannungstechniken untereinander betrachtet.

5.1 Verspannte Deckschichten

Eine viel versprechende Technik, um Verspannungen im Transistorkanal zu erzeugen, stellt die Verwendung eines intrinsisch verspannten Siliziumnitridfilms als Deckschicht dar [17]–[19]. Dieser Film wird im CMOS-Prozess nach dem Source/Drain- und Gate-Silizierungsmodul abgeschieden und dient eigentlich als Stoppschicht für das Kontaktlochätzen der ersten Metalllage. Die Deckschichten sind mehrere zehn Nanometer dick und können intrinsische Verspannungen im GPa-Bereich aufweisen (sowohl zug- als auch druckverspannt). Diese Verspannung überträgt sich in den Transistor und führt zu einem verspannten Kanalgebiet mit veränderten elektrischen Eigenschaften.

5.1.1 Abgleichung der Verspannungssimulation an Teststrukturen

Zuerst soll ein Zusammenhang zwischen der Verspannung im Siliziumnitridfilm und der erzeugten Verspannung im darunterliegenden Silizium mit Hilfe einfacher Teststrukturen hergestellt werden. Dazu wurde ein zugverspannter Nitridfilm (TOL) verwendet, der nach der Methode der Waferverbiegungsmessung eine intrinsische Verspannung von 1.2 GPa aufweist. Dieser wurde auf einem Siliziumwafer abgeschieden und in 1 µm bis 16 µm breite Streifen mit einer Weite von 4.5 µm strukturiert. Die Abstände zwischen den einzelnen Streifen sind mit 50 µm so groß, dass eine gegenseitige Beeinflussung ausgeschlossen werden kann. Mit Hilfe der Raman-Spektroskopie kann der laterale Verlauf des Verspannungsprofils im Silizium ermittelt werden (Bild 5.1 und Bild 5.2). Siliziumnitrid ist für das verwendete Laserlicht (λ = 488 nm) durchlässig, wodurch die Verspannung im Silizium auch direkt unterhalb der Deckschicht ermittelt werden kann [178]. In Bild 5.2 ist neben der gemessenen Verspannung („Raman") auch die simulierte Verspannung eingetragen. Man erkennt, dass durch die zugverspannte Deckschicht im darunterliegenden Silizium eine (biaxiale) Druckverspannung erzeugt wird. Dies ist zu erwarten, da eine Gegenkraft aufgebaut wird, um das Gesamtsystem im mechanischen Gleichgewicht zu halten. Interessant ist dabei der laterale Verspannungsverlauf von der Siliziumnitridkante in Richtung Zentrum des Films. Am Rand sind markante Verspannungen zu beobachten, während unter dem Film selbst die Verspannung nachlässt und im Zentrum der Struktur nur noch halb so groß wie am Rand ist. In den Siliziumbereichen neben der Deckschicht entsteht eine Zugverspannung als Gegenwirkung zum druckverspannten Silizium unter der Deckschicht. Diese Druckverspannung geht für große Entfernungen gegen null.

Es fällt auf, dass die simulierten Verspannungsmaxima im Vergleich zur Raman-Spektroskopie an der Filmkante deutlich höher liegen (+300%), dann aber schneller abfallen und unterhalb des TOLs geringere Werte im Vergleich zu den Messdaten aufweisen. Der prinzipielle Verlauf (Wechsel zwischen zug- und druckverspannt) stimmt jedoch überein.

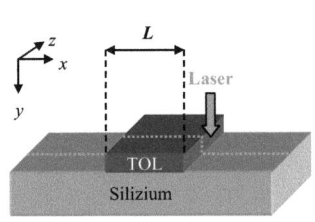

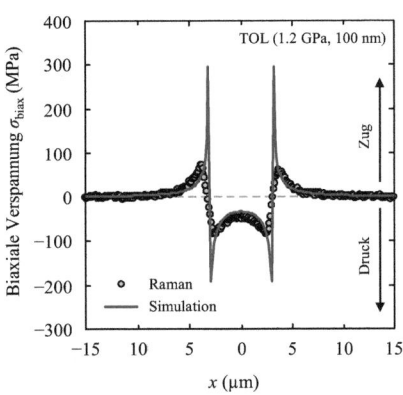

Bild 5.1: Untersuchte Siliziumnitridstruktur auf einem Siliziumsubstrat mit skizziertem Verlauf des Messpfades für die Raman-Spektroskopie.

Bild 5.2: Vergleich des gemessenen und des simulierten (ermittelt in 2 nm Tiefe) Verspannungsverlaufs über die 6 µm lange Struktur in x-Richtung von Bild 5.1.

Diese Abweichungen sind dadurch begründet, dass bei der Raman-Spektroskopie die Eindringtiefe des Laserlichts in das Silizium und die Breite des Laserstrahls berücksichtig werden müssen. Für den ersten Effekt wird eine exponentielle Dämpfung der Laserintensität angenommen und jeder Punkt mit $\exp(-2\alpha y)$ gewichtet. Hier ist α der Absorptionskoeffizient in Silizium (α = 2.0 µm^{-1} für eine Laserwellenlänge von λ = 488 nm). Der Faktor 2 berücksichtigt die doppelte Weglänge des hin- und rücklaufenden Strahls. Die Verspannung selbst ist stark von der Tiefe y abhängig (Bild 5.3), was zusätzlich berücksichtigt werden muss.

Der effektive Verspannungswert für eine beliebige Stelle x, der dem gemessenem Ramansignal entspricht, kann über [178]

$$\sigma_{eff}(x) = \frac{\sum_{y=0}^{y_{max}} \sigma(x,y) \cdot \exp(-2\alpha y)}{\sum_{y=0}^{y_{max}} \exp(-2\alpha y)} \quad \text{mit } y_{max} = 10 \text{ µm} \tag{5.1}$$

errechnet werden.

Durch diese Tiefenwichtung der simulierten Daten wird eine deutlich bessere Anpassung an die gemessene Kurve erreicht (in Bezug auf die absoluten Spitzenwerte). Der scharfe Übergang von Zug- zu Druckverspannung an der Kante des Siliziumnitridfilmes weist noch starke Abweichungen von der gemessenen Kurve auf (nicht dargestellt). Dies wird durch die laterale Ausdehnung des Laserstrahles von ca. 1 µm verursacht. Unter der Annahme einer gaußförmigen Verteilung

$$f(x) = \exp\left[-\frac{1}{2}\left(\frac{x}{\tau}\right)^2\right] \tag{5.2}$$

des Laserstrahls, mit τ als Standardabweichung ($\tau = 0.18$ µm), wird jeder Punkt erneut gewichtet. So beeinflussen die entsprechend ihrer Entfernung gewichteten Verspannungswerte ca. 500 nm links und rechts vom aktuellen Punkt den ermittelten effektiven Verspannungswert. Der so korrigierte simulierte Verspannungsverlauf ist in Bild 5.4 dargestellt.

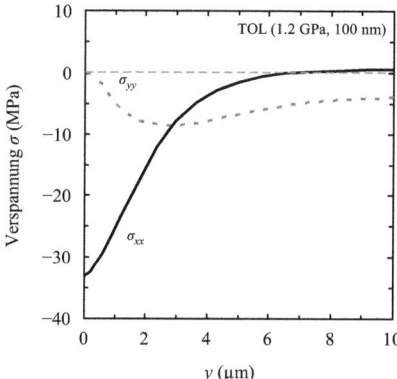

Bild 5.3: Simulierte Verspannung, hervorgerufen durch einen 6 µm langen TOL auf Silizium (halbe Struktur).

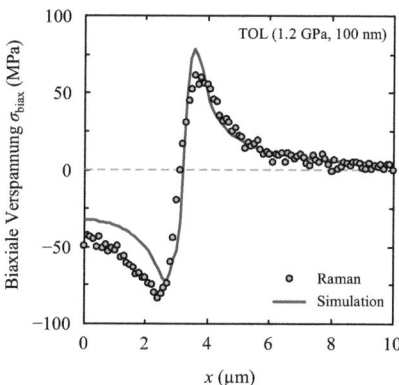

Bild 5.4: Tiefen- und lateralgewichteter Verspannungsverlauf der halben Struktur in x-Richtung.

Es konnte eine ausreichend gute Übereinstimmung zwischen der Simulation und der Raman-Spektroskopie erreicht werden, nur direkt unterhalb der Deckschicht liegen die simulierten Werte bis zu 20% unter den gemessenen Werten. Dazu muss jedoch angemerkt werden, dass die Raman-Spektroskopie auch die Information der Verspannung in die beiden anderen Koordinatenrichtungen (y und z) erfasst, die in dem Modell nach Gleichung (5.1) vernachlässigt wurden. Da ein genauer Zusammenhang zwischen den Verspannungskomponenten und dem ermittelten Ramansignal unklar ist [178], wurde auf eine Berücksichtigung dieser Komponenten und eine weitere Abgleichung der Simulation verzichtet.

Nun soll das Verhalten der Verspannung untersucht werden, wenn sich die Abmessungen der untersuchten Strukturen ändern. Beim Vergleich der simulierten 2D-Verspannungsverteilung in Bild 5.5 sieht man für die größer werdenden Längen, wie sich die verspannten Regionen in Kantennähe immer weiter auseinander bewegen und die Region dazwischen immer weniger Verspannung aufweist.

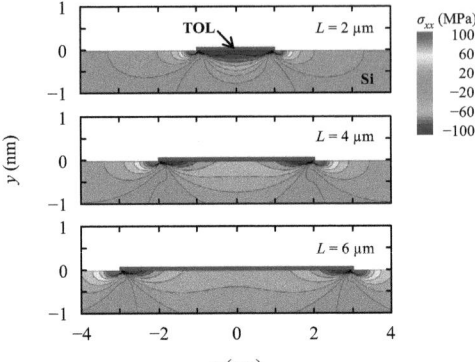

Bild 5.5:
Laterale Verspannung in Abhängigkeit von der Strukturlänge L.

Bild 5.6a zeigt die Verspannungswerte im Zentrum der Struktur über die Strukturlänge. Ausgehend von einer vernachlässigbaren Verspannung für eine sehr große Strukturlänge kommt es für abnehmende Strukturlängen zu einer kontinuierlichen Erhöhung der Verspannungswerte. Betrachtet man die Verspannungswerte an der Kante unterhalb des Nitridfilms für verschiedene Strukturlängen (Bild 5.6b) so lässt sich feststellen, dass sich diese Werte für große L kaum verändern. Erst für $L < 5$ µm ist ein Anstieg der Verspannungswerte zu verzeichnen, was durch eine Überlagerung der beiden stark verspannten Randregionen verursacht wird. Für noch kleinere L nimmt die Verspannung schnell ab, da die durch das abnehmende Volumen der Deckschicht erzeugte Verspannung durch Relaxation verschwindet.

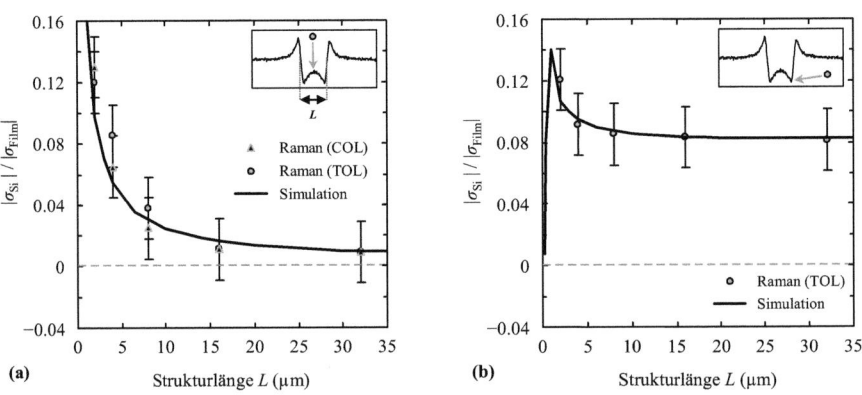

Bild 5.6: Verspannung im Silizium σ_{Si}, normiert auf die Verspannung der Deckschicht σ_{Film}, in Abhängigkeit von der Strukturlänge L. Die Verspannungswerte wurden (a) in der Strukturmitte bei $x = 0$ und (b) am äußersten Rand unter der Deckschicht ermittelt. Die Unsicherheitsbalken ergeben sich aus Abweichungen beim Anpassen der Raman-Spektren.

Als Schlussfolgerung kann aus diesen Ergebnissen festgehalten werden, dass die durch eine verspannte Deckschicht verursachte Verspannung im darunterliegenden Silizium nur an den Kanten zu nennenswerten Verspannungen führt. In einem langen Film ($L > 10$ µm) ist die Verspannung unter dem Film vernachlässigbar gering (< 50 MPa). Erst für kürzer werdende Abmessungen überlagern sich die Randeffekte zunehmend und es treten unterhalb des gesamten Films starke Verspannungen auf.

5.1.2 Verspannungsgeneration im Transistor

Im Gegensatz zu den bisher untersuchten einfachen Strukturen ergibt sich beim Transistor aufgrund der Topographie ein anderes Verhalten bei der Verspannungsübertragung. Da die Abmessungen der Transistoren im sub-100 nm-Bereich liegen, ist eine Untersuchung mit der Raman-Spektroskopie hier nicht mehr möglich und die weitere Diskussion erfolgt anhand von FEM-Simulationen.

Die Verspannungsgeneration durch einen TOL im Transistor kann qualitativ wie folgt erklärt werden: Die Deckschicht mit seiner intrinsischen Verspannung tendiert dazu, sich zusammenzuziehen, wie in Bild 5.7 durch die weißen Pfeile angedeutet ist. Da die Deckschicht aber mechanisch an die Source/Drain-Gebiete, die Spacer und das Gate gebunden ist, wirken diese Regionen der Schrumpfung der Deckschicht entgegen. Infolge dessen werden die Source/Drain-Gebiete, die Spacer und das Gate verspannt, was sich schließlich durch deren Nähe zum Kanalgebiet in eine Kanalverspannung überträgt.

Quantitativ ist dieses Verhalten in Bild 5.7 für einen Transistor mit TOL dargestellt. Die Verspannung im Transistor allgemein ist stark inhomogen, sowohl im Vorzeichen als auch im Betrag. Für das elektrische Verhalten ist aber vor allem die Verspannung in der Kanalregion direkt unter dem Gate interessant, in der die Verspannungskomponenten für die drei Raumrichtungen stark unterschiedlich sind. Eine zugverspannte Deckschicht (TOL) induziert ein Zugverspannung im Kanal in lateraler Richtung (d.h. in x-Richtung bzw. in Kanalrichtung), dagegen bildet sich vertikal (d.h. in y-Richtung, senkrecht zur Waferoberfläche) eine Druckverspannung aus (Bild 5.8, links). Die transversale Komponente des Verspannungstensors (d.h. in z-Richtung) ist ebenfalls druckverspannt, aber deutlich geringer (Bild 5.8, rechts) und wird aus diesem Grunde in den nachfolgenden Analysen vernachlässigt.

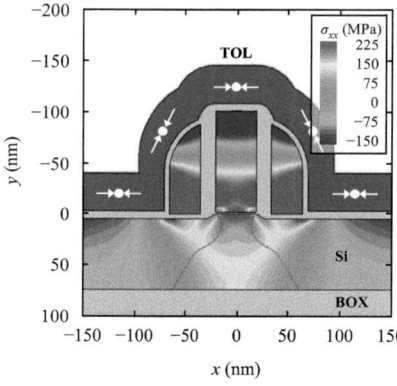

Bild 5.7: Simulierte laterale Verspannung in einem Transistor mit zugverspannter Deckschicht (TOL, 1.2 GPa).

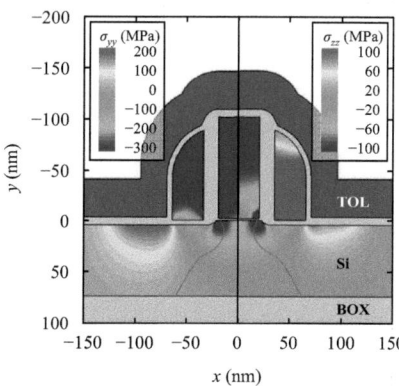

Bild 5.8: Vertikale (links) und transversale (rechts) Verspannung in einem Transistor mit TOL (1.2 GPa).

Die beiden dominanten Verspannungskomponenten im Kanal sind in Bild 5.9 in Abhängigkeit von der TOL-Dicke aufgetragen. Eine dickere Deckschicht ruft eine stärkere Kanalverspannung hervor, wobei eine leichte Sättigung auftritt. Weiterhin wird deutlich, dass die y-Komponente des Verspannungstensors betragsmäßig am größten ist und innerhalb des Kanalgebiets stark variiert. In der Kanalmitte sind die Werte betragsmäßig am geringsten und steigen zu den Source/Drain-Gebieten hin stark an. Die x-Komponente ist innerhalb des Kanalgebiets deutlich homogener. Die Kanalverspannung ist immer kleiner als der Nennwert der intrinsischen Verspannung der Deckschicht, d.h. rund (10...50)%.

Wird das Vorzeichen der intrinsischen Verspannung des Films geändert (TOL → COL), ändert sich entsprechend das Vorzeichen der Kanalverspannungen und es entsteht komplementär zum Fall des TOLs eine laterale Druckverspannung und eine vertikale Zugverspannung (Bild 5.10).

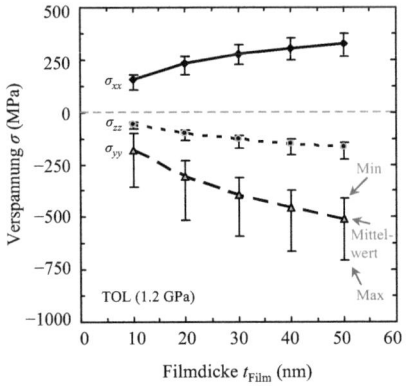

Bild 5.9: Verspannung im Kanal eines n-MOSFETs (Mittelwert entlang einer Schnittlinie in einer Tiefe von $y = 2$ nm) mit TOL für verschiedene TOL-Dicken.

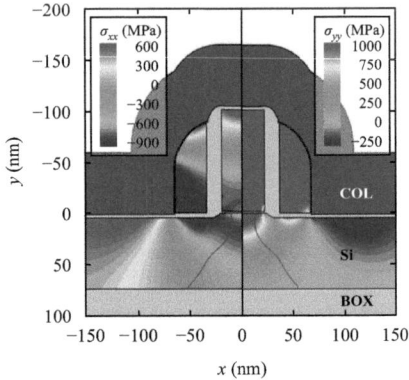

Bild 5.10: Laterale (links) und vertikale (rechts) Verspannung in einem Transistor mit druckverspannter Deckschicht (COL, −3.5 GPa).

Der Übertragungsweg der Verspannung von der Deckschicht in das Kanalgebiet ist komplex [179]. Er ist das Ergebnis der Beiträge verschiedener Bereiche des TOLs [180], welche direkt oder indirekt auf das Kanalgebiet wirken. Für die detaillierte Untersuchung wurde der TOL in drei verschiedene Teile geteilt und separat abgeschieden, um den Einfluss jeder einzelnen TOL-Zone auf die x-, y- und z-Kanalverspannung zu bestimmen (Bild 5.11):

- Gate-TOL: Anteil des TOLs, der sich über der Gate-Region befindet.
- Spacer-TOL: Anteil des TOLs, der sich seitlich an den Spacern befindet.
- S/D-TOL: Anteil des TOLs der sich auf den Source/Drain-Gebieten befindet.

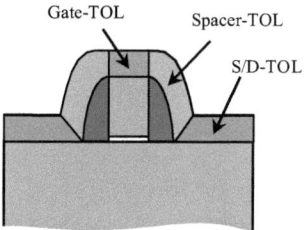

Bild 5.11: Schematische Darstellung der Aufteilung einer Deckschicht in drei verschiedene Zonen.

Betrachtet man den Einfluss der einzelnen Zonen auf die Verspannungskomponenten für eine Variation des Pitches (und somit des S/D-TOLs), so beobachtet man, dass für große Pitch-Werte die x-Komponente des Verspannungstensors im Kanalgebiet vor allem durch den Source/Drain-Anteil des TOLs hervorgerufen wird (Bild 5.12a). Die anderen TOL-Zonen haben keinen Einfluss auf die x-Verspannungskomponente. Die y-Verspannungskomponente (Bild 5.12b) wird wahrscheinlich vorrangig durch den Spacer-TOL verursacht, da der Einfluss der beiden anderen TOL-Zonen für diese Verspannungskomponente vernachlässigbar ist. Die z-Komponente (Bild 5.12c) weist keine Abhängigkeit für eine der drei TOL-Zonen auf. Der Verlauf der Kurven für den ursprünglichen, kompletten TOL, ist nicht durch eine Summenbildung der Einzelteile erzeugbar, da die Wechselwirkungen der einzelnen Zonen untereinander einen erheblichen Einfluss auf die erzeugte Verspannung im Kanal haben. Somit sind die Kurven für die einzelnen TOL-Zonen nur als qualitative Trends zu werten.

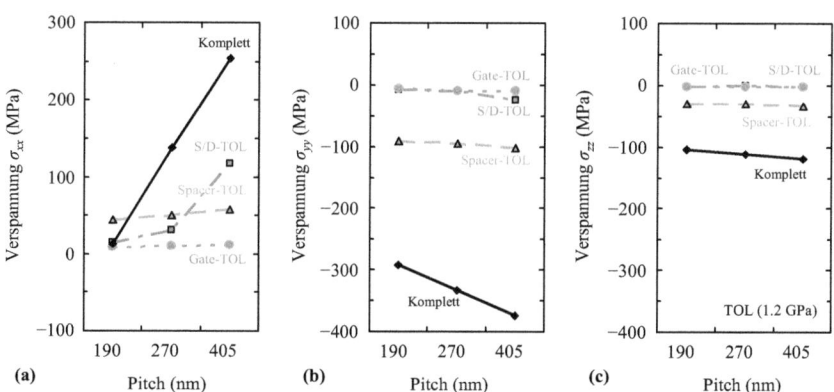

Bild 5.12: Einfluss der einzelnen TOL-Zonen auf die (a) laterale, (b) vertikale und (c) transversale Verspannungskomponente in Abhängigkeit vom Pitch.

Durch eine Variation der Gatelänge (bei konstanten Abmessungen des Aktivgebiets) wird zum einen nochmals deutlich, dass der Gate-TOL nur für lange Gatelängen einen Einfluss auf die x-Verspannungskomponente hat und dieser für $L_G < 200$ nm vernachlässigbar ist. Zum anderen ist aus Bild 5.13b ersichtlich, dass vor allem der Spacer-TOL für die y-Komponente der Verspannung relevant ist, da dieser am stärksten dem Trend für die Verspannung im Falle des klassischen (nicht geteilten) TOLs folgt.

Kapitel 5 – Theoretische und experimentelle Ergebnisse

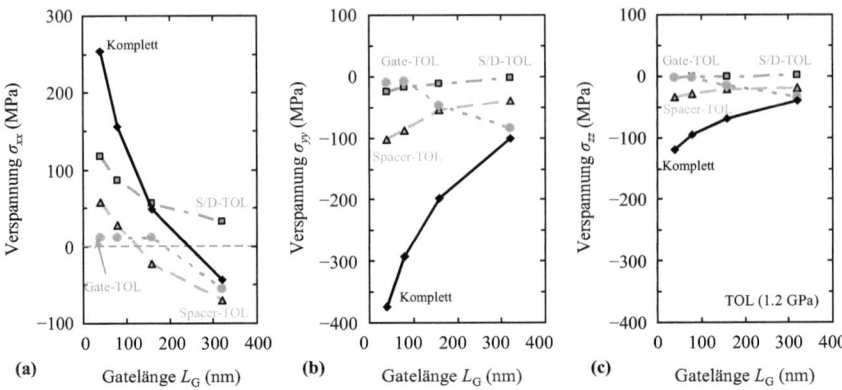

Bild 5.13: Einfluss des klassischen TOLs („Komplett") sowie der einzelnen TOL-Zonen auf die (a) laterale, (b) vertikale und (c) transversale Verspannungskomponente in Abhängigkeit von der Gatelänge.

Zusammenfassend lässt sich für die Wirkungsweise einer verspannten Deckschicht festhalten:

- Für den Fall einer intrinsischen Zugverspannung des Filmes (TOL) werden die Source/Drain-Gebiete lateral druckverspannt. Dadurch erfährt das dazwischen liegende Kanalgebiet eine Dehnung, so dass dort eine laterale Zugverspannung auftritt (Bild 5.14a).

- An den Seiten der Spacer führt die vertikale Schrumpfung des TOLs zu vertikalen Druckverspannungen im Gate-Material, die sich in den Transistorkanal übertragen und dort eine ebenfalls vertikale Druckverspannung aufbauen (Bild 5.14b).

- Der TOL auf dem Gate komprimiert den oberen Teil des Gate-Materials (Bild 5.14a) in x-Richtung, hat aber praktisch keinen Einfluss auf die Kanalverspannung, da für Kurzkanaltransistoren der Anteil des TOLs auf dem Gate begrenzt und die erzeugte Verspannung entsprechend gering ist.

- Die auftretenden Verspannungen in die z-Richtung sind aufgrund der großen Abmessungen ($W = (1…4)$ µm) sehr klein und werden vorwiegend über den Poisson-Effekt durch die beiden anderen Verspannungskomponenten hervorgerufen.

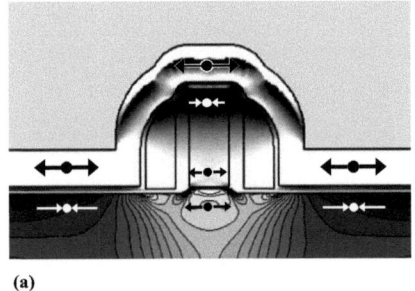
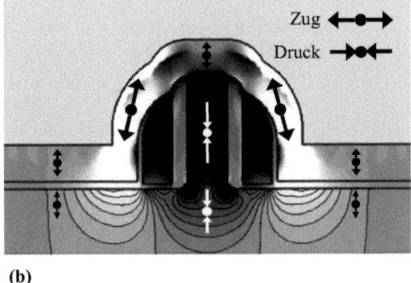

(a)   (b)

Bild 5.14: Darstellung der Wirkungsweise eines TOLs auf die (a) laterale und (b) vertikale Verspannung im Kanalgebiet. Dabei werden Kräfte/Verspannungen senkrecht zur Grenzfläche direkt übertragen (Vorzeichen bleibt erhalten), während Kräfte/Verspannungen parallel zur Grenzfläche ihr Vorzeichen wechseln.

5.1.3 Einfluss auf elektrische Transistor-Kenngrößen

Die Integration der verspannten Deckschichten in den CMOS-Prozessablauf erfolgt nach der Silizierung der Source/Drain- und Polygate-Gebiete mit Nickelsilizid (Bild 5.15).

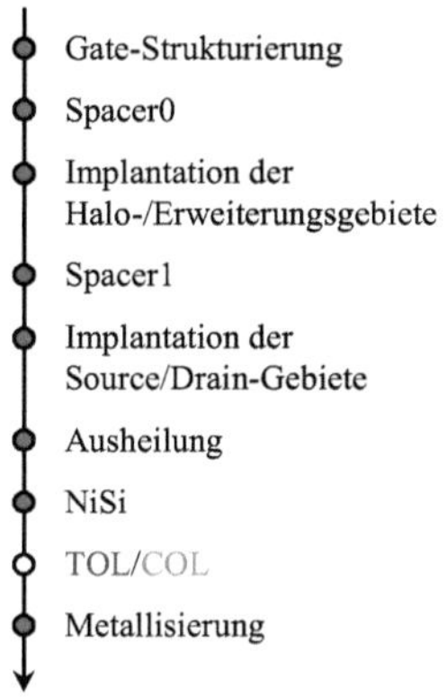

- Gate-Strukturierung
- Spacer0
- Implantation der Halo-/Erweiterungsgebiete
- Spacer1
- Implantation der Source/Drain-Gebiete
- Ausheilung
- NiSi
- TOL/COL
- Metallisierung

Bild 5.15: Integration der verspannten Deckschichten in den Prozessablauf.

A) Universalkurve und Beweglichkeit

Die n-MOSFET-Universalkurven für Transistoren der 90 nm-Technologie mit TOL (1.2 GPa intrinsische Verspannung und 110 nm Filmdicke) und COL (−2.5 GPa, 110 nm) sowie für Transistoren ohne Verspannung (NOL, Neutral Overlayer) sind in Bild 5.16 gegenübergestellt. Die Leistungsfähigkeit des n-MOSFETs mit TOL ist gegenüber der unverspannten Referenz um 12% erhöht, wogegen ein COL zu einer Verschlechterung um 25% führt. Die Überlappungskapazitäten (hier anhand der Millerkapazität extrahiert) sind für diese Transistoren annähernd gleich (Bild 5.17), was auf etwa gleich große metallurgische Gatelängen schließen lässt und somit einen direkten Vergleich der Transistoren bezüglich ihrer Leistungsfähigkeit ermöglicht. Bei der (Sättigungs-)Schwellspannung fällt auf, dass diese durch den TOL um 30 mV verringert wird, während der COL diese um 20 mV erhöht (Bild 5.17). Dieser Sachverhalt wurde bereits bei der Modellkalibrierung angesprochen und ist durch die deformationsbedingten Bandverschiebungen zu erklären.

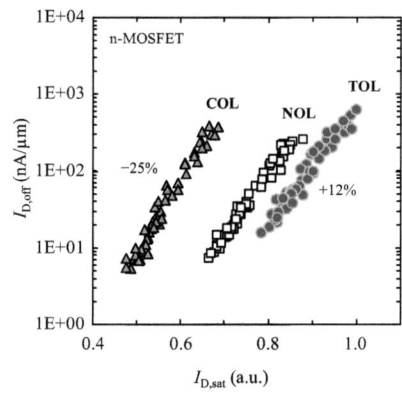

Bild 5.16: Universalkurven für den unverspannten n-MOSFET (NOL) sowie mit TOL (1.2 GPa) und COL (−2.5 GPa, je 110 nm).

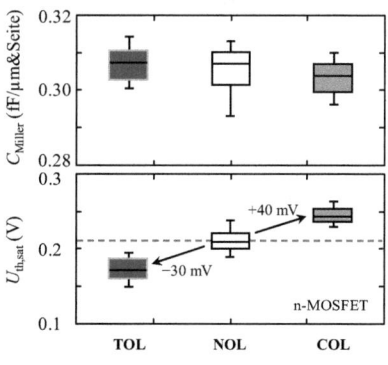

Bild 5.17: Millerkapazität und Sättigungsschwellspannung des n-MOSFETs mit verschiedenen Deckschichten.

Für den p-MOSFET ist die Reaktion auf die verspannten Deckschichten komplementär zum n-MOSFET, d.h. es tritt eine Leistungssteigerung durch den COL bzw. eine Verschlechterung durch den TOL auf (Bild 5.18). Ein COL ruft diesmal eine Verringerung der Absolutwerte der Schwellspannung hervor, wogegen der TOL die Schwellspannung erhöht (Bild 5.19).

In der Universalkurve ist deutlich zu sehen, dass sich nicht nur die Sättigungsdrainströme erhöhen, sondern gleichzeitig auch die Sperrströme stark ansteigen. Dieser Effekt ist für alle Verspannungstechniken mehr oder weniger präsent, da neben der Beweglichkeitsänderung auch immer eine Bandverschiebung auftritt, die die Schwellspannungen und damit die Sperrströme beeinflusst (vgl. Bild 2.4).

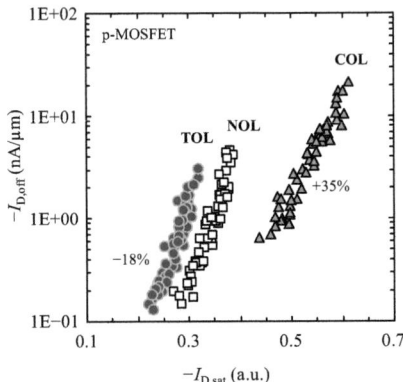

Bild 5.18: Universalkurven für den unverspannten p-MOSFET (= NOL) sowie mit TOL (1.2 GPa, 110 nm) und COL (−2.5 GPa, 110 nm).

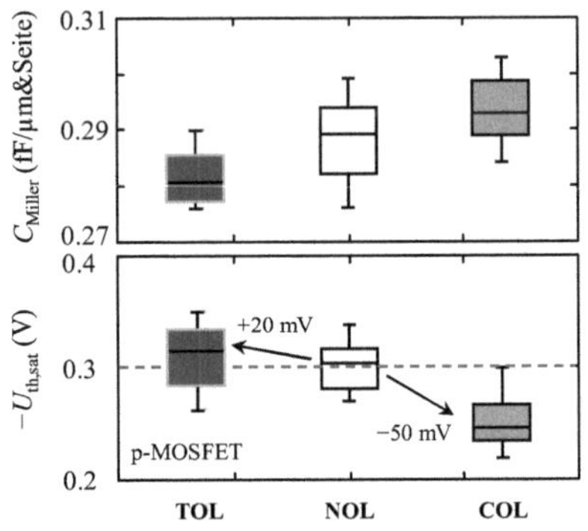

Bild 5.19: Millerkapazität und Sättigungsschwellspannung des p-MOSFETs mit verschiedenen Deckschichten.

Die beobachteten Verbesserungen beim p-MOSFET mit COL (+35%) sind deutlich höher im Vergleich zu den Verbesserungen, die beim n-MOSFET mit TOL erreicht werden (+12%). Dies ist zum einen durch die mehr als doppelt so starke intrinsische Verspannung des COLs gegenüber der des TOLs zu begründen. Zum anderen weist der p-MOSFET eine höhere Sensitivität in Bezug auf die Verspannungs-Beweglichkeits-Korrelation auf [vgl. Gleichungen (2.10) und (2.11)].

Dass diese Leistungssteigerungen tatsächlich durch eine Verspannung und eine entsprechende Beweglichkeitserhöhung kommen, kann indirekt über die $\delta R/\delta L$-Methode nachgewiesen werden [181], die bei der Bestimmung der Ladungsträgerbeweglichkeit in Kurzkanaltransistoren Anwendung findet. Dabei wird ausgehend von Gleichung (2.1) und (2.4) der Gesamtwiderstand des Transistors als

$$R_{\text{Gesamt}} = \frac{L_G}{W_G \mu Q'_{\text{inv}}} + R_{\text{S/D}} \quad (5.3)$$

ausgedrückt (mit Q'_{inv} als die flächennormierte Inversionsladung bzw. über $Q'_{\text{inv}} = C'_{\text{inv}}(U_{GS} - U_{\text{th,lin}})$ mit $C'_{\text{inv}} = \varepsilon_0 \cdot \varepsilon_{r,\text{ox}}/t_{\text{ox,inv}}$) und nach der Gatelänge L_G differenziert. Dabei fällt zum einen der parasitäre Source/Drain-Widerstand $R_{\text{S/D}}$ heraus und zum anderen erreicht man, dass in der Gleichung der absolute Wert der Gatelänge nicht mehr vorkommt, sondern nur deren Änderung.

5.1 Verspannte Deckschichten

Dies ist hilfreich, da für Kurzkanaltransistoren eine exakte Bestimmung der Gatelänge sehr schwierig ist, wogegen sich die Änderung der Gatelänge einfacher ermitteln lässt. Die Beweglichkeit μ berechnet sich zu

$$\mu = \frac{t_{\text{ox,inv}}}{W_G \varepsilon_0 \varepsilon_{\text{r,ox}} \left(U_{\text{GS}} - U_{\text{th,lin}} \right) \cdot \frac{\delta R_{\text{Gesamt}}}{\delta L_G}} \quad (5.4)$$

Der exakte Beweglichkeitswert ist aufgrund der Unsicherheiten in der Inversionsladung nicht bestimmbar. Ein relativer Vergleich der Beweglichkeitsänderung zwischen zwei Transistoren ist aber möglich, wenn die Parameter W_G, $t_{\text{ox,inv}}$, $\varepsilon_{\text{r,ox}}$ und $\left(U_{\text{GS}} - U_{\text{th,lin}} \right)$ dieser Transistoren identisch sind. Ein im Vergleich flacherer Anstieg der R_{Gesamt}-L_G-Kurve kennzeichnet dann eine größere Ladungsträgerbeweglichkeit im Kanal des Transistors, da $\mu \sim \left(\delta R_{\text{Gesamt}} / \delta L_G \right)^{-1}$.

Gleichung (5.4) ist unter der Bedingung einer konstanten Ladungsträgerbeweglichkeit im Kanal für alle untersuchten Gatelängen gültig. Simulationen zeigen, dass die Verspannung in diesem Gatelängenbereich (35 nm < L_G < 50 nm) um 4% schwankt und somit die Annahme, dass die Beweglichkeit sich nicht durch eine zusätzlich variierende Verspannung ändert, näherungsweise erfüllt ist.

Für den n-MOSFET mit TOL ergibt sich eine um 30% gesteigerte Elektronenbeweglichkeit (Bild 5.20a) und für den p-MOSFET mit COL eine rund 80% erhöhte Löcherbeweglichkeit (Bild 5.20b).

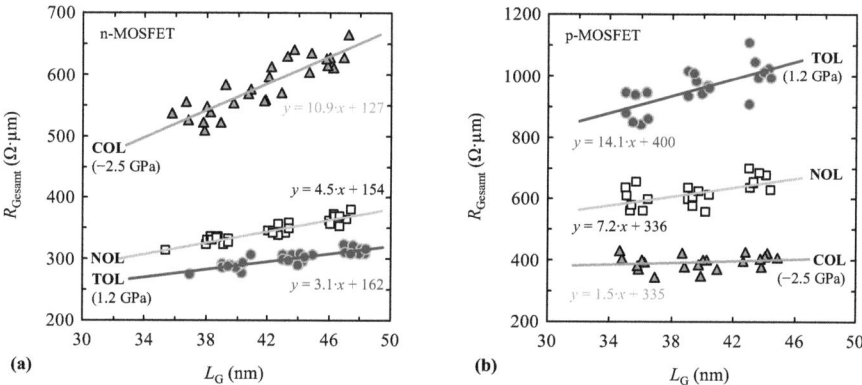

Bild 5.20: Gesamtwiderstand R_{Gesamt} in Abhängigkeit von der Gatelänge L_G zur Bestimmung der Ladungsträgerbeweglichkeitsänderung aufgrund einer Verspannung für (a) den n-MOSFET und (b) den p-MOSFET (zusätzlich sind die Gleichungen für die Trendlinien angegeben).

B) Einfluss der Filmdicke und -verspannung

Für eine weitere Leistungssteigerung der Transistoren kann die Filmdicke der Deckschicht vergrößert werden, um eine stärkere Verspannung im darunterliegenden Bauelement zu erzeugen. Ein anderer Weg besteht darin, die intrinsische Verspannung des Films selbst zu erhöhen. Die Auswirkungen dieser beiden Ansätze sind in Bild 5.21 dargestellt. Einer beliebigen Erhöhung der Filmdicke sind aber durch die Prozessintegration Grenzen gesetzt, da die stark gestörte Ebenheit die Prozessführung nachfolgender Herstellungsschritte erschwert, wie z.B. die Lithographie, das Materialfüllverhalten, die Planarisierung und das Kontaktlochätzungen durch die Deckschicht. Die intrinsische Verspannung der Nitriddeckschichten ist durch das Material und die Abscheidungsphysik begrenzt.

Kapitel 5 – Theoretische und experimentelle Ergebnisse

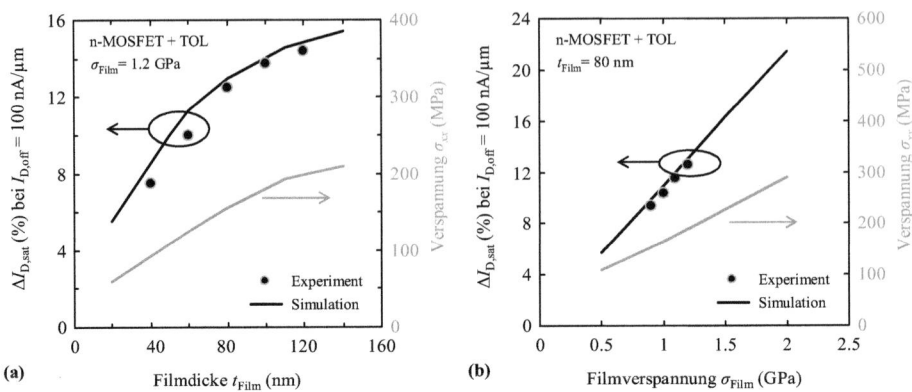

Bild 5.21: Drainstromänderung eines n-MOSFETs mit TOL in Abhängigkeit (a) von der Filmdicke und (b) von der intrinsischen Filmverspannung.

Die Änderung des Sättigungsstroms ($\Delta I_{D,sat} = (I_{D,sat}-I_{D,sat,0})/I_{D,sat,0}$) bei konstantem Sperrstrom $I_{D,off}$ = 100 nA/µm ist in Bild 5.22 in Abhängigkeit von der Verspannung dargestellt. Dabei wurde die Kanalverspannung über die Eigenschaften der Deckschicht variiert, hier dargestellt als Produkt aus Filmdicke und intrinsischer Filmverspannung. Deutlich sind nochmals die unterschiedlichen Anforderungen an die Verspannungsfelder für n- und p-MOSFET zu erkennen, um eine Leistungssteigerung zu erhalten. Innerhalb des hier untersuchten Verspannungsbereiches ist ein linearer Zusammenhang zwischen der Verspannung und der Stromänderung gegeben. Anhand des steileren Anstiegs der Trendlinien des p-MOSFETs im Vergleich zum n-MOSFET wird weiterhin deutlich, dass der p-MOSFET sensitiver auf eine Verspannung reagiert, was bereits in Kapitel 3 dargelegt wurde. Die Schwellspannungsänderung, $\Delta U_{th} = U_{th}-U_{th,0}$, ist beim n-MOSFET stärker ausgeprägt (Bild 5.23).

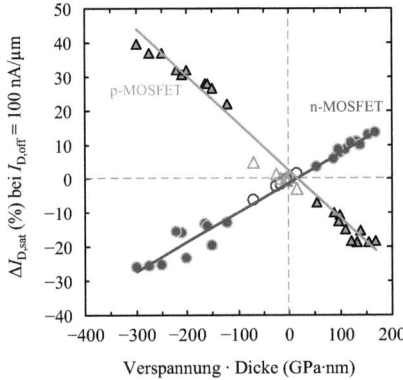
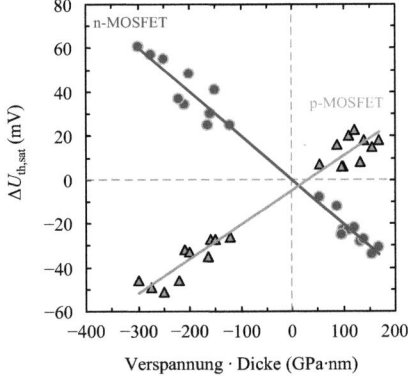

Bild 5.22: Drainstromänderung von n- und p-MOSFET in Abhängigkeit von der Verspannung in der 90 nm-Technologie (offene Symbole aus [17]).

Bild 5.23: Änderung der Sättigungsschwellspannung von n- und p-MOSFET in Abhängigkeit von der Verspannung in der 90 nm-Technologie.

C) Einfluss der einzelnen Verspannungskomponenten

Um den Beitrag der einzelnen Verspannungskomponenten auf die Drainstromänderung besser zu verstehen, wurde jeweils nur eine der drei Komponenten (σ_{xx}, σ_{yy} oder σ_{zz}) in den Bauelementesimulator übergeben und die sich ergebende Drainstromänderung berechnet. Bild 5.24 zeigt für verschiedene lange Aktivgebiete, dass beim n-MOSFET mit TOL vorwiegend die vertikale Verspannungskomponente σ_{yy} für die Drainstromänderung verantwortlich ist (ca. 70%), während die x-Komponente mit ca. 40% zur gesamten Stromänderung beiträgt. Die transversale Komponente hat einen negativen, aber geringen Einfluss (ca. -10%). Beim p-MOSFET (Bild 5.25) ist dagegen die laterale x-Komponente der dominante Teil (ca. 70%), während der vertikale und transversale Anteil nur geringfügig zur Drainstromänderung beitragen (je 20% und 10%). Die allgemeine Tendenz, dass die Erhöhung des Drainstroms stark von der Aktivgebietsfläche abhängt, wird in Abschnitt 5.1.5 und 5.1.6 genauer untersucht.

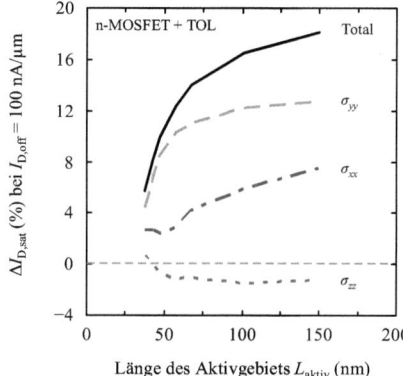

Bild 5.24: Anteil der drei Verspannungskomponenten zur Drainstromänderung beim n-MOSFET mit TOL.

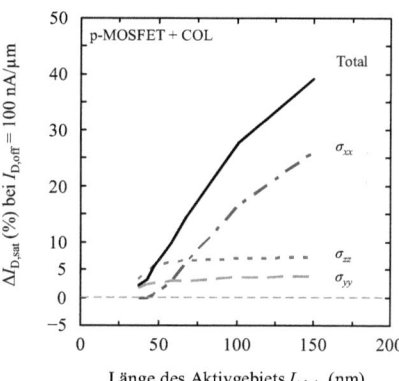

Bild 5.25: Anteil der drei Verspannungskomponenten zur Drainstromänderung beim p-MOSFET mit COL.

D) Einfluss des Spacers

Da die Aufgabe des Spacer1, die Justierung der tiefen Source/Drain-Implantationen, bereits erfüllt ist, können diese vor der Abscheidung der Deckschicht entfernt werden. Dadurch wird die Deckschicht näher an den Kanal herangebracht, was zu einem stärker veränderten Verspannungsfeld im Transistorkanal führt (Bild 5.26). Vor allem die laterale Verspannungskomponente erhöht sich aufgrund des größer werdenden Anteils des S/D-TOLs um bis zu +120%. Die vertikale Verspannungskomponente zeigt nur eine sehr geringe Änderung. Durch diesen Ansatz kann der n-MOSFET um 4% und der p-MOSFET um 12% verbessert werden (Bild 5.27), was allerdings stark von der Länge der Aktivgebiete abhängt. Die erreichten Verbesserungen decken sich mit experimentellen Ergebnissen anderer Gruppen [18], [182].

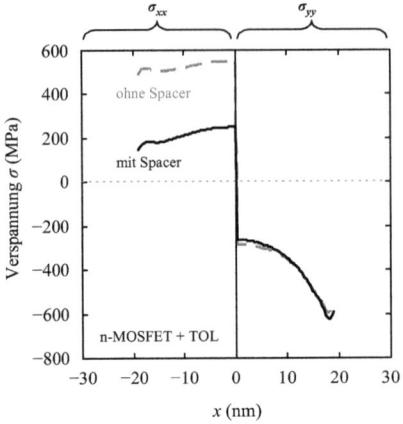
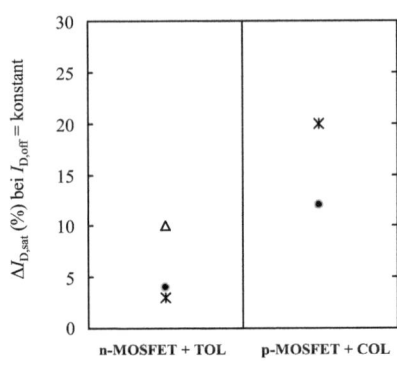

Bild 5.26: Laterale (links) und vertikale (rechts) Verspannung im Transistorkanal eines n-MOSFETs mit und ohne Spacer.

Bild 5.27: Erhöhung des Drainstroms beim n- bzw. p-MOSFET mit TOL bzw. COL durch Entfernen des Spacers (●: FEM-Simulation; ✶: Experiment aus [18]; △: Experiment aus [182]).

E) Einfluss der Gatelänge und Gateweite

Abschließend ist in den Bilder 5.28 und 5.29 der Einfluss der geometrischen Parameter Gateweite und Gatelänge dargestellt. Eine Abhängigkeit der Drainstromänderung von der Gateweite W_G ist für den untersuchten Bereich nicht feststellbar. Dagegen ist die Drainstromänderung stark und nichtlinear von der Gatelänge L_G abhängig. Mit kleiner werdender Gatelänge nimmt die Erhöhung des Drainstroms (hier n-MOSFET mit TOL) kontinuierlich zu, bis ein Maximalwert bei $L_G \approx 100$ nm erreicht wird. Für noch kleinere Gatelängen nimmt die Drainstromerhöhung wieder ab. Für den p-MOSFET mit COL ergibt sich ein analoges Verhalten (nicht dargestellt).

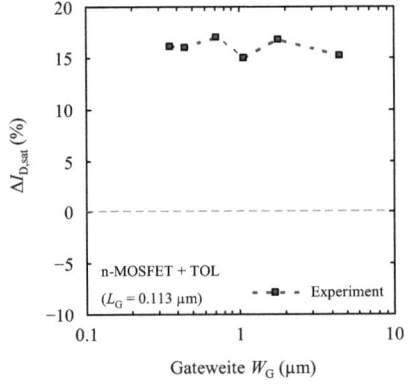
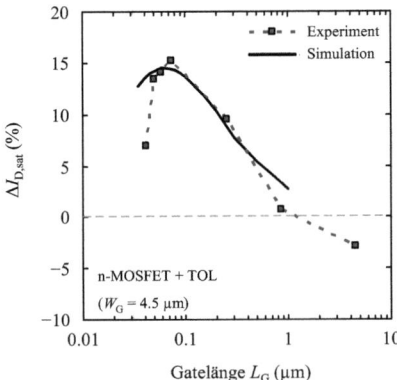

Bild 5.28: Drainstromänderung eines n-MOSFETs mit TOL in Anhängigkeit von der Gateweite.

Bild 5.29: Drainstromänderung eines n-MOSFETs mit TOL in Anhängigkeit von der Gatelänge.

5.1 Verspannte Deckschichten

Der Grund für diesen nichtlinearen Zusammenhang ist zuerst in der Verspannung zu suchen, die stark von der Gatelänge abhängt (Bild 5.30). Bei sehr großen Gatelängen ($L_G > 1$ µm) wird durch den TOL eine laterale *Druck*verspannung (vgl. auch Abschnitt 5.1.1) im Kanalbereich induziert (Bild 5.31). Die dadurch verringerte Elektronenbeweglichkeit ist der Grund für die negative Drainstromänderung in diesem Bereich. Erst für Gatelängen von weniger als 300 nm überwiegt der Einfluss der Verspannung an den Kanten, so dass die laterale Verspannung im Kanal im Mittelwert positiv, d.h. zugverspannt, ist. Durch eine weitere Reduzierung der Gatelänge nimmt das Volumen zwischen Source und Drain kontinuierlich ab und die Verspannung nimmt stetig zu (Bild 5.30). Dennoch kommt es zu einem Rückgang der Drainstromerhöhung für Gatelängen von weniger als 100 nm, was demnach nicht durch die Verspannung verursacht sein kann. Für diese kleinen Gatelängen begrenzt der parasitäre Source/Drain-Widerstand die erreichbaren Drainstromerhöhungen aufgrund des nicht mehr vernachlässigbaren Spannungsabfalls über diesem parasitären Widerstand trotz einer deformationsbedingten Erhöhung der Ladungsträgerbeweglichkeit im Kanal.

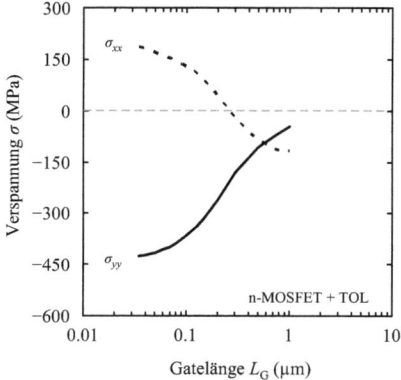

Bild 5.30: Mittelwert der Verspannung im Kanal eines n-MOSFETs mit TOL in Abhängigkeit von der Gatelänge.

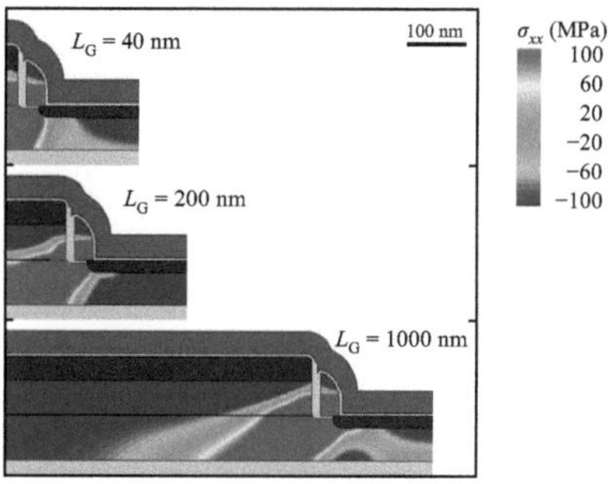

Bild 5.31: Laterale Verspannung in Transistoren mit TOL für verschiedene Gatelängen.

5.1.4 Beschränkung durch den parasitären Source/Drain-Widerstand

Der Einfluss des parasitären Source/Drain-Widerstands wird anhand einer Reihenschaltung der vorhandenen Widerstände im Transistor genauer untersucht (Bild 5.32). Der Gesamtwiderstand R_{Gesamt} besteht aus dem Kanalwiderstand R_{Kanal} und aus den parasitären Source/Drain-Widerständen $R_{S/D}$, so dass gilt:

$$R_{Gesamt} = R_{Kanal} + R_{S/D} \ . \tag{5.5}$$

Der parasitäre Source/Drain-Widerstand $R_{S/D}$ setzt sich aus mehreren Komponenten zusammen:

$$R_{S/D} = R_{Aktiv} + R_{Kontakt} + R_{Silizid} \ . \tag{5.6}$$

Hier kennzeichnen $R_{Silizid}$ und $R_{Kontakt}$ den Widerstand des Silizidgebiets und den Kontaktwiderstand am Silizid/Halbleiter-Übergang. Der Widerstand R_{Aktiv} umfasst die Bahnwiderstände des Akkumulationsbereiches unter dem Gate, der Erweiterungsgebiete sowie der Source/Drain-Gebiete. Diese Anteile wurden vereinfachend zusammengefasst, da eine eindeutige Trennung nicht ohne Weiteres möglich ist. Der Widerstand der Metallleitbahnen zum Transistor ist im Vergleich zu den anderen beteiligten Widerständen vernachlässigbar. Den größten Anteil hat, speziell beim n-MOSFET, der Kontaktwiderstand $R_{Kontakt}$ [183].

Bei einer Änderung der Gatelänge L_G ändert sich der Kanalwiderstand entsprechend der Beziehung

$$R_{Kanal} = \rho \cdot L_G / A \ . \tag{5.7}$$

Der parasitäre Source/Drain-Widerstand $R_{S/D}$ dagegen ist davon unabhängig und bleibt näherungsweise konstant [184]. Bild 5.33 zeigt das Verhalten der beiden Widerstände R_{Kanal} und $R_{S/D}$ in Abhängigkeit von der Gatelänge und den Anteil des parasitären Source/Drain-Widerstands $R_{S/D}$ am Gesamtwiderstand R_{Gesamt}. Man erkennt, dass $R_{S/D}$ (hier ca. 154 Ω·µm am Beispiel eines unverspannten n-MOSFETs, ermittelt aus dem Schnittpunkt der R_{Gesamt}-L_G-Kurve mit der Ordinate, Bild 5.20) unterhalb einer bestimmten Gatelänge ($L_G \approx 35$ nm) größer als der Kanalwiderstand R_{Kanal} wird. Sein Beitrag zum Gesamtwiderstand R_{Gesamt} steigt exponentiell mit verringerter Gatelänge an, bis der Gesamtwiderstand bei sehr kurzen Gatelängen ausschließlich vom parasitären Widerstand bestimmt wird.

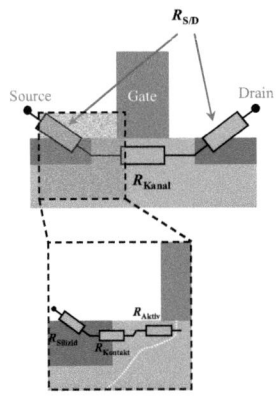

Bild 5.32: Vereinfachte Darstellung der Widerstände in einem Transistor.

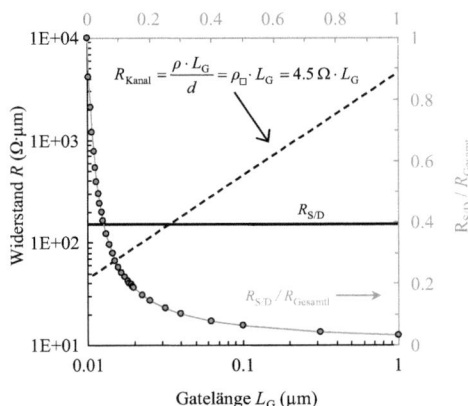

Bild 5.33: Änderung des Kanalwiderstands R_{Kanal} und des parasitären Source/Drain-Widerstands $R_{S/D}$ mit der Gatelänge.

Eine geeignete mechanische Verspannung erhöht die Ladungsträgerbeweglichkeit im Siliziumkanal und verkleinert somit den Kanalwiderstand, während der $R_{S/D}$ relativ unabhängig von einer Verspannung ist [184]. Der Einfluss des Kanalwiderstands und somit der Verspannung auf den Gesamtwiderstand verringert sich für kleiner werdende Gatelängen und beeinflusst das elektrische Verhalten der Transistoren kaum noch.

Dies ist in Bild 5.34 anhand der zu erwartenden Drainstromerhöhungen veranschaulicht. Dabei wurde zum einen eine konstante, von der Gatelänge unabhängige Erhöhung der Ladungsträgerbeweglichkeit von 20% vorausgesetzt, wie es z.B. bei globalen Verspannungstechniken wie sSOI der Fall ist. Zum anderen wurde eine für kürzere Gatelängen stärkere Beweglichkeitserhöhung angenommen, um die Situation für lokale Verspannungstechniken (z.B. TOL oder COL) nachzubilden. Dazu wurde vereinfachend eine linear mit der Gatelänge ansteigende Beweglichkeitserhöhung von 0% auf 20% im Bereich $L_G = 1$ µm bis $L_G = 10$ nm zugrunde gelegt. Dass die Beweglichkeit für Kurzkanaltransistoren mit TOL tatsächlich größer ist als für Langkanaltransistoren mit TOL, ist experimentell in Bild 5.35 durch den flacher werdenden Anstieg der R_{Gesamt}-L_G-Kurve mit kürzeren Gatelängen belegt.

5.1 Verspannte Deckschichten

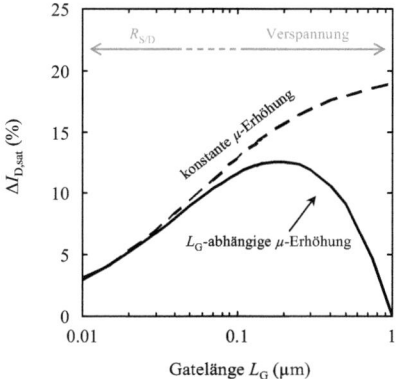

Bild 5.34: Theoretische Drainstromänderung eines MOSFETs in Abhängigkeit von der Gatelänge für eine konstante bzw. gatelängenabhängige Beweglichkeitserhöhung.

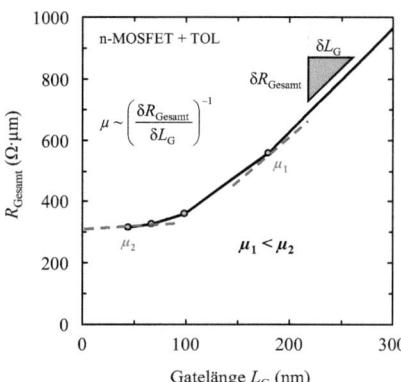

Bild 5.35: Vergleich der R_{Gesamt}-L_G-Kurve für Kurz- und Langkanaltransistoren, deren Anstieg ein Maß für die Ladungsträgerbeweglichkeit im Kanal ist.

Für den Fall der konstanten Verspannung (d.h. einer konstante Beweglichkeitserhöhung) nimmt die Drainstromerhöhung mit reduzierter Gatelänge kontinuierlich ab, da der für große Gatelängen noch vernachlässigbare parasitäre Source/Drain-Widerstand erst für kürzere Gatelängen an Einfluss gewinnt und die Verspannungseffekte dadurch in den Hintergrund treten. Für den Fall der gatelängenabhängigen Verspannung ist entsprechend auch die Beweglichkeitsänderung gatelängenabhängig und es bildet sich ein lokales Maximum aus, da zwei gegenläufige Tendenzen existieren: Zum einen wird mit kleinerer Gatelänge die Verspannung im Transistor größer (vgl. auch Bild 5.30), wodurch es zu einem Anstieg der Drainstromerhöhung im Bereich großer Gatelängen kommt. Zum anderen nimmt der Einfluss der parasitären Widerstände analog dem Fall der konstanten Verspannung für kurze Gatelänge zu und dominiert schließlich das Verhalten für sehr kurze Gatelängen, wodurch der Verspannungseffekt vernachlässigbar ist.

In der Literatur werden noch weitere Effekte diskutiert, die für eine Abnahme der deformationsbedingten Drainstromerhöhung bei kurzen Gatelängen verantwortlich sein können. So wird zum Beispiel die Sättigungsdriftgeschwindigkeit als begrenzender Faktor in Kurzkanaltransistoren genannt [185]. Die Zunahme bestimmter Streumechanismen, z.B. der Coulombstreuung durch die Halo-Implantationen, oder eine Eigenerwärmung werden ebenfalls diskutiert [186], [187]. Wahrscheinlich wird in der Realität eine Kombination all dieser Mechanismen auftreten, was hier nicht weiter untersucht wurde, da der Effekt des parasitären Source/Drain-Widerstands **stark genug** ist, um das beobachtete Verhalten zu erklären.

5.1.5 Analytisches Modell

Das stark inhomogene Verspannungsfeld und die starke Topographieabhängigkeit der verspannten Deckschichten erschweren eine Abschätzung der zu erwartenden Drainstromänderung aufgrund einer Modifizierung der Transistorabmessungen. Die Konstruktion eines analytischen Modells erlaubt eine schnelle Beurteilung ohne die rechenintensiven numerischen Simulationen. Durch das Abgleichen mit FEM-Simulationen wird ein analytisches Modell für die Drainstromänderung aufgrund einer zugverspannten Deckschicht in der 45 nm-Technologie erstellt. Der Parameterraum umfasst dabei die üblichen Strukturgeometrieparameter, die innerhalb üblicher Grenzen variiert worden sind. Somit können nochmals die Grenzen dieser lokalen Verspannungstechnik aufgezeigt und Ansätze für eine weitere Optimierung abgeleitet werden.

Folgende technologische Parameter wurden untersucht:

- Filmdicke und -verspannung,
- Pitch,
- Gatelänge,
- Polyhöhe und
- Spacerlänge.

In den Bildern 5.36 bis 5.41 sind die Abhängigkeiten des n-MOSFETs mit TOL mittels FEM-Simulationen der 45 nm-Technologie einmal für die zwei dominanten Verspannungskomponenten (lateral σ_{xx} und vertikal σ_{yy}) und einmal für die resultierende Drainstromänderung ermittelt worden. Ausgangspunkt ist ein Transistor mit $L_G = 40$ nm, einem Pitch von 190 nm, $h_G = 100$ nm, $t_{Film} = 25$ nm und $\sigma_{Film} = 1.2$ GPa.

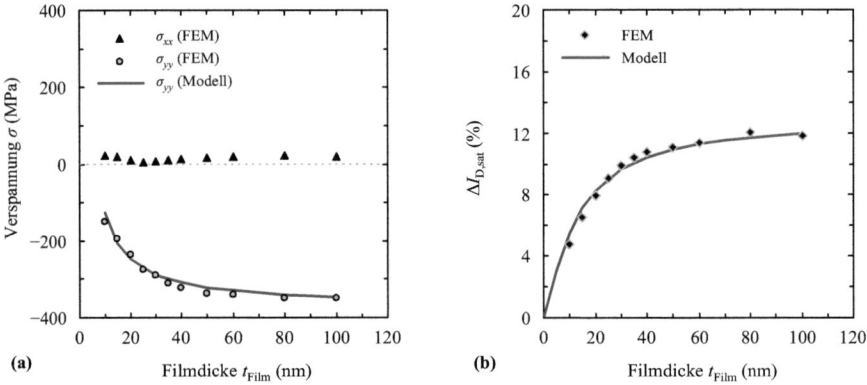

Bild 5.36: Abhängigkeit (a) der Verspannung und (b) der Drainstromänderung von der TOL-Filmdicke.

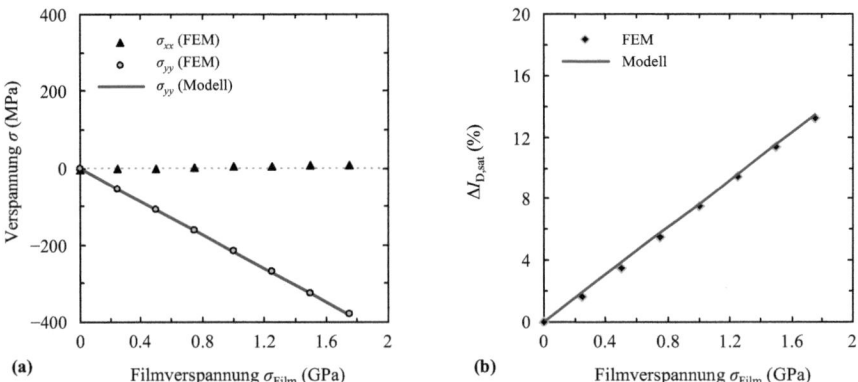

Bild 5.37: Abhängigkeit (a) der Verspannung und (b) der Drainstromänderung von der TOL-Verspannung.

5.1 Verspannte Deckschichten

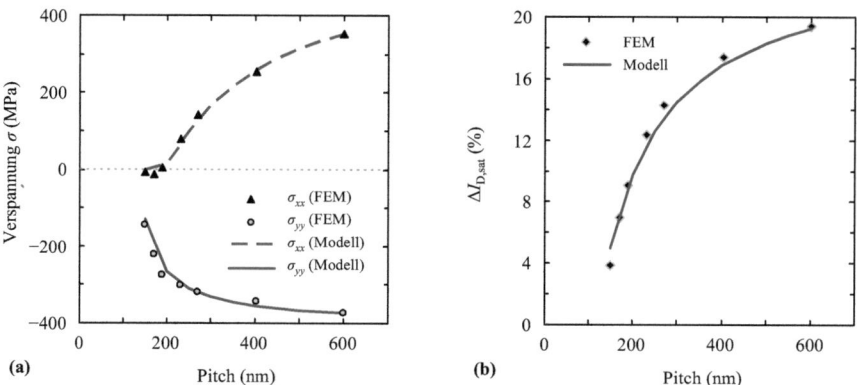

Bild 5.38: Abhängigkeit (a) der Verspannung und (b) der Drainstromänderung vom Pitch.

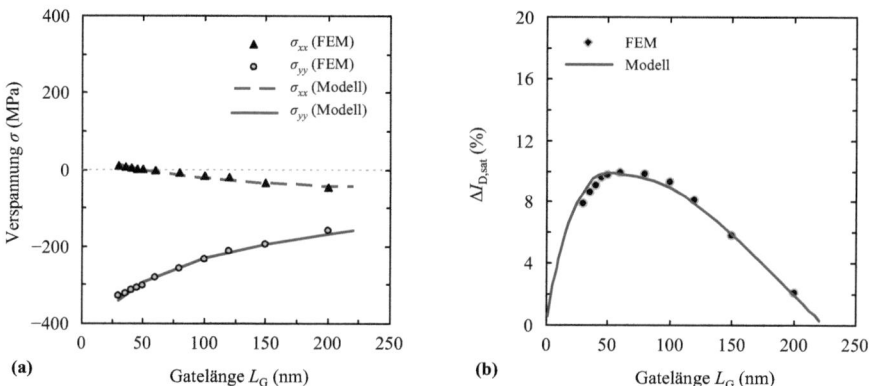

Bild 5.39: Abhängigkeit (a) der Verspannung und (b) der Drainstromänderung von der Gatelänge.

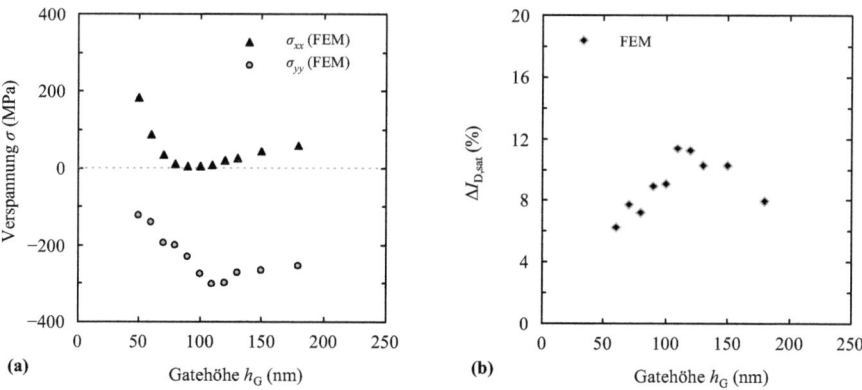

Bild 5.40: Abhängigkeit (a) der Verspannung und (b) der Drainstromänderung von der Gatehöhe.

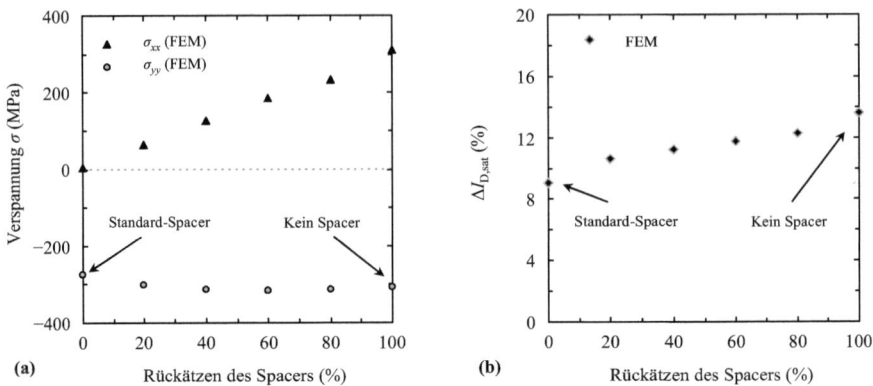

Bild 5.41: Abhängigkeit (a) der Verspannung und (b) der Drainstromänderung von der relativen Spacerlänge.

Durch eine Anpassung an die FEM-Daten können folgende analytische Beschreibungen aufgestellt werden:

- Filmdicke ($0 \leq t_{Film} < \infty$):

  Hier ist nur eine Abhängigkeit von der vertikalen Verspannung σ_{yy} erkennbar, die, wie bereits dargestellt, ein Sättigungsverhalten aufweist, während die Änderung von σ_{xx} sehr gering und folglich vernachlässigbar ist.

$$\sigma_{yy}^{\text{Filmdicke}} = \arctan\left(\frac{t_{Film}}{a_1}\right) \frac{\sigma_{\max,yy}^{\text{Filmdicke}}}{\pi/2} \quad \text{mit } a_1 = 14 \text{ nm}, \; \sigma_{\max,yy}^{\text{Filmdicke}} = -400 \text{ MPa}. \tag{5.8}$$

Die Drainstromänderung lässt sich analog über eine Arkustangens-Funktion beschreiben:

$$\Delta I_{D,sat}^{\text{Filmdicke}} = \arctan\left(\frac{t_{Film}}{a_2}\right) \frac{I_{D,\max}^{\text{Filmdicke}}}{\pi/2} \quad \text{mit } a_2 = 13 \text{ nm}, \; I_{D,\max}^{\text{Filmdicke}} = 13\%. \tag{5.9}$$

- Für die Filmverspannung ($-2 \text{ GPa} \leq \sigma_{Film} < 2 \text{ GPa}$) ist eine proportionale Beziehung zur Verspannung σ_{yy} und innerhalb des hier untersuchten Bereiches auch zur Drainstromerhöhung gegeben (σ_{xx} wird vernachlässigt):

$$\sigma_{yy}^{\text{Filmverspannung}} = a_3 \cdot \sigma_{Film} \quad \text{mit } a_3 = -0.218, \tag{5.10}$$

$$\Delta I_{D,sat}^{\text{Filmverspannung}} = a_4 \cdot \sigma_{Film} \quad \text{mit } a_4 = 7.69 \text{ GPa}^{-1}. \tag{5.11}$$

- Die Abhängigkeit der beiden Verspannungskomponenten sowie der Drainstromerhöhung vom Pitch ($120 \text{ nm} \leq \text{Pitch} < \infty$) ist etwas komplexer:

$$\sigma_{xx}^{\text{Pitch}} = \begin{cases} \dfrac{a_5}{1 + \left(\dfrac{\text{Pitch} - a_6}{a_7}\right)^{\beta}} + a_8 & \text{für Pitch} \geq 190 \text{ nm} \\ 0 & \text{für Pitch} < 190 \text{ nm} \end{cases} \tag{5.12}$$

mit $a_5 = -500$ MPa, $a_6 = 190$ nm, $a_7 = 200$ nm, $\beta = 1.2$ und $a_8 = 500$ MPa.

5.1 Verspannte Deckschichten

$$\sigma_{yy}^{\text{Pitch}} = \frac{1}{a_9 \cdot (\text{Pitch} - a_{10})} + \sigma_{\max,yy}^{\text{Pitch}} \tag{5.13}$$

mit $a_9 = 7.4 \cdot 10^{-5}$ nm^{-1}·MPa^{-1}, $a_{10} = 100$ nm und $\sigma_{\max,yy}^{\text{Pitch}} = 400$ MPa.

$$\Delta I_{\text{D,sat}}^{\text{Pitch}} = I_{\text{D,max}}^{\text{Pitch}} - \frac{1}{a_{11} \cdot \text{Pitch}} \quad \text{mit } a_{11} = 3.5 \cdot 10^{-4} \text{ nm}^{-1},\ I_{\text{D,max}}^{\text{Pitch}} = 24\%. \tag{5.14}$$

Der starke Abfall der Kurven für kleine Pitch-Werte tritt sowohl für die laterale als auch für die vertikale Verspannungskomponente und entsprechend für die Drainstromerhöhung auf.

- Für die Gatelänge ($0 \leq L_G < 200$ nm) ergeben sich folgende Abhängigkeiten (L_G in nm):

$$\sigma_{xx}^{L_G} = \sigma_{\max,xx}^{L_G} - a_{12} \cdot \ln\left(\frac{L_G}{a_{13}}\right) \quad \text{mit } a_{12} = 29 \text{ MPa}, a_{13} = 1 \text{ nm},\ \sigma_{\max,xx}^{L_G} = 112 \text{ MPa}. \tag{5.15}$$

$$\sigma_{yy}^{L_G} = \sigma_{\max,yy}^{L_G} - a_{14} \cdot \ln\left(\frac{L_G}{a_{15}}\right) \quad \text{mit } a_{14} = -91 \text{ MPa}, a_{15} = 1 \text{ nm},\ \sigma_{\max,yy}^{L_G} = -650 \text{ MPa}. \tag{5.16}$$

$$\Delta I_{\text{D,sat}}^{L_G} = \left(\frac{1}{a_{16} - a_{17} \cdot L_G} + \frac{1}{a_{18} \cdot L_G}\right)^{-1} \quad \text{mit } a_{16} = 19, a_{17} = 0.085 \text{ nm}^{-1}, a_{18} = 0.6 \text{ nm}^{-1}. \tag{5.17}$$

Das stark nichtlineare Verhalten der Drainstromänderung weicht von den Trends der Verspannungskomponenten ab und ist durch den Einfluss des parasitären Source/Drain-Widerstands begründet.

- Der Parameter Gatehöhe wurde in das analytische Modell nicht mit einbezogen, da er im Prozess nicht ohne weiteres variiert werden kann und durch den Prozessablauf quasi vorgegeben ist. Dennoch ist das Abhängigkeitsverhalten interessant, da es für die Drainstromerhöhung ein Optimum bei $h_G \approx 120$ nm gibt. Für große Gatehöhen ist die vertikale Verspannung σ_{yy} maßgeblich für die Drainstromänderung verantwortlich, wogegen bei kleinen Gatehöhen die laterale Verspannung des oberen Gateteils Einfluss auf die laterale Kanalverspannung gewinnt (vgl. auch Bild 5.14) und entsprechend für die Drainstromänderung wesentlich ist. Die vertikale Verspannung ist aufgrund des abnehmenden Anteils des Spacer-TOLs für diesen Fall gering.

- Die Variation der Spacerlänge mittels Rückätzung läuft auf eine Änderung des Pitchs hinaus, da ein kürzerer Spacer mehr Platz für das Aktivgebiet liefert. Entsprechend sind die Effekte auf die Verspannung und die Drainstromänderung, welche nicht gesondert modelliert werden.

Die Einflüsse der einzelnen Parameter auf die Drainstromänderung werden über

$$\Delta I_{\text{D,sat}} = 11 \cdot \left(\frac{1}{32 - 0.14 \cdot L_G} + \frac{1}{L_G}\right)^{-1} \cdot \left(1 - \frac{182}{\text{Pitch}}\right) \cdot \arctan\left(\frac{t_{\text{Film}}}{13}\right) \cdot \sigma_{\text{Film}} \tag{5.18}$$

mit L_G, Pitch und t_{Film} in nm,

σ_{Film} in GPa und

$\Delta I_{\text{D,sat}}$ in %.

als zugeschnittene Größengleichung kombiniert.

Aus Gleichung (5.18) werden die Abhängigkeiten der Drainstromerhöhung von den technologischen Kenngrößen deutlich: So bietet die Erhöhung der intrinsischen Filmverspannung σ_{Film} die effektivste Methode, um den Drainstrom zu erhöhen, da eine Änderung sich direkt auf die Leistungsfähigkeit des Transistors überträgt. Bei der Filmdicke tritt schnell eine Sättigung ein ($t_{Film} > 40$ nm), so dass hier keine weitere Optimierung möglich ist. Eine Vergrößerung des Pitchs und damit der Aktivfläche ist wünschenswert, widerspricht aber dem Skalierungstrend und kann allenfalls indirekt durch Rückätzen des Spacers erreicht werden. Die starke Abhängigkeit von der Gatelänge weist zwar ein Optimum auf, allerdings wird eine Technologie nach den kleinstmöglichen Gatelängen streben, so dass dies nicht genutzt werden kann.

Abschließend wird in Bild 5.42 noch ein Vergleich des analytischen Modells nach Gleichung (5.18) mit experimentellen und FEM-Ergebnissen sowie mit dem analytischen Modell aus [185], [188] vorgenommen. Das Modell aus [185], [188] basiert auf physikalischen Annahmen, um die inhomogene Verspannungsverteilung im Transistor mit TOL und die resultierende Drainstromerhöhung entsprechend dem piezoresistiven Effekt zu beschreiben. Die Gatelänge ist dabei die einzige technologische Variable. Für kleine Gatelängen ist eine sehr gute Übereinstimmung zu sehen und das typische Abroll-Verhalten wird von beiden Modellen erfasst. Nur für große Gatelängen ergeben sich Abweichungen, was aber aufgrund fehlender experimenteller Daten für die 45 nm-Technologie nicht abschließend beurteilt werden kann.

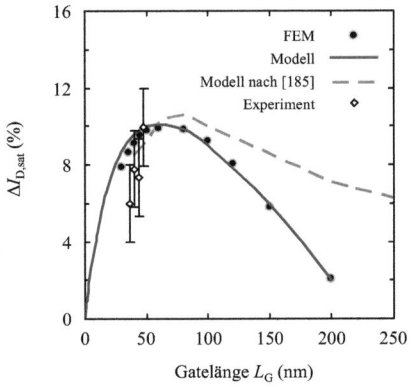

Bild 5.42: Vergleich der Drainstromerhöhung in Abhängigkeit von der Gatelänge für FEM-Simulationen, für die analytischen Modelle nach Gleichung (5.18) und nach [185] sowie für das Experiment (Balken symbolisieren die Standardabweichung der Messwerte).

Der Gültigkeit des hier vorgestellten analytischen Modells sind Grenzen gesetzt. Neben den bereits bei den Gleichungen angegebenen Wertebereichen ist es nur für die 45 nm-Technologie, auf der es basiert, gültig. Weiterhin sollten die Parameter nur ausgehend von den oben genannten Standardparametern variiert werden, da beispielsweise eine Filmdickenänderung bei einem Pitch von 400 nm eine andere Auswirkung hat als bei einem Pitch von 190 nm. Entsprechend sind nur qualitative Aussagen für die gewonnenen Ergebnisse möglich.

Das Modell ist prinzipiell auch für den p-MOSFET mit COL anwendbar, worauf hier aber verzichtet wird, da die Abhängigkeiten für die Verspannung identisch (aber komplementär) sind und die Drainstromänderungen sich grundsätzlich analog (mit einer stärkeren Sensitivität für die laterale Verspannung) verhalten.

5.1.6 Technologieskalierung

A) Vorbetrachtungen

Die hohen Leistungsfähigkeiten aktueller Transistoren sind nur mit Hilfe von Verspannungstechniken erreichbar. Entsprechend wichtig ist es, dass diese etablierten Techniken auch in zukünftigen Technologien noch erfolgreich angewendet werden können. Die Auswirkungen der Technologieskalierung auf die Effektivität der Verspannungstechniken wird anhand experimenteller Daten bisheriger und aktueller Technologien (90 nm-, 65 nm- und 45 nm-Technologie) untersucht sowie durch die Simulation zukünftiger Technologiegenerationen (32 nm und 22 nm) diskutiert. Jenseits der 22 nm-Technologie ist eine Anwendung der konventionellen planaren Transistoren unwahrscheinlich und neuartige Transistorkonzepte wie Multigate-Transistoren (FinFETs) oder Nanodrähte werden den klassischen MOSFET als Arbeitspferd der Mikroelektronik ablösen. Diese Thematik ist aber nicht Gegenstand dieser Arbeit.

Die weitere Skalierung verschärft die aktuellen Probleme bezüglich der zunehmenden Kurzkanaleffekte und der erhöhten Leckströme [189], während gleichzeitig der zunehmende Einfluss parasitärer Widerstände und Kapazitäten die erreichbaren Drainströme im Ein-Zustand begrenzt [16], [190]. Die Diskussion dieser Problematik würde den Umfang dieser Arbeit überschreiten, so dass hier der Schwerpunkt bezüglich der Skalierung auf die veränderte Bauelementegeometrie und der daraus resultierenden Wirkung auf die stark topographieabhängigen Verspannungstechniken liegt. Demzufolge sind hier nur die relativen Drainstromänderungen aufgrund der jeweils untersuchten Verspannungstechnik und nicht die absoluten Drainströme einer Technologie von Interesse.

Durch die ständige Weiterentwicklung der Transistortechnologie ist die Transistorstruktur beim Übergang von einer Technologie in die nächste, und auch innerhalb einer Technologiegeneration, zum Teil starken Änderungen unterworfen. Ein wesentlicher Unterschied ist der Übergang von der so genannten Triple-Spacer-Architektur mit insgesamt drei Spacern in den 90 nm- und 65 nm-Technologien zu der Architektur mit nur zwei Spacern in der 45 nm-Technologie und darunter. Andere Aspekte sind beispielsweise Verbesserungen in der Abscheidetechnik, die es ermöglichen, stärker verspannte Schichten zu erzeugen.

Anhand der TEM-Aufnahmen der einzelnen Transistoren (Bild 5.43) sind die Unterschiede für die verschiedenen Technologien gut erkennbar. Neben der verringerten Gatehöhe ist vor allem die Dicke der Deckschicht stark reduziert worden (Tabelle 5.1). Die SOI-Filmdicke wurde seit der Einführung der SOI-Technik in der 90 nm-Technologie nicht verringert, was in erster Näherung aber keine Auswirkungen auf die Verspannungstechniken hat. Der Schlüsselparameter für die Skalierung ist aber der Pitch, d.h. der Mitte-Mitte-Abstand zweier benachbarter Gates. Dieser wird von Generation zu Generation um einen konstanten Faktor 0.7 verkleinert, so dass sich die beanspruchte Fläche eines Transistors/Schaltkreises halbiert. Die damit einhergehende Verdoppelung der Transistordichte, die entsprechende Funktionalitätssteigerung der Schaltkreise sowie die Verringerung der Herstellungskosten pro Transistor geschieht allerdings meist auf Kosten der Effektivität der Verspannungstechniken, wie nun zuerst für die verspannten Deckschichten gezeigt werden soll.

Kapitel 5 – Theoretische und experimentelle Ergebnisse

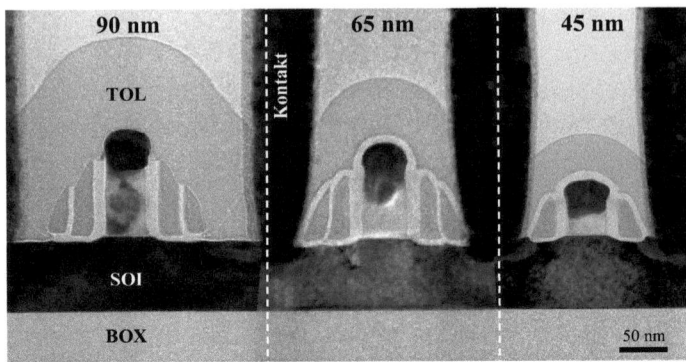

Bild 5.43: Vergleich der Transistorstruktur (n-MOSFET) für die 90 nm-, 65 nm- und 45 nm-Technologie von AMD/GLOBALFOUNDRIES [176].

Tabelle 5.1: Ausgewählte technologische Kenngrößen der verschiedenen Transistor-Technologien in Bezug auf die Verspannungstechniken. Die Parameter P, H und T werden im nachfolgenden Abschnitt 5.2 verwendet und erklärt. Werte in Klammern sind geschätzte Werte als Grundlage für die Simulation.

		90 nm	65 nm	45 nm	32 nm	22 nm
Architektur		3-Spacer	3-Spacer	2-Spacer	2-Spacer	2-Spacer
Gatestapel		Poly/SiON	Poly/SiON	Poly/SiON	Metall/high-k	Metall/high-k
Gatelänge L_G (nm)		48	42	38	30...35	20...30
Gateweite W_G (nm)		4500	3000	2000	1500	1000
Polygate-Höhe h_{Gate} (nm)		120	120	80...100	40...60	40...60
Pitch (nm)		405	270	190	130	90
Spacer-Länge L_{Sp} (nm)		60	56	38	30	25
Filmverspan-	TOL	1.0	0.9	1.33	1.67	(1.83)
nung σ_{Film} (a.u.)	COL	−1.0	−1.28	−1.4	−1.4	(−1.4)
Filmdicke t_{Film} (nm)		110	60	35	25	(20)
Abstand zum Gate P (nm)		18	10	8	8	(8)
Füllhöhe H (nm)		0	10	10	10	(10)
Tiefe T (nm)		50	60	50	50	(50)

Bild 5.44 stellt die Skalierungstrends für die Kenngrößen Pitch und Gatelänge nochmals grafisch dar. Die kontinuierliche Verkleinerung des Pitchs entspricht dabei der idealen 0.7x-Skalierung, während die Gatelänge eine langsamere Reduzierung erfährt und erst die Einführung der high-k-Gateoxide / Metall-Gates in der 32 nm-Technologie wieder eine aggressivere Skalierung ermöglicht.

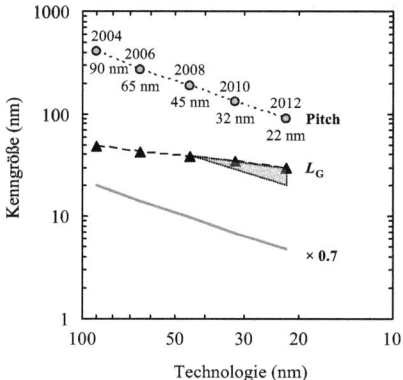

Bild 5.44: Skalierungstrends ausgewählter Kenngrößen für verschiedene Technologiegenerationen von AMD/GLOBAL-FOUNDRIES.

B) Zugverspannte Deckschicht

Bild 5.45 zeigt die experimentell beobachtete n-MOSFET-Drainstromänderung aufgrund eines TOLs für die 90 nm- bis hinunter zur 45 nm-Technologie. Dabei wird zwischen zwei Szenarien unterschieden. Im ersten Fall werden die jeweils in Produktion verwendeten Filme verglichen (blaue Kurve) und im zweiten Fall werden die Filmeigenschaften (Dicke und Verspannung) für die verschiedenen Technologien konstant gehalten (schwarze Kurve).

Für den ersten Fall erkennt man, dass der TOL für kleinere Technologien leicht an Effektivität verliert. Hier überlagern sich mehrere Effekte:

1) Die Filmdicke wurde von der 90 nm- zur 45 nm-Technologie fast um den Faktor 4 reduziert. Dies ist notwendig, da die stark inhomogene Topographie sonst zu Problemen bei der Prozesskontrolle nachfolgender Prozessschritte führt. Gleichzeitig beobachtet man für dickere Filme in der 65 nm- und 45 nm-Technologie keine weitere Verbesserung, so dass im Gegensatz zur 90 nm-Technologie, bei der der Drainstrom linear ansteigt, keine Notwendigkeit besteht, größere Filmdicken zu verwenden (Bild 5.46).

2) Die intrinsische Filmverspannung wurde aufgrund von Fortschritten in der Abscheidetechnik von 0.9 GPa auf 1.2 GPa erhöht, was den Verlust durch die geringere Filmdicke teilweise kompensiert.

3) Wesentlicher ist aber, dass sich die Deckschicht aufgrund der reduzierten Spacer-Länge deutlich näher am Kanal befindet und somit die Verspannungsübertragung in den Kanal für die 45 nm-Technologie erhöht ist (vgl. auch Bild 5.26 bzw. Bild 5.41). Dies wird auch aus der schwarzen Kurve in Bild 5.45 deutlich, da ein identischer TOL allein durch die unterschiedliche Transistorgeometrie unterschiedlich effektiv ist.

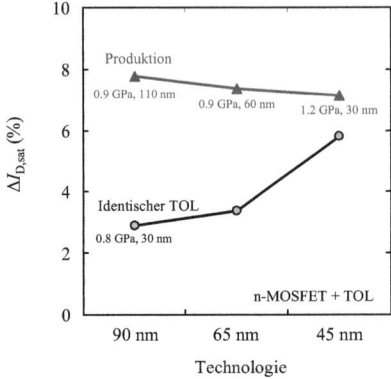
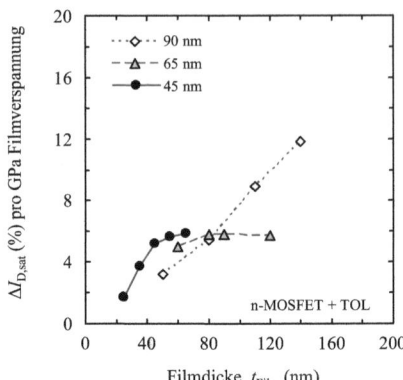

Bild 5.45: Gemessene n-MOSFET-Drainstromänderung aufgrund eines TOLs für verschiedene Technologiegenerationen.

Bild 5.46: Gemessene n-MOSFET-Drainstromänderung aufgrund eines TOLs für verschiedene Technologiegenerationen in Abhängigkeit von der Filmdicke.

Beiden Ansätzen, höhere intrinsische Filmverspannung und verringerte Spacerlänge, sind technologische Grenzen gesetzt, so dass auf diesem Gebiet kaum weitere Fortschritte zu erwarten sind. Gleichzeitig tritt in zukünftigen Technologien ein anderes Problem in den Vordergrund. Wie man aus Bild 5.44 bereits sieht, wird die Gatelänge nicht in dem gleichen Maße skaliert wie der Pitch, so dass die Fläche des Aktivgebiets überproportional abnimmt. Somit ist auch weniger Platz für die verspannten Deckschichten vorhanden, was deren Effektivität verringert, was bereits in den Bildern 5.24, 5.25 bzw. 5.38 mit Hilfe der Simulation gezeigt ist. Dies ist auch durch Experimente belegbar (Bild 5.47). Hier wurde zum Zwecke einer besseren Vergleichbarkeit eine spezielle Teststruktur entwickelt und in der 45 nm-Technologie realisiert, bei der alle anderen Strukturparameter bis auf den Pitch unverändert blieben. Auch wenn die Absolutwerte in der Simulation besonders für große Pitch-Werte deutlich größer sind, so wird der Trend des rapiden Abfalls zu kleineren Werten hin ebenfalls beobachtet. Dabei wird auch aus Bild 5.48 deutlich, dass durch die Skalierung vor allem die laterale Verspannungskomponente σ_{xx} stark abnimmt, welche durch den TOL auf den Aktivgebieten bestimmt wird. Die auftretende Drainstromerhöhung wird in der 45 nm-Technologie und darunter allein durch die vertikale Druckverspannung hervorgerufen, da der TOL auf den Spacern mehr oder weniger unverändert wirken kann. Der Sprung der Kurven in Bild 5.48 bei der 65 nm-Technologie wird durch den Übergang von der 3-Spacer- zur 2-Spacer-Architektur verursacht, wodurch mehr Aktivfläche vorhanden ist und wieder eine σ_{xx}-Komponente auftritt. Doch bereits für die 45 nm-Technologie ist dieser Vorteil erneut verschwunden.

5.1 Verspannte Deckschichten

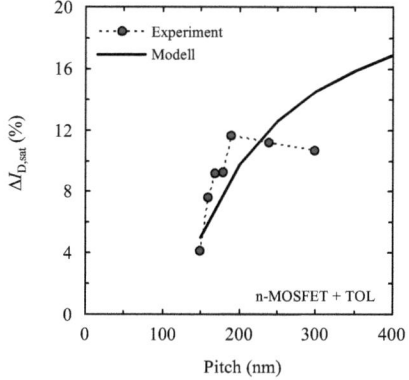

Bild 5.47: Drainstromänderung beim n-MOSFET mit TOL in Abhängigkeit vom Pitch für das Experiment (Symbole) und für die Simulation nach Gleichung (5.14) (Volllinie).

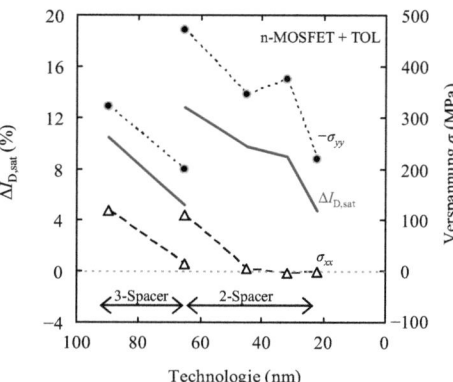

Bild 5.48: Simulierte Verspannung (Symbole) und die entsprechende Drainstromänderung (Volllinien) beim n-MOSFET mit TOL in Abhängigkeit von der Technologiegeneration (nach Tabelle 5.1).

C) Druckverspannte Deckschicht

Analog treten beim p-MOSFET die gleichen Tendenzen für die Drainstromerhöhung in Abhängigkeit von der Technologiegeneration wie beim n-MOSFET auf: Der COL kann bei kleineren Technologien das Kanalgebiet effektiver verspannen (schwarze Kurve, Bild 5.49), die Drainstromerhöhung der in Produktion verwendeten COLs wird aber durch die Filmdickenabnahme deutlich reduziert (orange-farbene Kurve, Bild 5.49). Auch hier ist, wenn auch nicht so stark ausgeprägt, das Sättigungsverhalten mit steigender Filmdicke für die 65 nm- und 45 nm-Technologie zu verzeichnen (Bild 5.50). Dies liegt darin begründet, dass vor allem die y-Komponente des Verspannungstensors durch eine Filmdickenvariation verändert wird (vgl. Bild 5.36), auf die die Löcherbeweglichkeit nicht annähernd so stark reagiert wie die Elektronenbeweglichkeit. Für dünne Filme ist der COL in der 45 nm-Technologie am effektivsten. Für dicke Filme kann der COL in der 90 nm-Technologie aufgrund des mehr oder weniger linearen Zusammenhangs zwischen Filmdicke und Kanalverspannung eine größere Drainstromänderung bewirken.

Kapitel 5 – Theoretische und experimentelle Ergebnisse

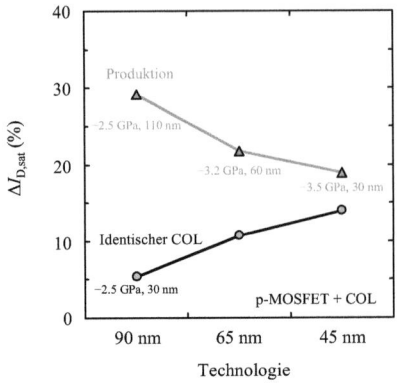

Bild 5.49: Gemessene p-MOSFET-Drainstromänderung aufgrund eines COLs für verschiedene Technologiegenerationen.

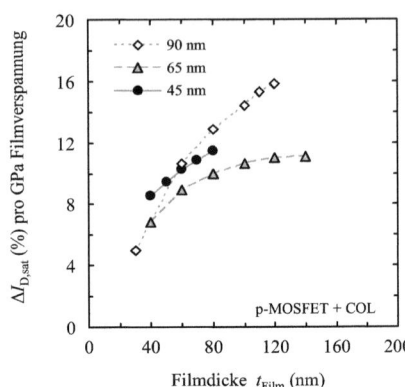

Bild 5.50: Gemessene p-MOSFET-Drainstromänderung aufgrund eines COLs für verschiedene Technologiegenerationen in Abhängigkeit von der Filmdicke.

Der p-MOSFET zeigt eine stärkere Abhängigkeit vom Pitch (Bild 5.51) mit einem gravierenden Rückgang der Drainstromerhöhung für Werte von weniger als 200 nm. Dies ist auf die starke Sensitivität der Löcherbeweglichkeit auf eine laterale Verspannung im Vergleich zum n-MOSFET zurückzuführen (vgl. auch piezoresistives Modell in Bild 2.10), die vor allem durch eine Pitch-Änderung beeinflusst wird. Für die 45 nm-Technologie und darunter ist die laterale Verspannungskomponente vernachlässigbar klein, so dass die geringe Sensitivität der Löcherbeweglichkeit auf die einzig vorhandene Verspannungskomponente σ_{yy} ausschlaggebend für den rapiden Rückgang der Drainstromerhöhung ist (Bild 5.52).

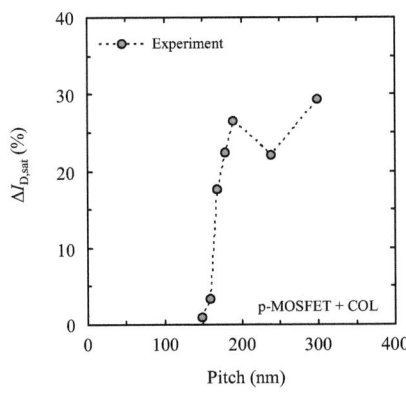

Bild 5.51: Gemessene Drainstromänderung beim p-MOSFET mit COL in Abhängigkeit vom Pitch.

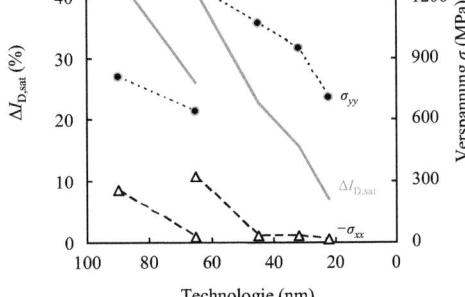

Bild 5.52: Simulierte Verspannung (Symbole) und die entsprechende Drainstromänderung (Volllinien) beim p-MOSFET mit COL in Abhängigkeit von der Technologiegeneration (s. Tabelle 5.1).

D) Weitere Einflüsse

Die Simulationen für die 32 nm- und 22 nm-Technologien sind unter der Annahme der Strukturparameter aus Tabelle 5.1 vorgenommen worden. Dabei wurde allerdings nicht berücksichtigt, dass durch den high-k-Metall-Gate-Prozess signifikante Änderungen im Prozessablauf erforderlich sind. In [191] wird gezeigt, dass sich das mechanische Gleichgewicht im Transistor durch das Entfernen des Poly-Gates (welches anschließend durch Metall ersetzt wird) erheblich ändert. Die nun fehlende Gegenkraft des Gates führt zu einer Verdopplung der durch eine verspannte Deckschicht hervorgerufenen lateralen Verspannung. Aber auch in diesem Fall besteht nach wie vor eine starke Abhängigkeit der lateralen Verspannung von der Aktivgebietsfläche. Ist die Aktivgebietsfläche zu klein, kann sich keine laterale Verspannung ausbilden und der „Verstärkungseffekt" bleibt wirkungslos. Gleichzeitig verschwindet durch die Entfernung des Gates die wichtige vertikale Verspannung, wodurch die verspannten Deckschichten in solchen high-k-Metall-Gate-Transistoren stark an Effektivität verlieren.

Ein weiterer Aspekt sind die parasitären Kapazitäten, die bei den hier gemachten statischen Untersuchungen keine Rolle spielen und erst beim dynamischen Verhalten relevant sind. So können durch eine Verringerung der Gatehöhe die parasitären Kapazitäten zwischen dem Gate und den Kontakten erheblich reduziert werden [192]. Dies führt bei konstanten Strömen zu einer entsprechende Steigerung der dynamischen Leistungsfähigkeit, da während des Schaltvorgangs geringere Kapazitäten umgeladen werden müssen. Materialien mit geringerer Permittivität können die parasitären Kapazitäten ebenfalls weiter verringern. So kann beispielsweise das Nitrid-Spacer-Material durch Oxid ersetzt und die Permittivität entsprechend von 7.5 auf 3.9 reduziert werden. Die Vorteile der geringeren Kapazität erkauft man sich in diesem Fall durch eine schlechtere Verspannungsübertragung der Deckschichten aufgrund des elastischeren Oxids. Hier muss letztendlich ein Kompromiss gefunden werden, wobei aber Berechnungen zeigen, dass die Vorteile in der dynamischen Leistungsfähigkeit durch eine verringerte parasitäre Kapazität stärker sind als eine Erhöhung der Verspannung und damit der Ladungsträgerbeweglichkeit [190]. Das Weglassen der Deckschicht selbst wäre ein weiterer logischer Schritt, da er durch seine hohe Permittivität ebenfalls die parasitären Kapazitäten erhöht. Dies ist allerdings aus prozesstechnischen Gründen nicht machbar, da die Deckschicht gleichzeitig als Stoppschicht für das Kontaktlochätzen dient.

5.1.7 Zusammenfassung

Verspannte Deckschichten erzeugen aufgrund ihrer mechanischen Wechselwirkungen mit der Transistorstruktur, d.h. mit dem Gate, den Spacern und den Source/Drain-Gebieten, eine Verspannung im Kanal. Diese besteht aus zwei dominanten Komponenten, eine in lateraler Richtung, d.h. parallel zur Stromflussrichtung, und eine vertikal dazu mit entgegen gesetztem Vorzeichen. So ist beispielsweise die Verspannung in einem Kurzkanaltransistor mit TOL lateral zugverspannt und vertikal druckverspannt und entsprechend für n-MOSFETs geeignet. Der p-MOSFET nutzt den COL, wodurch eine zum TOL komplementäre Verspannung entsteht. Die laterale Verspannung wird vorwiegend durch den Anteil des TOLs auf den Source/Drain-Gebieten hervorgerufen, während die vertikale Verspannung hauptsächlich durch den Anteil auf den Spacerflanken bedingt ist. Die starke Abhängigkeit der Kanalverspannung und damit der Beweglichkeits- bzw. Drainstromänderung von der Transistor-Topographie und von den Parametern der Deckschicht kann vereinfacht mit Hilfe eines analytischen Modells nach Gleichung (5.18) erfasst werden. Numerische Simulationen zeigen weiterhin, dass diese Verspannungstechnik in kleineren Technologiegenerationen stark an Effektivität verliert, da der Source/Drain-Bereich zur Einkopplung der Verspannung verringert ist. Zusätzlich reduziert der parasitäre Source/Drain-Widerstand den Drainstromgewinn durch die Verspannung, da dessen Anteil am Gesamtwiderstand mit einer weiteren Reduzierung der Gatelänge stetig steigt.

5.2 Silizium-Germanium Source/Drain-Gebiete

Die Eigenschaften von Silizium, z.B. die Bandlücke, können durch den Einbau von Germanium gezielt modifiziert werden. Dies erweitert das Potenzial der konventionellen Silizium-Technologie und ermöglicht eine Anwendung in einem breiten Bereich elektronischer Bauelemente. Obwohl Silizium und Germanium chemisch kompatibel sind, besteht doch ein Unterschied zwischen den Gitterkonstanten dieser beiden Elemente. Beim Wachstum einer Silizium-Germanium-Legierung (SiGe) auf Silizium passt sich das SiGe der Gitterkonstante des Siliziumsubstrats an und ist komprimiert. Diese Gitterdeformation nutzt man, um die elektronischen Eigenschaften des Films bzw. der angrenzenden Gebiete, z.B. den Kanalbereich eines MOSFETs, zu verändern.

Zuerst werden die elektronischen Eigenschaften des Materialsystems SiGe betrachtet, um dann die Verspannung in einfachen Teststrukturen bzw. im Transistor zu analysieren. Die veränderten elektrischen Eigenschaften der mit SiGe verspannten Transistoren, deren Abhängigkeit von geometrischen Parametern sowie das Skalierungsverhalten dieser Verspannungstechnik werden ebenfalls diskutiert.

5.2.1 Materialsystem Silizium-Germanium

Die beiden Halbleiter Silizium und Germanium sind aufgrund der identischen Kristallstruktur (Diamantgitter) in allen Verhältnissen miteinander mischbar. Da die Gitterkonstante von Germanium gegenüber der von Silizium um 4.2% abweicht (Tabelle 5.2), kommt es zu erheblichen Kristalldeformationen beim Wachstum von SiGe auf einem Siliziumsubstrat. Der SiGe-Film steht unter Druckverspannung und speichert eine große Menge elastischer Deformationsenergie, da die Bindungen zwischen den Atomen im Film im Vergleich zu ihrem unverspannten Zustand stark gestreckt oder gestaucht sind. Mit zunehmender Dicke nimmt diese Energie zu und jenseits einer bestimmten Dicke, der so genannten kritischen Schichtdicke, ist es energetisch günstiger, diese Energie durch die Bildung von Fehlversetzungen zu reduzieren. Dadurch relaxiert der Film und die Gitterkonstante nimmt wieder ihren ursprünglichen unverspannten Wert an. Die kritische Schichtdicke ist stark von den Wachstumsbedingungen und der Wachstumsrate abhängig. Es existiert ein großer metastabiler Bereich, in dem es potenziell zu Versetzungsbildung kommen kann, in der Praxis aber keine Relaxationserscheinungen beobachtet werden. Dieser Bereich liegt bei den hier untersuchten $Si_{0.77}Ge_{0.23}$-Schichten zwischen 10 nm und 200 nm [193], [194].

Die Bandstruktur von SiGe ist für Germaniumkonzentrationen von weniger als 85% der von Silizium ähnlich und ähnelt für noch größere Werte der des Germaniums. Bei der Betrachtung der Bandkanten in Abhängigkeit von der Germaniumkonzentration (Bild 5.53) erkennt man, dass die verringerte Bandlücke von SiGe im Vergleich zu Silizium vor allem durch die Verschiebung der Valenzbänder verursacht wird, da das Leitungsband nur sehr geringe Änderungen erfährt. Die Druckverspannung trägt zusätzlich zu einer Verringerung der Bandlücke bei (Bild 5.54), wobei die in der Literatur angegebenen Daten leicht streuen.

Die Löcherbeweglichkeit im Germanium ist rund viermal so groß wie die im Silizium (Tabelle 5.2). Im SiGe wird die Ladungsträgerbeweglichkeit stark von der Legierungsstreuung beeinflusst. Während für Silizium und Germanium eine Vielzahl an experimentellen sowie theoretischen Daten und entsprechend akkurate Beweglichkeitsmodelle verfügbar sind, streuen die wenigen Daten für SiGe noch stark. Dies liegt in den technologischen Problemen begründet, solche Schichten über den gesamten Legierungsbereich hinweg in hoher Qualität zu erzeugen, so dass meist auf theoretische Modelle zurückgegriffen wird. Während Berechnungen in [104] zeigen, dass die Elektronen- und Löcherbeweglichkeiten im unverspannten SiGe stets unter der Grundbeweglichkeit von Silizium liegen (außer für sehr hohe Germaniumkonzentrationen, $x > 80\%$), ist für den verspannten Fall bereits für Germaniumkonzentrationen von mehr als ca. 30% eine Erhöhung der Löcherbeweglichkeit vorhanden. Die Elektronenbeweglichkeit ist stets verringert, da eine biaxiale Druckverspannung zwar die Löcherbeweglichkeit erhöht, aber die Elektronenbeweglichkeit verringert. Die Ergebnisse in [195] dagegen zeigen stets (unverspannt und verspannt) eine Erhöhung der Löcherbeweglichkeit im SiGe und entsprechend wurde die Legierungsstreuung als gering bezeichnet. Diese Ungenauigkeiten spielen aber hier nur eine untergeordnete Rolle, da SiGe nicht als Kanalmaterial Anwendung findet, wo die Beweglichkeit der entscheidende Faktor ist, sondern als Verspannungsquelle in den Source/Drain-Gebieten, deren elektrische Leitfähigkeit vor allem durch die hohe Ladungsträgerdichte und die geometrischen Abmessungen bestimmt wird, und weniger durch die Ladungsträgerbeweglichkeit.

In Tabelle 5.2 sind neben den bereits betrachteten Eigenschaften noch weitere mechanische, elektronische, optische und thermische Materialparameter der Elementhalbleiter Silizium und Germanium (sowie Kohlenstoff) gegenübergestellt.

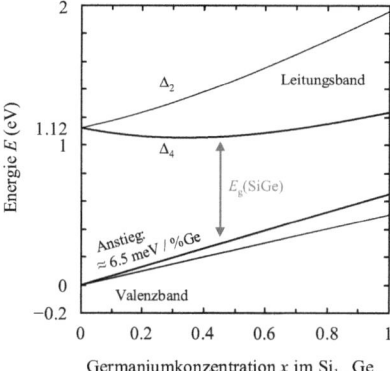

Bild 5.53: Änderung der Energiebänder von verspanntem SiGe, welches pseudomorph auf einem (001)-Silizium-Substrat aufgewachsen wurde, nach [196].

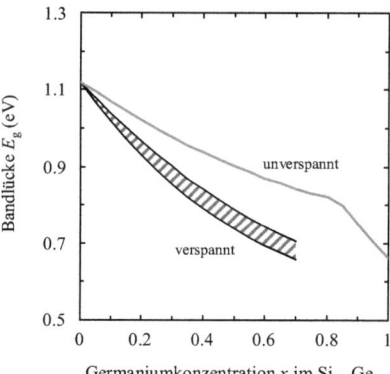

Bild 5.54: Bandlücke von unverspannten und verspanntem SiGe in Abhängigkeit von der Germaniumkonzentration, nach [194], [196] und [197].

Tabelle 5.2: Materialparameter der Elemente C (als Diamant), Si und Ge bei Raumtemperatur nach [193], [194], [198], und [199].

Parameter	Kohlenstoff – C	Silizium – Si	Germanium – Ge
Relative Atommasse	12.011	28.086	72.590
Massenanteil in Erdhülle (Stelle der Elementhäufigkeiten)	0.09% (13.)	25.8% (2.)	$6 \cdot 10^{-14}$% (46.)
Jahr der Entdeckung	ca. 5000 v. Chr.	1824	1886
Dichte ρ (g·cm^{-3})	3.515	2.329	5.323
Atomdichte (cm^{-3})	$17.64 \cdot 10^{22}$	$4.99 \cdot 10^{22}$	$4.42 \cdot 10^{22}$
Schmelzpunkt (°C)	3550	1412	938
Siedepunkt (°C)	4827	2355	2830
Gitterkonstante (nm) (Abweichung zu Si)	3.56683 (−34%)	5.43095	5.657906 (+4.17%)
Kovalenter Atomradius (pm)	77	117	123
Elektronenaffinität (eV)	−1.3	4.05	4.00
Bandabstand E_g (eV) – indirekt	5.47	1.12	0.66
Effektive Zustandsdichte N_V (cm^{-3})	$1 \cdot 10^{19}$	$3.1 \cdot 10^{19}$	$0.61 \cdot 10^{19}$
Effektive Zustandsdichte N_C (cm^{-3})	$1 \cdot 10^{20}$	$2.92 \cdot 10^{19}$	$1.04 \cdot 10^{19}$
Eigenleitungsdichte n_i (cm^{-3})	$1 \cdot 10^{-27}$	$1.02 \cdot 10^{10}$	$2.33 \cdot 10^{13}$
Elektronenbeweglichkeit μ_n (cm^2·V^{-1}·s^{-1})	1800...4500	1350...1500	3900
Löcherbeweglichkeit μ_p (cm^2·V^{-1}·s^{-1})	1500...3800	450...480	1900
Spezifischer Widerstand ρ (Ω·m)	10^{14} (Isolator)	640 (Halbleiter)	0.46 (Halbleiter)
Durchbruchsfeldstärke (V·cm^{-1})	10^6...10^7	$3 \cdot 10^5$	$1 \cdot 10^5$
Dielektrizitätskonstante ε_r	5.7	11.9	16.2
Long. effektive Elektronenmasse m_l^* (m_0)	1.4 (@ 85 K)	0.9163	1.58
Trans. effektive Elektronenmasse m_t^* (m_0)	0.36	0.1905	0.081
Effektive Löchermasse m_{hh}^* (m_0)	1.08	0.537	0.33
Effektive Löchermasse m_{lh}^* (m_0)	0.36	0.153	0.043
Therm. Ausdehnungskoeffizient α (K^{-1})	$1.05 \cdot 10^{-6}$	$2.6 \cdot 10^{-6}$	$5.7 \cdot 10^{-6}$
Thermische Leitfähigkeit (W·m^{-1}·K^{-1})	900...2500	146...148	59.9...63
Poissonzahl ν (<100> und <110>)	0.1 / -	0.279 / 0.04	0.26 / -
Elastizitätskonstanten (c_{ij} in GPa und s_{ij} in 10^{-12} Pa^{-1})	$c_{11} = 1076.4$ $c_{12} = 125.2$ $c_{44} = 577.4$ $s_{11} = 1.1$ $s_{12} = -1.51$ $s_{44} = 1.92$	$c_{11} = 165.77$ $c_{12} = 63.93$ $c_{44} = 79.62$ $s_{11} = 7.67$ $s_{12} = -2.13$ $s_{44} = 12.6$	$c_{11} = 126$ $c_{12} = 44$ $c_{44} = 67.7$ $s_{11} = 9.69$ $s_{12} = -2.50$ $s_{44} = 14.8$
Elastizitätsmodul E (GPa)	$E_{<100>} = 1050$	$E_{<100>} = 130$ $E_{<110>} = 169$ $E_{<111>} = 187$	$E_{<100>} = 103$ $E_{<110>} = 137$ $E_{<111>} = 154$

5.2.2 Verspannung in einfachen SiGe-Strukturen

Auf einem Siliziumsubstrat gewachsene 50 nm dicke $Si_{0.77}Ge_{0.23}$-Schichten sind biaxial druckverspannt (ca. -1.45 GPa, Bild 5.55). Dieser aus Waferverbiegungsdaten ermittelte Wert liegt nahe bei den theoretischen Werten aus Abschnitt 4.3.4 (-1.51 GPa). Für höhere Germaniumkonzentrationen ist die Verspannung entsprechend höher (bei $x = 27\%$ ist $\sigma_{biax} \approx -1.8$ GPa). In der CMOS-Herstellung wird eine Vielzahl von Implantationsschritten verwendet, die zum Teil starke Kristallschäden verursachen. Deren Einfluss auf die mechanische Stabilität der SiGe-Schichten wird in einem vereinfachten Ablauf aus Implantationen und Ausheilungen nachgebildet. Eine Prä-Amorphisierungsimplantation (PAI, z.B. mit Si oder Ge) führt zu einer fast vollständigen Relaxation der Verspannung in der SiGe-Schicht. Eine nachfolgende Ausheilung (~1050 °C, für wenige Sekunden) führt zur Rekristallisation der SiGe-Schicht, die nun erneut verspannt ist und etwa 90% des ursprünglichen Verspannungswertes erreicht. Die noch bestehende Differenz zum ursprünglichen Wert wird vermutlich durch Kristalldefekte verursacht, die während der PAI an der Grenzfläche zum kristallinen Material erzeugt werden und damit eine fehlerhafte Ausgangsbasis für die Rekristallisation darstellt.

Der Einfluss des Bors (als p-Typ-Dotand im p-MOSFET) auf die Verspannung im SiGe ist in Bild 5.56 dargestellt. Die Implantationsbedingungen entsprechen den üblichen Parametern für die Implantation der Erweiterungs- und Source/Drain-Gebiete gefolgt von der konventionellen Ausheilung bei rund 1050 °C für wenige Sekunden. Aus den Ergebnissen in Bild 5.56 lässt sich feststellen, dass die dotierte Region eine zusätzliche Zugverspannung aufweist, die der Druckverspannung im SiGe entgegenwirkt. Dies ist verständlich, da Bor mit seinem kleineren Atomradius im Vergleich zu Silizium, den Effekt des Germaniums mit seinem größeren Atomradius kompensiert. Die Bordotierung im $Si_{0.77}Ge_{0.23}$ erzeugt in diesem Fall eine Verspannung wie in undotiertem $Si_{0.84}Ge_{0.16}$ und führt damit zu einer Reduzierung der Verspannung um 30%.

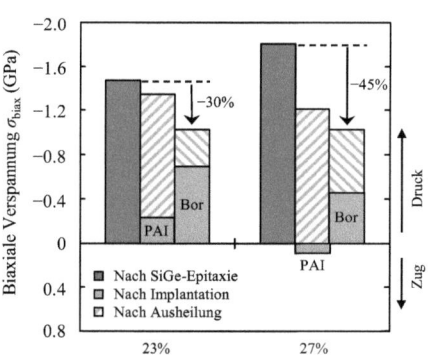

Bild 5.55: Verspannung im SiGe-Film, basierend auf experimentellen Daten mit Hilfe der Waferverbiegungsmessung.

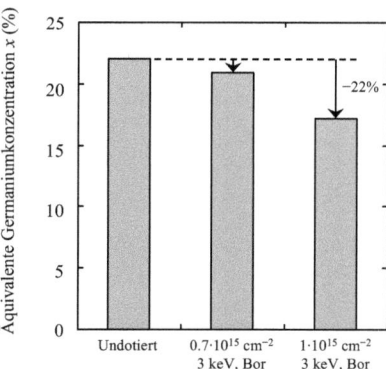

Bild 5.56: Äquivalente Germaniumkonzentration in bordotiertem SiGe, ermittelt aus XRD-Messungen, welche die effektive Gitterkonstante des Mischkristalls bestimmt.

Die Verspannungskompensation durch das Bor ist auch mit Hilfe der Röntgenbeugungsmessung (XRD) nachweisbar. Bei dieser Messung wird die „effektive" Gitterkonstante des Kristalls bestimmt. Da alle drei Proben in Bild 5.56 die gleiche Germaniumkonzentration $x = 0.23$ haben, kann aus den Werten der effektiven Gitterkonstante auf eine neue äquivalente Germaniumkonzentration des SiGe-Films und somit auf die Verspannungskompensation durch das Bor geschlussfolgert werden. Für höhere Implantationsdosen nimmt die äquivalente Germaniumkonzentration ab und beträgt beispielsweise für die höchste Bor-Konzentration nur noch $x \approx 0.17$ in guter Übereinstimmung mit den Waferverbiegungsmessungen.

Mit Hilfe einer speziell entwickelten Teststruktur, in der einzelne SiGe-Regionen in das Siliziumsubstrat eingebettet sind, ist es möglich, die Verspannung in benachbarten Silizium-Regionen zu untersuchen (Bild 5.57). Ergebnisse der Raman-Spektroskopie bestätigen die Druckverspannung in den SiGe-Regionen und zeigen weiterhin, dass auch das dazwischen liegende Silizium in der Ebene druckverspannt ist. Die Verspannung ist nicht konstant, sondern an den Grenzflächen zum SiGe um fast 50% größer als die Verspannungswerte in der Mitte zwischen zwei SiGe-Regionen. Für kleinere Abmessungen der SiGe-Regionen verringert sich sowohl die Verspannung im SiGe als auch im Silizium. Das sich unter den SiGe-Regionen befindende Silizium ist dagegen zugverspannt. Die vergleichsweise geringen Verspannungswerte für Silizium sind durch die große Eindringtiefe der Raman-Spektroskopie bedingt, die auch die mehr oder weniger unverspannten Regionen in großer Tiefe des Substrats in die Mittelwertberechnung einbezieht.

Für Strukturabmessungen von weniger als 500 nm erreicht die Messmethode die Grenzen ihrer lateralen Auflösung, so dass die Verspannungswerte der beiden kleinsten SiGe-Regionen kritisch betrachtet werden müssen.

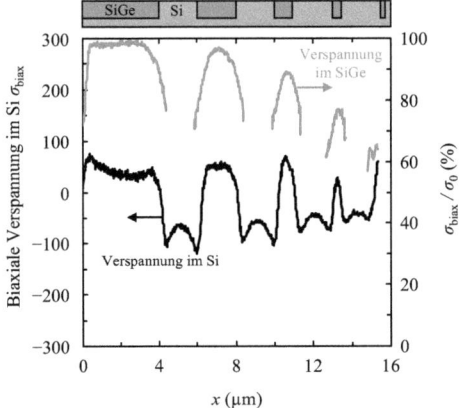

Bild 5.57:
Verspannung in einer SiGe/Si-Struktur, ermittelt mit Hilfe der Raman-Spektroskopie. Die Verspannung im SiGe wurde auf die Verspannung in einer sehr großen SiGe-Region normiert (ca. −1.5 GPa).

5.2.3 Verspannungsgeneration im Transistor und elektrische Auswirkungen

Nachdem bisher gezeigt wurde, dass die erzeugten SiGe-Schichten verspannt sind und diese Verspannung auch in das benachbarte Silizium übertragen wird, soll untersucht werden, wie sich solche SiGe-Schichten in einem Transistor, d.h. in den Source/Drain-Gebieten, verhalten.

Die Integration der SiGe-S/D-Gebiete als Verspannungstechnik erfolgt direkt nach der Gatestrukturierung (Bild 5.58). Nach der Erzeugung eines temporären Nitrid-Spacers zur Festlegung des Abstands P der zukünftigen SiGe-S/D-Gebiete vom Gate ($P = 15$ nm, wenn nicht anders angegeben) werden die Source/

5.2 Silizium-Germanium Source/Drain-Gebiete

Drain-Gebiete bis zu einer Tiefe von $T = 50$ nm herausgeätzt. Direkt anschließend werden diese Regionen mit undotiertem SiGe ($x = 0.23$) gefüllt, wobei meist eine leichte Überfüllung von $H = 10$ nm angestrebt wird. Der Epitaxieprozess muss selektiv sein, d.h. das SiGe soll nur auf freien Siliziumoberflächen aufwachsen, während es zu keinem Wachstum auf anderen Materialien kommen darf. Sowohl das Gate als auch der gesamte n-MOSFET mit seinen Aktivgebieten sind durch einen Nitridfilm eingekapselt, so dass nur in den freien Aktivgebieten des p-MOSFETs SiGe aufwächst. Im letzten Schritt wird der temporäre Nitrid-Spacer sowie der Nitridfilm über dem n-MOSFET entfernt. Der nachfolgende Prozessablauf ist unverändert.

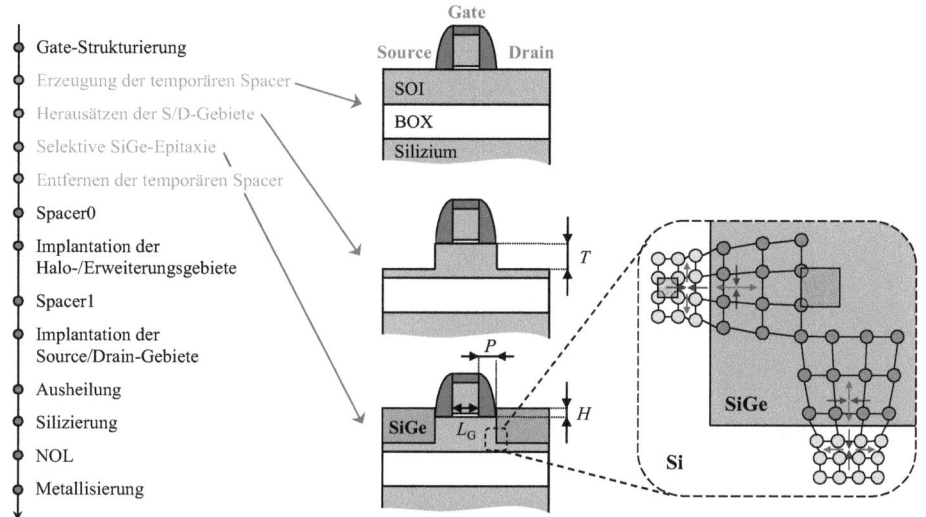

Bild 5.58: Prozessintegration der SiGe-S/D-Gebiete in den Herstellungsprozess und schematische Darstellung der Gitterdeformation an der Si/SiGe-Grenzfläche.

A) Verspannungsgeneration

In der Simulation werden die mechanischen Parameter von SiGe (z.B. der Elastizitätsmodul E und die Poissonzahl v) abhängig von der Legierungskomposition aus einer linearen Interpolation zwischen den Werten von Silizium und Germanium bestimmt. Bild 5.59a zeigt die laterale und vertikale Deformationskomponente in einem MOSFET mit SiGe-S/D-Gebieten. Unter der Annahme, dass die $Si_{0.77}Ge_{0.23}$-Gebiete vollständig verspannt sind, um sich der Gitterkonstante des darunterliegenden Substrates anzupassen, ergibt sich eine resultierende laterale Deformation von $\varepsilon_{xx} = -1.0\%$, d.h. sie sind lateral druckverspannt. Gleichzeitig sollte das Substrat unverspannt sein. Tatsächlich sind die SiGe-Regionen teilweise relaxiert, wie in Bild 5.59a erkennbar ist. Das Siliziumsubstrat unter den SiGe-Gebieten ist verspannt, da es teilweise nachgibt und sich an die größere Gitterkonstante des darüberliegenden SiGe anpasst [200]. Entsprechend Bild 5.58 sind die Regionen auf beiden Seiten der Grenzfläche komplementär deformiert. Die Relaxation der SiGe-Gebiete nimmt zur Oberfläche hin zu. Die teilweise relaxierten SiGe-Regionen drücken das dazwischen liegende Kanalgebiet lateral zusammen. Diese Stauchungen erstrecken sich durch den gesamten Kanal und sind in der Nähe der SiGe-Gebiete größer als im Zentrum, was mit den Ergebnissen aus Bild 5.57

übereinstimmt. Direkt an der Oberfläche, wo der Ladungstransport stattfindet, ist die Deformation geringer als in 15 nm Tiefe. Das Gate widersetzt sich aufgrund seiner eigenen mechanischen Steifigkeit einer Stauchung des darunterliegenden Kanalgebiets, so dass die Deformation im Kanal geringer ist als für den Fall einer freien Oberfläche.

In der Nähe der vertikalen Heteroübergänge versucht das SiGe-Gitter das Siliziumgitter vertikal zu dehnen, d.h. es ist zugverspannt (Bild 5.59b). Die vertikale Dehnung im Silizium klingt in Richtung Kanalmitte sehr schnell ab.

Vor allem die laterale Stauchung trägt signifikant zu einer erhöhten Löcherbeweglichkeit und entsprechend zu einer Steigerung der p-MOSFET-Leistungsfähigkeit bei [vgl. Gleichung (2.11)].

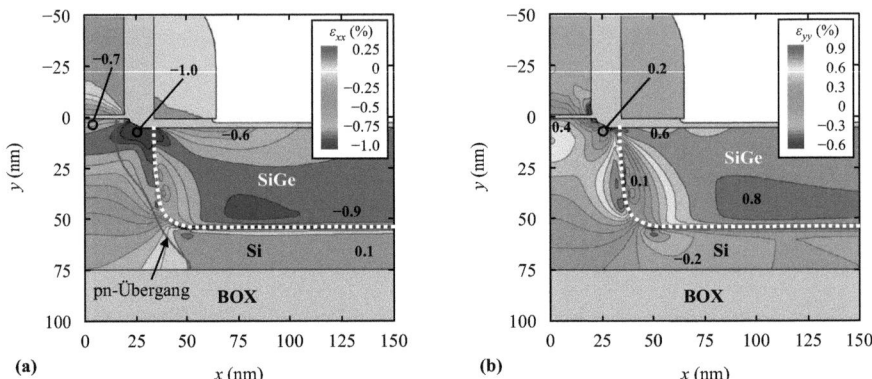

Bild 5.59: Simulierte (a) laterale und (b) vertikale Deformation in einem Transistor mit $Si_{0.77}Ge_{0.23}$-S/D-Gebieten.

Die transversale und die Scherdeformationskomponenten ε_{zz}, ε_{xy}, ε_{yz} und ε_{xz} finden hier keine Berücksichtigung, da sie im Vergleich zu der lateralen bzw. vertikalen Komponente sehr klein sind.

B) Auswirkungen auf elektrische Kenngrößen eines Transistors

Die Universalkurven eines p-MOSFETs mit SiGe-S/D-Gebieten und eines konventionellen unverspannten p-MOSFETs sind in Bild 5.60 gegenübergestellt und zeigen eine Leistungssteigerung um ca. +27% für den verspannten Transistor. Die Beweglichkeitsänderung der Löcher im Kanal aufgrund der SiGe-S/D-Gebiete lässt sich anhand von Bild 5.61 zu +70% abschätzen. Die Parameter Sättigungsschwellspannung und Millerkapazität des verspannten Transistors wurden über die Halo- und Erweiterungs-Implantationen an die Werte des unverspannten Falls angepasst, wie auch bei der Modellkalibrierung in Abschnitt 4.5.2 beschrieben ist. Der n-MOSFET ist durch eine Nitridmaske von der Prozessierung ausgeschlossen und das elektrische Verhalten bleibt demzufolge unbeeinflusst (nicht dargestellt).

5.2 Silizium-Germanium Source/Drain-Gebiete

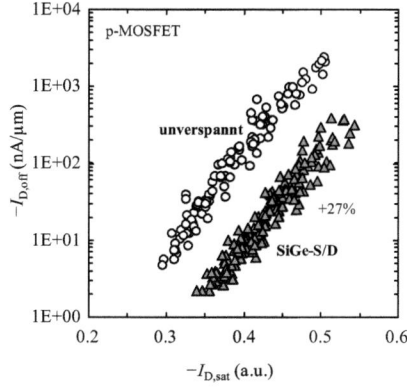

Bild 5.60: Universalkurve eines unverspannten bzw. mit SiGe-S/D-Gebieten verspannten p-MOSFETs.

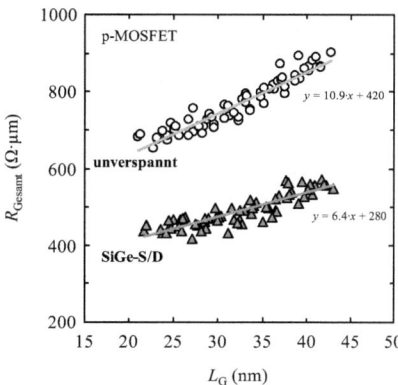

Bild 5.61: Gesamtwiderstand R_{Gesamt} in Abhängigkeit von der Gatelänge L_G für den p-MOSFET mit und ohne SiGe-S/D-Gebieten.

Da die SiGe-S/D-Verspannungstechnik eine lokale Verspannungstechnik ist, sind die erzeugten Deformationen und Drainstromänderungen wie schon bei den verspannten Deckschichten stark von der Bauelementegeometrie abhängig. Das Verständnis dieser Abhängigkeiten bildet die Grundlage für eine Optimierung der SiGe-S/D-Verspannungstechnik und ist hilfreich für die spätere Bewertung des Skalierungsverhaltens in zukünftigen Technologien.

C) Einfluss des Abstands der SiGe-S/D-Gebiete zum Gate

Eine Reduzierung des Abstands P erhöht sowohl die laterale als auch die vertikale Deformation im Kanal erheblich. Zum einen nimmt das Volumen des Bereiches zwischen den SiGe-Gebieten stetig ab und ist dadurch leichter zu deformieren. Andererseits erhöht sich bei konstanten Abmessungen des Aktivgebietes das Volumen der SiGe-Gebiete, wodurch die Wirkung der Verspannungsquelle steigt. Die Überlagerung dieser beiden Effekte führt dazu, dass sich die Kanaldeformation bei einer Verkleinerung des Abstands P beispielsweise von 30 nm auf 10 nm in etwa verdoppelt (Bild 5.62a). Es ist kein Zeichen einer Sättigung für kleinere Abstände ersichtlich, was eine starke Motivation darstellt, auf diese Weise die Deformation im Kanal weiter zu erhöhen. Erfolgt die Positionierung der SiGe-S/D-Gebiete allerdings zu nah am Gate, kann dies zu Problemen mit dem Gateleckstrom führen, wenn Teile des Gate-Isolators beim Ätzen der Source/Drain-Gebiete entfernt werden und somit einen Kurzschluss zwischen dem Gate und den Source/Drain-Gebieten entsteht.

Bei der SiGe-S/D-Verspannungstechnik ist die laterale Deformation ε_{xx} im Kanal betragsmäßig rund 1.5 mal so stark wie die vertikale Deformation ε_{yy}. Der Verspannungstensor dagegen hat nur eine dominante Komponente in x-Richtung, da sich die vertikale Komponente durch die freie Oberfläche und der dadurch fehlenden Gegenkraft fast vollständig relaxiert (Bild 5.62b), während die vertikale Dehnung des Kristalls erhalten bleibt.

Ein Vergleich mit experimentell ermittelten Deformationswerten mit Hilfe von NBD-Messungen bestätigt im Rahmen der experimentellen Fehlergrenzen qualitativ die simulierten Werte.

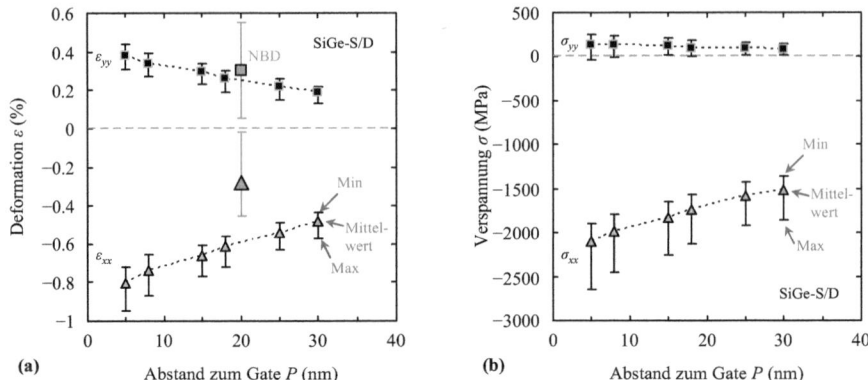

Bild 5.62: Simulation (a) der Deformation und (b) der Verspannung im Kanal eines p-MOSFETs mit SiGe-S/D-Gebieten in Abhängigkeit vom Abstand der SiGe-Gebiete zum Gate (Mittelwert sowie die Minimal- und Maximalwert entlang einer Schnittlinie entlang des Kanals in einer Tiefe von $y = 2$ nm). Die farbigen Symbole in (a) sind experimentelle Werte aus NBD-Messungen (Nano-Beam-Diffraction, aus [65]).

Die erhöhten Deformationen bzw. Verspannungen lassen einen Anstieg des Drainstroms für kleinere Abstände P erwarten, allerdings zeigen erste Simulationen für diesen Fall ein Absinken des Drainstroms (Bild 5.63). Dieses unerwartete Verhalten ist auf die veränderte Bor-Diffusion in p-MOSFETs mit SiGe-S/D-Gebieten im Vergleich zu konventionellen Transistoren zurückzuführen. Die Anwesenheit des Germaniums im Silizium beeinflusst die Bandlücke und die Punktdefektekonzentrationen derart, dass die Bor-Diffusion gehemmt ist [201]. Mit größerer Nähe der SiGe-Gebiete zum Gate diffundieren die sich nun vermehrt im SiGe befindlichen hochdotierten Erweiterungsgebiete weniger unter das Gate, was eine vergrößerte metallurgische Gatelänge, höhere Schwellspannungen und reduzierte Drainströme zur Folge hat. Die verringerte Bor-Diffusion muss durch eine entsprechend erhöhte Implantationsdosis der Erweiterungsgebiete ausgeglichen werden, so dass die metallurgischen Gatelängen, d.h. näherungsweise die Millerkapazitäten, identisch sind. Die Drainstromänderungen für diese „angepassten" Transistoren sind in Bild 5.64 dargestellt und zeigen sowohl für das Experiment als auch für die Simulation einen klaren Anstieg der Drainströme mit kleineren Abständen der SiGe-S/D-Gebiete zum Gate.

5.2 Silizium-Germanium Source/Drain-Gebiete

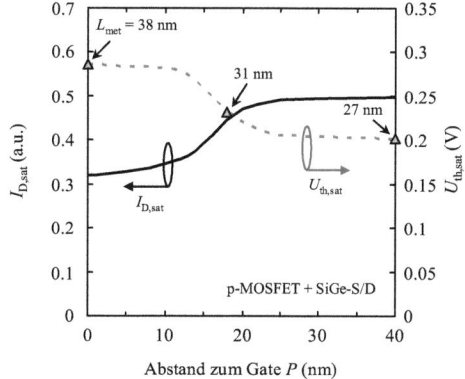

Bild 5.63: Simulation der Änderung des Drainstroms und der Sättigungsschwellspannung in Abhängigkeit des Abstandes der SiGe-S/D-Gebiete zum Gate für gleiche Implantationsbedingungen (zusätzlich ist die metallurgische Gatelänge angegeben).

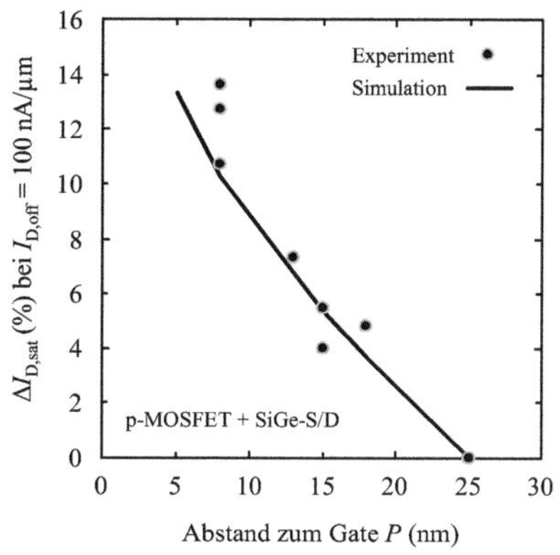

Bild 5.64: Drainstromänderung für p-MOSFETs in Abhängigkeit vom Abstand der SiGe-S/D-Gebiete zum Gate, normiert auf den Wert bei $P = 25$ nm, mit gleicher metallurgischer Gatelänge und Schwellspannung.

D) Einfluss der Füllhöhe der SiGe-S/D-Gebiete

Mit einer Zunahme der Füllhöhe H der SiGe-S/D-Gebiete erhöht sich die Deformation im Kanal durch das größere Volumen der SiGe-Gebiete (Bild 5.65). Der Drainstrom steigt annähernd linear mit der Füllhöhe an (Bild 5.66). Die veränderte Transistorgeometrie, speziell die vertikale Lage der SiGe-Gebiete im Vergleich zur Position des Kanals, beeinflusst die Lage der Halo- und Erweiterungsgebiete. Entsprechend ist auch hier eine Anpassung notwendig, um die metallurgische Gatelänge und die Schwellspannung für die verschiedenen Füllhöhen abzugleichen. Gleichzeitig ist dies der Grund für eine Beschränkung der maximalen Füllhöhe, da ansonsten die Halo- und Erweiterungsgebiete nicht mehr optimal platziert werden können, wodurch die Leistungsfähigkeit des Transistors sinkt.

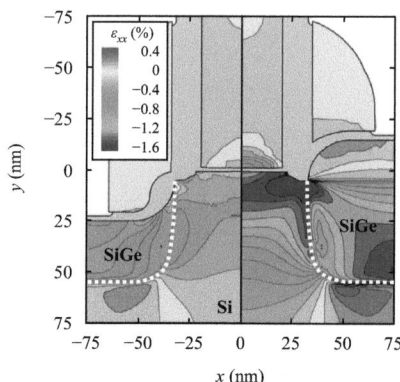
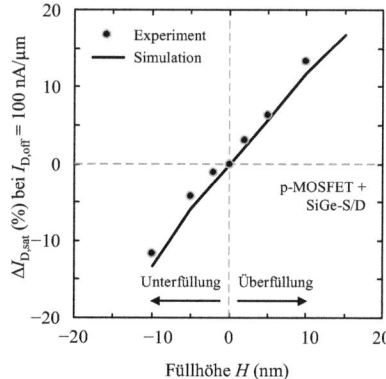

Bild 5.65: Laterale Deformation in einem Transistor mit SiGe-S/D-Gebieten für verschiedene Füllhöhen (links: Unterfüllung um 20 nm; rechts: Überfüllung um 20 nm).

Bild 5.66: Drainstromänderung eines p-MOSFETs mit SiGe-S/D-Gebieten in Abhängigkeit von deren Füllhöhe.

E) Einfluss der Gatelänge

Die laterale Deformation im Kanalbereich ist in Bild 5.67 für verschiedene Gatelängen dargestellt. Für sehr große Gatelängen kommt es nur in der Nähe der SiGe-S/D-Gebiete zu einer Deformation des Kristallgitters, während im Zentrum des Kanals die Deformationen vernachlässigbar klein sind. Diese Deformationen überlagern sich zunehmend für kleiner werdende Gatelängen, so dass der gesamte Kanalbereich stärker gestaucht wird. Der Mittelwert der Deformation über der Kanallänge ist zusammen mit der Drainstromänderung in Bild 5.68 über der Gatelänge aufgetragen. Für kleinere Gatelängen erhöht sich die Kanaldeformation stetig. Die Drainstromänderung verhält sich ähnlich dem Fall der verspannten Deckschichten, d.h. ausgehend von sehr großen Gatelängen sind drei Bereiche unterscheidbar: Eine anfängliche Erhöhung der Drainstromänderung, der Übergang in die Sättigung bei $L_G = 50$ nm und ein Rückgang der Drainstromerhöhung für sehr kleine Gatelängen. Dies ist wiederum auf den Einfluss des parasitären Source/Drain-Widerstands zurückzuführen (vgl. Abschnitt 5.1.4). Der Vergleich mit experimentellen Daten zeigt auf den ersten Blick keine Übereinstimmung. Unter Berücksichtigung der wenigen Datenpunkte aus dem Experiment ist aber dennoch eine Korrelation für die Simulation und das Experiment ersichtlich, wobei der rapide Abfall der Drainstromänderung für sehr kleine Gatelängen im Experiment deutlich stärker ist.

Für sehr große Gatelängen ist der Einfluss der SiGe-S/D-Gebiete unerheblich, im Gegensatz zu den Deckschichten, wo eine Verschlechterung der Transistorleistungsfähigkeit auftritt.

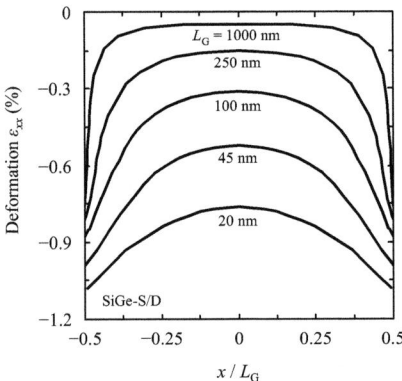

Bild 5.67: Deformation im Kanal eines Transistors mit SiGe-S/D-Gebieten für verschiedene Gatelängen.

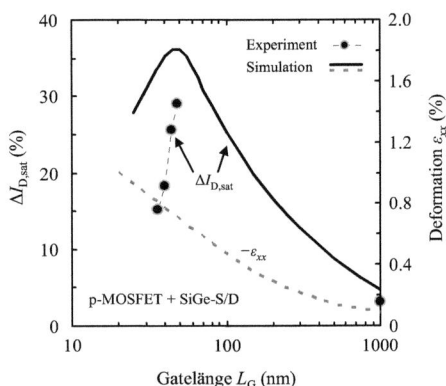

Bild 5.68: Drainstromänderung und laterale Kanaldeformation eines p-MOSFETs mit SiGe-S/D-Gebieten in Abhängigkeit von der Gatelänge.

F) Einfluss weiterer Parameter

Für tiefere SiGe-S/D-Gebiete erhöht sich aufgrund des größer werdenden SiGe-Volumens die Kanaldeformation und der Drainstrom nimmt zu (Bild 5.69). Die maximale Tiefe ist auf SOI-Wafern allerdings durch die SOI-Filmdicke beschränkt. Für große Werte geht die Drainstromerhöhung in eine Sättigung über, so dass eine Variation dieses Parameters für eine weitere Leistungssteigerung nicht mehr sinnvoll ist.

5.2 Silizium-Germanium Source/Drain-Gebiete

Die Form der SiGe-S/D-Gebiete hat einen vernachlässigbaren Einfluss auf die Kanaldeformation (Bild 5.70). Für die rechteckförmigen SiGe-S/D-Gebiete ist die Kanaldeformation rund 2% größer als für die runden SiGe-S/D-Gebiete und auch der Unterschied zu der realen Form als Übergang zwischen diesen beiden Fällen ist sehr gering.

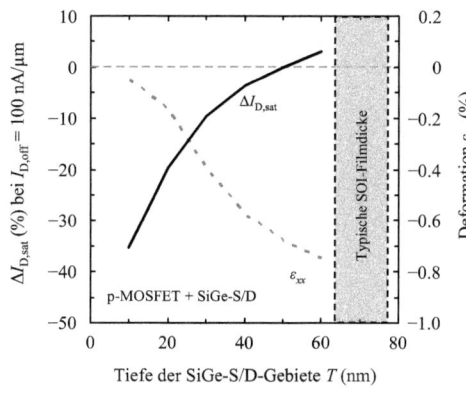
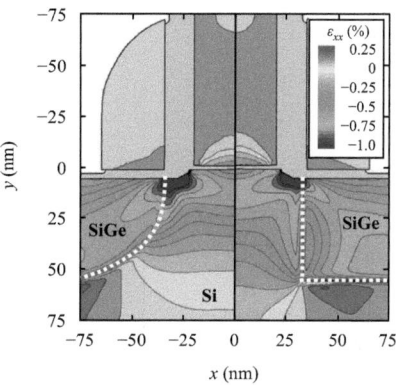

Bild 5.69: Simulierte Drainstromänderung (relativ zu $T = 50$ nm) und laterale Deformation in Abhängigkeit von der Tiefe der SiGe-S/D-Gebiete.

Bild 5.70: Einfluss der Form der SiGe-S/D-Gebiete auf die laterale Deformation (links: isotrop geätzt; rechts: anisotrop geätzt).

Die Deformation im Kanal hängt weiterhin linear von der Germaniumkonzentration der SiGe-Gebiete ab (nicht dargestellt). Eine höhere Konzentration verursacht eine größere Gitterkonstantenabweichung und somit eine stärkere Stauchung des Kanalgebiets. In der Praxis ist hier ein Kompromiss zu finden, da SiGe-Schichten mit höheren Germaniumkonzentrationen zum einen schwieriger herzustellen sind und zum anderen anfälliger gegenüber einer Verspannungsrelaxation bzw. Defektbildung sind. Gleichzeitig zeigen Untersuchungen, dass SiGe-Schichten mit größeren Germaniumkonzentrationen stärker von nachfolgenden Reinigungsschritten abgetragen werden und entsprechend Dotanden verloren gehen [202]. Die Folge ist eine reduzierte Leistungsfähigkeit des Transistors.

Der Einfluss der einzelnen Deformationskomponenten auf die Drainstromänderung ist in Bild 5.71 für verschieden lange Aktivgebiete dargestellt. Die laterale Deformation ε_{xx} ist zu 90% für die Drainstromänderung in p-MOSFETs mit SiGe-S/D-Gebieten verantwortlich. Die beiden anderen Komponenten tragen nur unwesentlich zur Drainstromänderung bei. Große Aktivgebiete sind gleichbedeutend mit einem größeren SiGe-Volumen in den Source/Drain-Gebieten, wodurch die Deformation im Kanal größer wird und die Drainstromerhöhung zunimmt.

Der Prozessablauf zur Herstellung eines MOSFETs beinhaltet üblicherweise ein Silizierungsmodul, um die Schichtwiderstände der Gate- und Source/Drain-Gebiete zu verringern. Das Silizid bildet sich bei Temperaturen um 400 °C. Während der Abkühlung schrumpft das Silizid stärker als das umliegende Silizium bzw. SiGe und erzeugt entsprechend eine Zugverspannung in den umliegenden Regionen [45]. Das zugverspannte Silizid in den Source/Drain-Gebieten kompensiert teilweise die durch die SiGe-S/D-Gebiete verursachte Druckverspannung. Gleichzeitig konsumiert das Silizid einen Teil des SiGe, wodurch sich nochmals die Druckverspannung im Kanal verringert. Dies ist in Bild 5.72 in Abhängigkeit von der Füllhöhe der Source/Drain-Gebiete veranschaulicht. Die Deformation im Kanal reduziert sich durch das Silizid um 20% auf $\varepsilon_{xx} \approx 0.46\%$, wobei durch die intrinsische Zugverspannung nochmals weitere ca. 10% ($\varepsilon_{xx} \approx 0.41\%$) verloren gehen. Für große Füllhöhen ist der Einfluss des Silizids allerdings zu vernachlässigen (die Kurven in Bild 5.72 gehen in einen gemeinsamen Punkt über), da die mechanischen Wechselwirkungen räumlich weit genug entfernt vom Kanal stattfinden. Das Silizid auf dem Gate hat praktisch keinen Einfluss auf die Kanaldeformation, da es erst für sehr dicke Silizidfilme nahe genug an den Kanalbereich kommt, um die Deformation im Kanal nennenswert zu verändern.

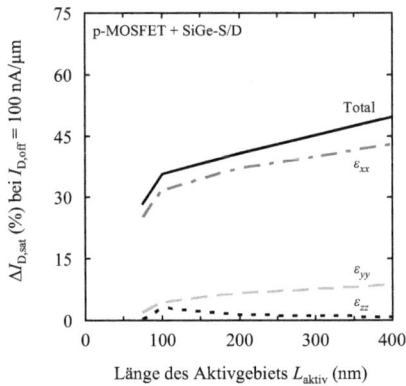

Bild 5.71: Anteil der drei Deformationskomponenten an der Drainstromänderung beim p-MOSFET mit SiGe-S/D-Gebieten in Abhängigkeit von der Länge des Aktivgebiets.

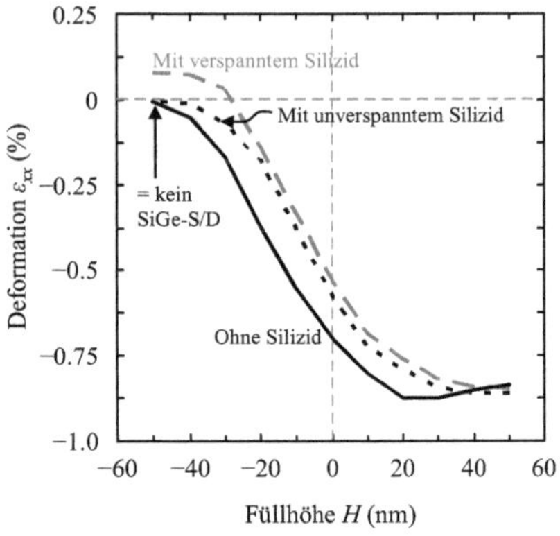

Bild 5.72: Einfluss des Silizids auf die Verspannung in einem p-MOSFET mit SiGe-S/D-Gebieten in Abhängigkeit von der Füllhöhe.

G) Einfluss der SiGe-S/D-Gebiete auf den parasitären Source/Drain-Widerstand

Historisch gesehen lag die Motivation für den Einsatz von SiGe in den Source/Drain-Gebieten nicht in der erhöhten Ladungsträgerbeweglichkeit aufgrund einer Deformation, sondern in der höheren Bor-Löslichkeit [76] und in der kleineren Schottky-Barrierenhöhe am Halbleiter-Metall-Übergang [23] im Vergleich zum Silizium. Beide Effekte verringern den Kontaktwiderstand der Source/Drain-Gebiete zum Silizid und erlauben allein dadurch bereits höhere Drainströme. In der Realität überlagern sich die Effekte des verringerten Kontaktwiderstands und der Deformation, was zu den beachtlichen Leistungssteigerungen führt. Der jeweilige Anteil dieser beiden Einflussfaktoren an der Gesamtverbesserung eines p-MOSFETs mit SiGe-S/D-Gebieten soll mit Hilfe der Simulation bestimmt werden.

Dazu wurde im ersten Schritt die Änderung der Schottky-Barrierenhöhe anhand der Änderung des Kontaktwiderstands abgeschätzt. Der Kontaktwiderstand (als Übergangswiderstand vom Silizium der Source/Drain-Gebiete zum Silizid) wurde im kalibrierten p-MOSFET vereinfacht durch eine Reihenschaltung eines zusätzlichen Widerstandes modelliert (Bild 5.32). Ein zuschaltbares Modell des Schottky-Effekts erlaubt eine Berücksichtigung der Dotandenkonzentration im Silizium bzw. SiGe am Übergang zum Silizid und der Bandkanten der beteiligten Materialien. Der ursprünglich zusätzlich eingebrachte Reihenwiderstand wird nun weggelassen und durch eine Variation der Schottky-Barrierenhöhe für die Löcher $\Phi_{B,p}$ ($\Phi_{B,p} \approx E_g - \Phi_{B,n}$) und $\Phi_{B,n}$ ist die Schottky-Barrierenhöhe für Elektronen definiert als Differenz zwischen der Metall-

5.2 Silizium-Germanium Source/Drain-Gebiete

Austrittsarbeit und der Elektronenaffinität des Halbleiters) kann im Schottky-Effekt-Modell [86] der Wert bestimmt werden, für den der Gesamtwiderstand identisch zum vorherigen Fall mit zusätzlichem Widerstand ist (Bild 5.73). Für den p-MOSFET mit Silizium-S/D-Gebieten wurde eine Löcher-Barrierenhöhe $\Phi_{B,p}$ von 0.36 eV und für den p-MOSFET mit SiGe-S/D-Gebieten eine Löcher-Barrierenhöhe $\Phi_{B,p}$ von 0.25 eV bestimmt. Diese Werte stimmen sehr gut mit den in der Literatur angegebenen Werten überein ($\Phi_{B,p}$ = 0.38 eV für NiSi [203] und $\Phi_{B,p}$ = 0.235 eV für NiSiGe [204]).

Im nächsten Schritt wurde in der Bauelementesimulation der p-MOSFET mit SiGe-S/D-Gebieten untersucht und dabei der Effekt der Deformation wahlweise hinzugenommen. Somit ist gewährleistet, dass die zu vergleichenden Transistoren identische Dotierungsprofile (und damit gleiche metallurgische Gatelängen usw.) aufweisen. Der Legierungseinfluss des Germaniums in den SiGe-S/D-Gebieten ist vernachlässigbar, so dass sich ein „unverspannter" p-MOSFET mit SiGe-S/D-Gebieten wie ein konventioneller p-MOSFET mit Silizium-S/D-Gebieten verhält. Der Effekt des reduzierten Übergangswiderstands wird direkt über die Veränderung der Löcher-Barrierenhöhe zwischen 0.25 eV (entspricht SiGe) und 0.36 eV (entspricht Silizium) modelliert. Da der spezifische Kontaktwiderstand exponentiell von der Barrierenhöhe abhängt [183],

$$\rho_C = C_1 \cdot \exp\left(C_2 \frac{e\Phi_{B,p}}{\sqrt{N_{if}}}\right) \qquad (5.19)$$

mit C_1 und C_2 als Konstanten und N_{if} als die aktive Dotierungskonzentration an der Silizid/Halbleiter-Grenzfläche, können deutliche Änderungen im Kontaktwiderstand durch eine Verringerung der Barrierenhöhe erzielt werden.

Zur Abschätzung der Größenordnung, mit der sich der Kontaktwiderstand durch die SiGe-S/D-Gebiete ändert, wird angenommen, dass der Kontaktwiderstand für den konventionellen Transistor mit Silizium-S/D-Gebieten rund 40% des gesamten parasitären Source/Drain-Widerstands beträgt [183]. Dessen Verringerung um 33% (vgl. Bild 5.61) ist allein auf den reduzierten Kontaktwiderstand zurückzuführen, der sich demnach auf ein Fünftel seines ursprünglichen Wertes verringert und nun nur noch rund 10% des parasitären Source/-Drain-Widerstand ausmacht.

In der Simulation beträgt die Drainstromerhöhung für einen p-MOSFET mit L_G = 40 nm allein durch die Deformation 27%. Der verringerte Kontaktwiderstand führt zu einer weiteren Steigerung des Drainstroms um 6 Prozentpunkte. Der verringerte Kontaktwiderstand ist demzufolge bei einem aktuellen Kurzkanaltransistor für ca. 18% der Gesamtleistungssteigerung verantwortlich (Bild 5.74), was in guter Übereinstimmung mit den Ergebnissen aus [205] (ca. 20%) ist. Für kürzere Gatelängen steigt dieser Anteil kontinuierlich an, dennoch bleibt die Deformation die Hauptursache für die Leistungssteigerung in Kurzkanaltransistoren.

Kapitel 5 – Theoretische und experimentelle Ergebnisse

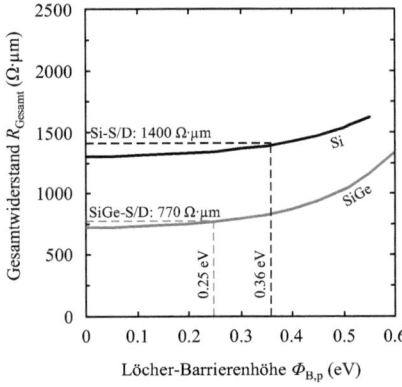
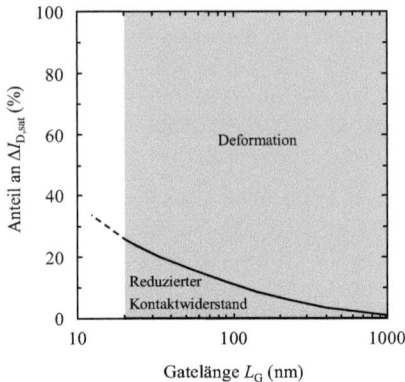
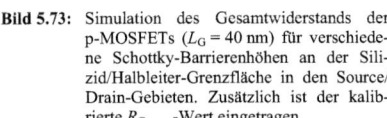

Bild 5.73: Simulation des Gesamtwiderstands der p-MOSFETs ($L_G = 40$ nm) für verschiedene Schottky-Barrierenhöhen an der Silizid/Halbleiter-Grenzfläche in den Source/Drain-Gebieten. Zusätzlich ist der kalibrierte R_{Gesamt}-Wert eingetragen.

Bild 5.74: Anteil der Deformation bzw. des reduzierten Kontaktwiderstands aufgrund der SiGe-S/D-Gebiete an der Drainstromerhöhung eines p-MOSFETs in Abhängigkeit von der Gatelänge.

5.2.4 Skalierungsverhalten

Betrachtet man die experimentelle Drainstromänderung durch SiGe-S/D-Gebiete für drei verschiedene Technologiegenerationen, so kann wieder zwischen zwei Fällen unterschieden werden (Bild 5.75). Für den jeweils in der Produktion verwendeten Prozess ist eine geringe weitere Drainstromerhöhung für kleinere Technologien existent. Diese Tatsache lässt einerseits erkennen, dass die SiGe-S/D-Verspannungstechnik bisher gut skalierbar ist. Anderseits muss dabei berücksichtigt werden, dass die Verspannungstechnik ständig weiterentwickelt wurde, z.B. durch einen kleineren Abstand zum Gate und eine höhere Germaniumkonzentration im SiGe. Ohne diese Fortschritte würde die SiGe-S/D-Technik für kleinere Technologien weniger effektiv sein, da durch die Pitch-Verkleinerung das Volumen der SiGe-Gebiete abnimmt und somit die erzeugte Kanaldeformation sinkt (schwarze Kurve).

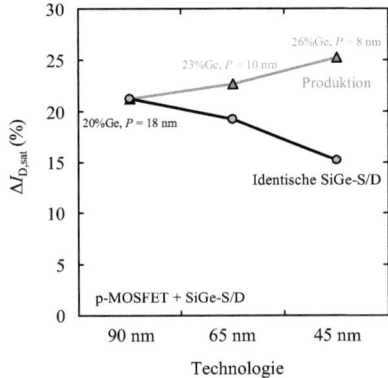

Bild 5.75: Experimentelle p-MOSFET-Drainstromänderung aufgrund der SiGe-S/D-Gebiete für verschiedene Technologiegenerationen (Δ: in der Produktion verwendet; ○: identischer SiGe-Prozess für alle drei Technologien).

Die experimentell gewonnenen Daten zur Pitch-Abhängigkeit bestätigen diese Aussage (Bild 5.76). Für Werte von weniger als 300 nm nimmt die Drainstromerhöhung durch die SiGe-S/D-Gebiete stetig ab. In Bild 5.77 ist die Entwicklung der Deformationskomponenten für verschiedene Technologien simuliert worden. Die dominante laterale Deformation ist selbst für die kleinsten hier untersuchten Technologien noch signifikant und resultiert in einer entsprechend großen Drainstromerhöhung. Dieses Verhalten steht im Gegensatz zu den verspannten Deckschichten (vgl. Bild 5.52), die in kleineren Technologien stark an Effektivität verlieren. Eine Begründung für dieses unterschiedliche Verhalten ist vor allem in der unterschiedlichen Sensitivität der Löcherbeweglichkeit auf eine laterale bzw. vertikale Deformation zu finden. Erstere ist bei p-MOSFETs mit SiGe-S/D-Gebieten dominant und erzeugt eine starke Erhöhung der Löcherbeweglichkeit. Dagegen tritt beim p-MOSFET mit COL fast ausschließlich eine vertikale Deformation bzw. Verspannung auf, die nur kleine Änderungen in der Löcherbeweglichkeit hervorruft und zu entsprechend geringen Drainstromerhöhungen führt.

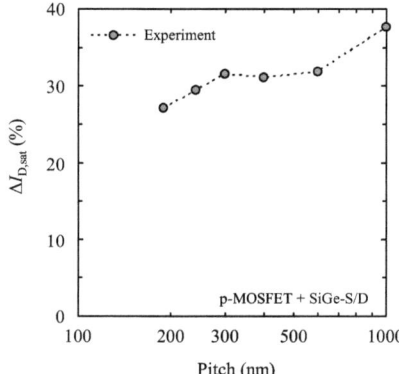

Bild 5.76: Experimentelle Drainstromänderung beim p-MOSFET mit SiGe-S/D-Gebieten in Abhängigkeit vom Pitch.

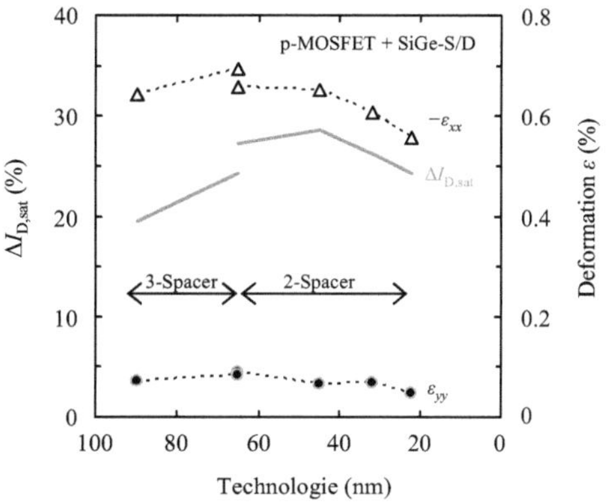

Bild 5.77: Simulierte Deformation (Symbole) und die entsprechende Drainstromänderung (Volllinie) beim p-MOSFET mit SiGe-S/D-Gebieten in Abhängigkeit von der Technologiegeneration, entsprechend Tabelle 5.1.

5.2.5 Zusammenfassung

Die SiGe-S/D-Verspannungstechnik ist eine lokale Verspannungstechnik, d.h. die Verspannung nimmt zu, wenn die SiGe-S/D-Gebiete näher zusammenrücken oder die Gatelänge reduziert wird. Die Füllhöhe, die Germaniumkonzentration und die Tiefe der SiGe-Regionen haben ebenfalls Einfluss auf die erzeugte Verspannung im Kanalgebiet, welche vorwiegend lateral druckverspannt ist. Die daraus resultierende Erhöhung der Löcherbeweglichkeit ist der Grund für die Verwendung der SiGe-S/D-Technik beim p-MOSFET. Ein wesentlicher Aspekt der SiGe-S/D-Technik neben der Verspannungserzeugung, ist die im Vergleich zu Silizium reduzierte Schottky-Barrierenhöhe am SiGe/Silizid-Übergang. Dadurch verringern sich der Kontaktwiderstand und entsprechend der parasitäre Source/Drain-Widerstand, was zu Vorteilen bei der weiteren Skalierung im Vergleich zu anderen Verspannungstechniken führt.

5.3 Silizium-Kohlenstoff Source/Drain-Gebiete

Obwohl die Verwendung von SiGe-S/D-Gebieten beim p-MOSFET mittlerweile eine ausgereifte Verspannungstechnik darstellt und eine breite Anwendung in der Volumenfertigung gefunden hat, so stellt das Gegenstück dazu für den n-MOSFET, die Silizium-Kohlenstoff-Source/Drain-Gebiete ($Si_{1-y}C_y$- oder Si:C-S/D-Gebiete), eine große technologische Herausforderung dar. Trotz der bisherigen enormen Anstrengungen der Halbleiterindustrie und -forschung auf dem Gebiet der Si:C-S/D-Technologie, ist der Erfolg, vor allem bei Hochleistungstransistoren, begrenzt [26]–[29], [31]. Dies ist vor allem der anspruchsvollen Prozessintegration zu schulden. Zwar ist Kohlenstoff ein viel kleineres Atom als Silizium (die Gitterkonstantenabweichung beträgt ca. −34%, vgl. Tabelle 5.2) und entsprechend sind bereits relativ kleine Kohlenstoffkonzentrationen im Silizium $y = (1...2)\%$ ausreichend, um eine nennenswerte Deformation hervorzurufen. Die Gitterkonstantenabweichung durch 1% Kohlenstoff ist äquivalent zu $(8...12)\%$ Germanium. Das Problem liegt in der sehr geringen Festkörperlöslichkeit von Kohlenstoff in Silizium (< 0.0007%). Dieser Wert liegt weit unter dem, was erforderlich ist, um Si:C als Verspannungsquelle verwenden zu können. Höhere Kohlenstoffkonzentrationen sind thermodynamisch metastabil und nur mit Hilfe kinetisch dominierter Wachstumsprozesse möglich. Dazu gehören beispielsweise Epitaxieprozesse im Ultrahoch-Vakuum, die Niedrigdruckepitaxie mit höherwertigen Silanen als Ausgangsstoff oder die Festphasenepitaxie. Der Einbau von Kohlenstoff auf Gitterplätzen im Siliziumkristall über der Löslichkeitsgrenze ist die eine Schwierigkeit. Die andere besteht darin, dass der Kohlenstoff während des gesamten Herstellungsprozess auf den Gitterplätzen verbleibt. Dafür sind einerseits Prozesse mit einem geringen thermischen Budget erforderlich. Andererseits müssen Implantationsschritte vermieden werden, die durch ihre schädigende Wirkung das metastabile Gleichgewicht des Kristalls stören. Anderenfalls geht der Kohlenstoff auf Zwischengitterplätze über oder es kommt zur Bildung von Siliziumkarbidverbindungen. Dies gilt es zu vermeiden, da beide Mechanismen die elektrischen Eigenschaften der Halbleiterlegierung deutlich degradieren und gleichzeitig zu einem Verlust der gewollten Gitterdeformation führen.

Zu Beginn dieses Abschnitts wird das Materialsystem Silizium-Kohlenstoff mit seinen Besonderheiten bezüglich der Deformationserzeugung vorgestellt. Für die Erzeugung von verspannten Si:C-Schichten werden hier zwei verschiedene Ansätze untersucht sowie deren Integration in den Herstellungsablauf eines n-MOSFETs beschrieben. An der Stelle, wo experimentelle Ergebnisse nicht verfügbar sind, soll die Simulation das Potenzial der Si:C-S/D-Technik aufzeigen, welches zu erwarten ist, wenn die derzeit unzureichend beherrschten technologischen Herausforderungen gelöst sind.

5.3.1 Materialsystem Silizium-Kohlenstoff

Im Silizium kann Kohlenstoff allgemein in drei Zuständen vorkommen (Bild 5.78):

- als substitutionelles Gemisch, wo die Kohlenstoffatome die Siliziumatome auf ihren Gitterplätzen ersetzen und es so zu einer Deformation des Kristallgitters kommt. Diese Anordnung ist thermodynamisch metastabil und besitzt zudem eine extrem niedrige Festkörperlöslichkeit.

- als interstitieller Kohlenstoff, d.h. die Kohlenstoffatome befinden sich auf Zwischengitterplätzen im Siliziumkristall. Dadurch wird die Gitterkonstante kaum beeinflusst und es treten keine Deformationseffekte auf, allerdings wirkt der Kohlenstoff als Störstelle für die Ladungsträger, deren Beweglichkeit durch vermehrte Streuprozesse sinkt. Diese Form des Silizium-Kohlenstoff-Gemischs ist energetisch günstiger als die substitutionelle Variante und entsprechend einfacher zu bilden.

5.3 Silizium-Kohlenstoff Source/Drain-Gebiete

- Gemäß dem binären Si-C-Phasendiagramm [206] ist stöchiometrisches SiC (Siliziumkarbid) die stabilste Verbindung für ein Silizium-Kohlenstoff-Gemisch. Siliziumkarbid kommt in vielen verschiedenen (rund 170) Kristallstrukturen vor, so genannte Polytypen. Abgesehen davon, dass sie chemisch alle aus 50% Kohlenstoff und 50% Silizium bestehen, sind ihre elektrischen Eigenschaften verschieden. Üblich sind kubische (z.B. 3C-SiC) und hexagonale (z.B. 6H-SiC) Strukturen. Sie stellen eine Störung der Silizium-Kristallordnung dar und bilden Störzentren für die Ladungsträger. Gleichzeitig ist die generierte Deformation deutlich geringer als für den Fall des substitutionellen Si:C-Gemischs. Die Bildung dieser sehr stabilen Form ist bei Temperaturen über ca. 800 °C am wahrscheinlichsten.

Unter diesen drei Zuständen ist nur die erste erwünscht, da sie zur Bildung von Gitterdeformation geeignet ist, während die anderen beiden Zustände vor allem eine Verringerung der Ladungsträgerbeweglichkeit bewirken.

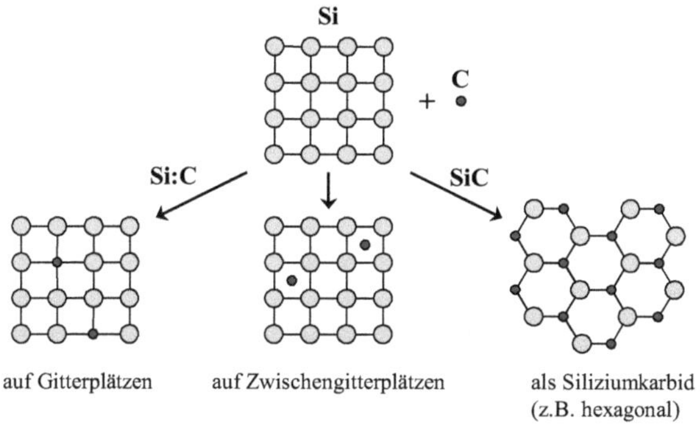

Bild 5.78: Mögliche Zustände für Kohlenstoff in Silizium.

Wie bereits erwähnt existieren zwei Probleme bei der Erzeugung von verspannten Si:C-Schichten:
- der Einbau von Kohlenstoff jenseits der Löslichkeitsgrenze und
- die Stabilität dieser Schichten.

Bei Betrachtung des erstgenannten Punktes spielt ein weiterer Aspekt eine wesentliche Rolle: Während eines Wachstumsprozesses von Si:C-Schichten wird der Kohlenstoff nicht in den Volumenkristall eingebaut, sondern an dessen Oberfläche. Somit ist nicht mehr ausschließlich die sehr geringe Festkörperlöslichkeit des Kohlenstoffs von Bedeutung. Vielmehr ist die Oberflächenlöslichkeit bei den hier betrachteten Prozessen entscheidend. In den oberen vier Atomlagen an der Oberfläche liegt die Löslichkeit um den Faktor 10^4 höher als die Festkörperlöslichkeit [207], so dass Kohlenstoff bis zu einer Konzentration von $y = 7\%$ auf Gitterplätzen eingebaut werden kann. Das Vorhandensein der Oberfläche stellt definitionsgemäß eine Unterbrechung der Volumen-Symmetrie dar und es entstehen Plätze für Adatome, die energetisch günstiger sind im Vergleich zu denen im Volumenkristall. Allerdings können die Kohlenstoffatome entlang der Oberfläche schneller diffundieren und unerwünschte SiC-Verbindungen bilden. Entsprechend sind hohe Wachstumsraten erforderlich, damit die hochkonzentrierten Schichten schnell durch neue Schichten abgedeckt werden noch bevor eine nennenswerte Diffusion in Erscheinung tritt. Dadurch wird der Kohlenstoff quasi in seiner bestehenden Ordnung begraben („eingefroren") und verliert gleichzeitig sein hohes Diffusionsvermögen.

Auf diese Weise können Si:C-Schichten erzeugt werden, die theoretisch ausreichend Kohlenstoff enthalten, um die erforderlichen starken Deformationen zu erzeugen.

Bezüglich der Stabilität solcher Si:C-Schichten belegen mehrere Studien, dass der substitutionelle Kohlenstoff bei Temperaturen von mehr als 800 °C in eine der beiden anderen Zustände übergeht [208], [209]. Dem entsprechend müssen solche hohen Temperaturen von mehr als 800 °C vermieden werden. Hier soll noch einmal betont werden, dass verspannte Si:C-Schichten nicht über die Bildung von Fehlversetzungen relaxieren, wie es bei SiGe-Schichten jenseits der kritischen Schichtdicke der Fall ist. Si:C-Schichten bauen die Deformationsenergie ab, indem der Kohlenstoff von den metastabilen Gitterplätzen in Siliziumkarbidverbindungen oder auf Zwischengitterplätze übergeht [210].

Im Gegensatz zum SiGe findet im Si:C eine Änderung der Bandstruktur vor allem im Leitungsband statt (Bild 5.79). Für den unverspannten Fall zeigen theoretische Berechnungen, dass die Bandlücke mit steigender Kohlenstoffkonzentration eine anfängliche Verringerung mit einem Minimum bei $y = 12\%$ (ca. -25 meV) erfährt, um dann wieder stetig anzusteigen (Bild 5.80). Der zusätzliche Effekt der (biaxialen) Verspannung ist erheblich, die Bandlücke sinkt kontinuierlich und erreicht bei ca. $y = 28\%$ den Wert null, so dass Si:C hier metallisches Verhalten zeigt [211].

Die Auswirkungen auf die Ladungsträgerbeweglichkeit in Si:C sind, ähnlich wie für SiGe, noch nicht vollständig geklärt. Es scheinen sich aber folgende Ergebnisse zu bestätigen: Mit mehr Kohlenstoff steigt der Schichtwiderstand der Si:C-Schichten an. Während in [212] die Legierungsstreuung dafür verantwortlich ist, führen neueren Untersuchungen [213] dies auf eine Deaktivierung der n-Typ-Dotanden (hier Phosphor) zurück und nicht auf eine Beweglichkeitsverringerung an sich. Dies ist verständlich, da die Dotanden und die Kohlenstoffatome um substitutionelle Gitterplätze konkurrieren müssen. Die Legierungsstreuung ist für so geringe Kohlenstoffkonzentrationen noch nicht ausschlaggebend. Für die Verwendung von Si:C im Bauelement ist im Hinblick auf eine Leistungssteigerung demzufolge ein Kompromiss zwischen den elektrischen und mechanischen Eigenschaften der Si:C-Schicht erforderlich, d.h. zwischen dem Schichtwiderstand beeinflusst durch die Aktivierung des Phosphors und der Kristalldeformation aufgrund des substitutionellen Kohlenstoffs.

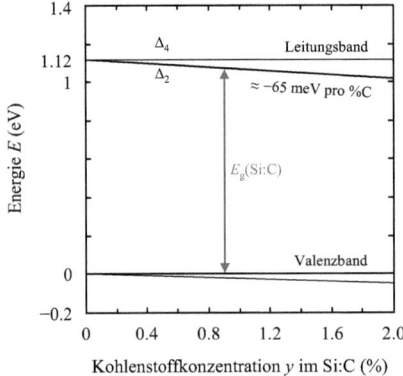

Bild 5.79: Änderung der Energiebänder von verspanntem Si:C (pseudomorph auf einem (001)-Silizium-Substrat aufgewachsen, nach [211]).

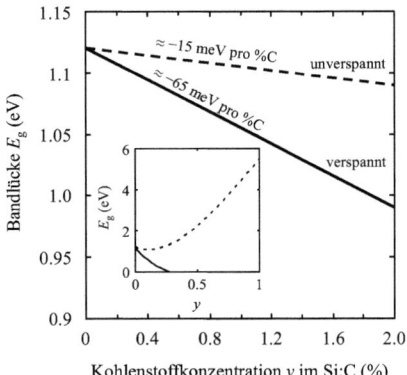

Bild 5.80: Bandlücke von unverspannten und verspannten Si:C in Abhängigkeit von der Kohlenstoffkonzentration, nach [211].

5.3 Silizium-Kohlenstoff Source/Drain-Gebiete

Es wurde bereits angedeutet, dass die Aktivierungsenergie für die Diffusion von Kohlenstoff in Silizium sehr hoch ist ($E_a = 3.04$ eV) [207]. Dies macht ein Vergleich der gemessenen vertikalen Kohlenstoffprofile nach verschiedenen Ausheilungen nochmals deutlich (Bild 5.81). Der Kohlenstoff wurde mit einer Implantationsenergie von 5 keV und einer Implantationsdosis von $3 \cdot 10^{15}$ cm^{-2} implantiert. Selbst für die Ausheilung mit dem größten thermischen Budget, d.h. Zeit-Temperatur-Produkt, findet keine Diffusion in den oberen 50 nm des Siliziums statt. Weiterhin ist aus Bild 5.81 erkennbar, dass die Menge an Kohlenstoff vor und nach einer Ausheilung unverändert bleibt, so dass kein Kohlenstoff während der Ausheilung ausgast und verloren geht.

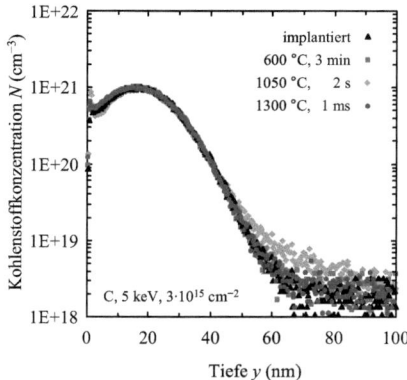

Bild 5.81:
Vertikale Kohlenstoffkonzentration im Silizium nach der Implantation und nach der Ausheilung bei verschiedenen Prozessbedingungen.

Kohlenstoff findet in der Halbleiterindustrie auch noch andere Anwendungen, u.a. als Co-Implantation zur Hemmung der Bor-Diffusion. Dabei nutzt man die Eigenschaft von Kohlenstoff, Silizium-Zwischengitteratome zu binden, über die Bor bevorzugt diffundiert [214].

Für die Erzeugung von Si:C-Schichten stehen zwei grundlegend verschiedene Methoden zur Verfügung. Neben dem Ansatz über die Epitaxie analog zum Fall von SiGe, ist auch der Ansatz über die Implantation von Kohlenstoff in zuvor amorphisiertes Silizium mit anschließender Ausheilung für eine Rekristallisierung der amorphen Si:C-Schicht möglich [209], [215] (Bild 5.82). Dabei dient der noch intakte Bereich unterhalb der amorphen Gebiete als Vorlage für die schichtweise Rekonstruktion der amorphen Gebiete in kristallines Silizium. Dabei werden vorhandene Fremdatome (z.B. Dotanden oder eben Kohlenstoff) weit über der Festkörperlöslichkeit in das Kristallgitter eingebaut. Dieser Vorgang wird als Festphasenepitaxie bezeichnet.

Kapitel 5 – Theoretische und experimentelle Ergebnisse

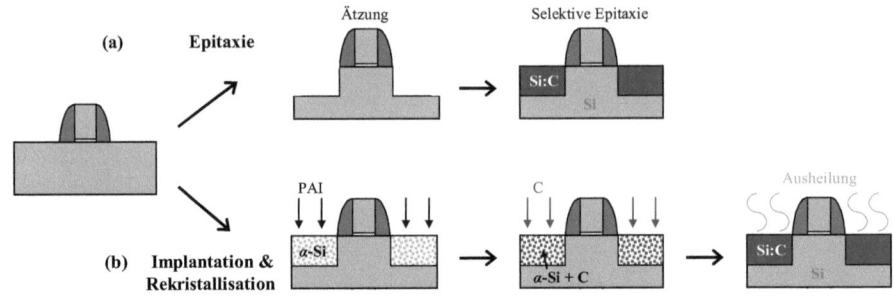

Bild 5.82: Schematische Darstellung der zwei Möglichkeiten zur Erzeugung von verspannten Si:C-Schichten: (a) Selektive Epitaxie; (b) Implantation und Rekristallisation.

5.3.2 Herstellung durch Epitaxie

A) Experimentelle Ergebnisse

Das zur Verfügung stehende Epitaxiesystem ist in der Lage, verspannte Si:C-Schichten abzuscheiden, die ca. 1.8% auf Gitterplätzen eingebauten Kohlenstoff enthalten. Dieser Wert ist auf großen unstrukturierten Flächen indirekt über Röntgenbeugungsmessungen bestimmt worden, die eine Deformation der Gitterkonstante bezüglich der unverspannten Siliziumzelle nachweist.

Die Integration von Si:C in die Source/Drain-Gebiete des n-MOSFETs erfolgt analog zu dem SiGe-S/D-Fall durch Heraussätzen der Source/Drain-Gebiete und die anschließende selektive Epitaxie von Si:C (Bild 5.82a). Der konventionelle Ansatz, bei dem die Epitaxie relativ früh im Prozessablauf erfolgt (Variante A, Bild 5.83), birgt massive Integrationsprobleme, da das hier verwendete Si:C bereits während der Epitaxie stark mit Phosphor dotiert wird ($N_D = 4 \cdot 10^{20}$ cm^{-3}). Die Kohlenstoffkonzentration ist in diesem Fall ungefähr doppelt so hoch wie die Phosphor-Dotierung. Diese sehr hohe Dotierungskonzentration führt während der Ausheilung zu einer starken Dotandendiffusion, so dass sich die Source/Drain-Gebiete weit unter das Gate ausbreiten und der Transistor nicht mehr ausreichend durch das Gate steuerbar ist (sehr hohe Sperrströme, siehe „Si:C-S/D (1075 °C)" in Bild 5.84). Eine sukzessive Verringerung der Ausheiltemperatur und damit der Diffusion kann dieses Problem zwar beheben, allerdings ist der n-MOSFET mit Si:C-S/D-Gebieten im Vergleich zum konventionellen unverspannten Transistor bei vergleichbaren Sperrströmen deutlich verschlechtert (−17%, siehe „Si:C-S/D (1025 °C)" in Bild 5.84). Die geringere maximale Ausheiltemperatur und die damit geringere Aktivierung (d.h. der größere Schichtwiderstand der Erweiterungs- und S/D-Gebiete) ist ein wesentlicher Grund für die geringere Leistungsfähigkeit dieser Transistoren. Es ist zu vermuten, dass eine weitere Degradation durch die vielen Implantationsschritte verursacht wird, die der Si:C-Epitaxie folgen und eine mögliche Deformation in den Si:C-S/D-Gebieten reduzieren. Für noch geringere Ausheiltemperaturen reicht die Diffusion nicht mehr aus, um den Anschluss der Erweiterungsgebiete an den Kanal herzustellen, wodurch die Sättigungsdrainströme dieser Transistoren sehr gering sind („Si:C-S/D (950 °C)" in Bild 5.84).

5.3 Silizium-Kohlenstoff Source/Drain-Gebiete

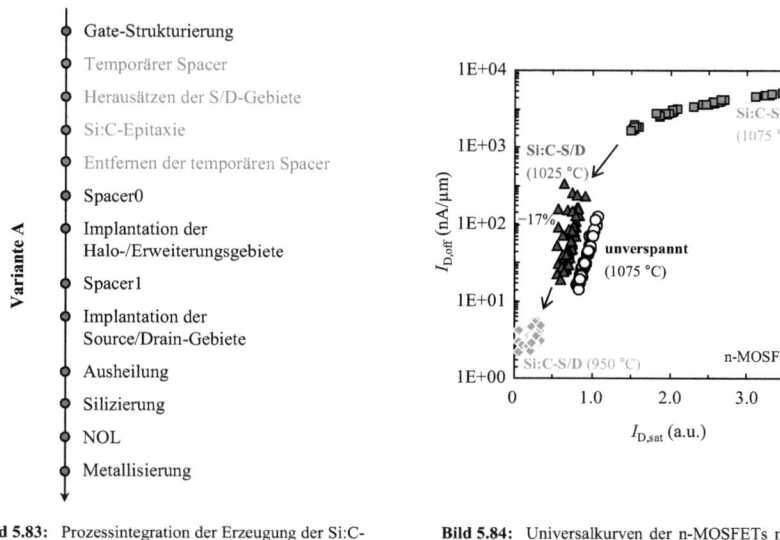

Variante A:
- Gate-Strukturierung
- Temporärer Spacer
- Herausätzen der S/D-Gebiete
- Si:C-Epitaxie
- Entfernen der temporären Spacer
- Spacer0
- Implantation der Halo-/Erweiterungsgebiete
- Spacer1
- Implantation der Source/Drain-Gebiete
- Ausheilung
- Silizierung
- NOL
- Metallisierung

Bild 5.83: Prozessintegration der Erzeugung der Si:C-S/D-Gebiete in den MOSFET-Herstellungsprozess (Variante A).

Bild 5.84: Universalkurven der n-MOSFETs mit und ohne Si:C-S/D-Gebiete (nach Variante A) für verschiedene Ausheiltemperaturen.

Folglich wurden in weiteren Experimenten die Si:C-S/D-Gebiete erst später in den Prozessablauf implementiert, d.h. nach allen Implantationen und nach der Ausheilung (Variante B, Bild 5.85). Hier zeigt sich, dass offensichtlich das thermische Budget des Epitaxieprozesses (während der Epitaxie befindet sich der Wafer für mehrere Minuten bei 850 °C) ausreicht, um eine zusätzliche Diffusion der zuvor implantierten Erweiterungsgebiete bzw. der Source/Drain-Gebiete hervorzurufen. Die Schwellspannung ist im Vergleich zum Transistor ohne Si:C-S/D-Gebiete stark reduziert ($\Delta U_{th,sat} = -350$ mV), wobei gleichzeitig eine um 100 aF/µm&Seite höhere Millerkapazität auftritt. Beides weist auf eine kürzere metallurgische Gatelänge der Transistoren mit Si:C-S/D-Gebieten hin. Eine Anpassung dieser Werte an die des unverspannten Referenztransistors würde eine Verschlechterung der Universalkurve um ca. -30% bedeuten (Strichlinie in Bild 5.86). Hinzu kommt, dass der Abstand der Si:C-S/D-Gebiete zum Gate bei diesem Integrationsansatz relativ groß ist ($L_{Sp0} + L_{Sp1} + P \approx 40$ nm), was nur eine geringen Einfluss der Deformation durch die Si:C-S/D-Gebiete erwarten lässt.

Die Implantation der Source/Drain-Gebiete ist bei allen Si:C-Integrationsansätzen in dieser Arbeit nicht nötig, da die Source/Drain-Gebiete durch die *in situ*-Dotierung der Si:C-Schichten ausreichend stark dotiert sind.

Kapitel 5 – Theoretische und experimentelle Ergebnisse

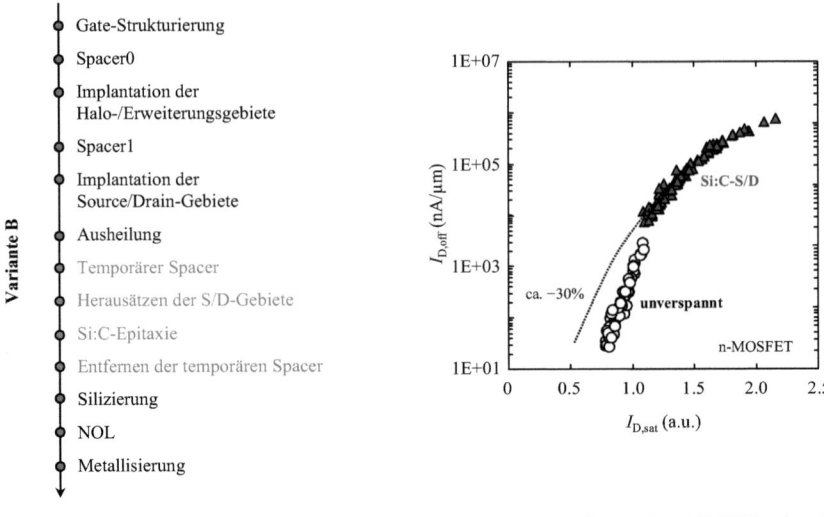

Variante B
- Gate-Strukturierung
- Spacer0
- Implantation der Halo-/Erweiterungsgebiete
- Spacer1
- Implantation der Source/Drain-Gebiete
- Ausheilung
- Temporärer Spacer
- Herausätzen der S/D-Gebiete
- Si:C-Epitaxie
- Entfernen der temporären Spacer
- Silizierung
- NOL
- Metallisierung

Bild 5.85: Prozessintegration der Erzeugung der Si:C-S/D-Gebiete in den MOSFET-Herstellungsprozess (Variante B).

Bild 5.86: Universalkurven der n-MOSFETs mit und ohne Si:C-S/D-Gebiete (nach Variante B).

Basierend auf diesen Erkenntnissen wurde als dritte Variante ein Prozessablauf entwickelt, bei der der Transistor bereits nach der Implantation der Erweiterungsgebiete und Halos ausgeheilt wird (Variante C, Bild 5.87). Anschließend erfolgt die Implementierung der Si:C-S/D-Gebiete. Die Strukturierung der Spacer1 dient nur der Justierung der anschließenden Silizierung, ohne dass die Source/Drain-Gebiete implantiert werden. Somit erfolgen alle kritischen Ausheilungsprozesse mit großer thermischer Belastung vor der Si:C-Epitaxie und zudem werden jegliche nachfolgende Implantationsschritte vermieden. In den hier dargestellten Prozessablauf ist nach der Si:C-Abscheidung eine Kurzzeitausheilung eingefügt worden. Dieser Prozess erlaubt eine Ausheilung bei sehr hohen Temperaturen ($T \approx 1300\ °C$) für wenige Millisekunden, wodurch eine sehr hohe Aktivierung ohne nennenswerte Diffusion der Dotanden möglich ist [7], [216]. Die Kurzzeitausheilung wird beispielsweise durch einen Laser oder eine Blitzlampe mit extrem hohen Leistungsdichten realisiert. Während der Epitaxie bei rund 850 °C findet eine Deaktivierung der Dotanden im Vergleich zum Level der vorherigen Ausheilung bei 1050 °C statt. Mit Hilfe der Kurzzeitausheilung ist eine Reaktivierung der Dotanden möglich, die sogar über dem der konventionellen Ausheilung liegt. Die Kurzzeitausheilung findet aus Gründen der Vergleichbarkeit beim unverspannten Vergleichstransistor ebenfalls Anwendung. Die Verbesserung der Transistoren mit Si:C-S/D-Gebieten durch die Kurzzeitausheilung beträgt rund 18% (Bild 5.88) und ist allein auf die höhere Phosphoraktivierung zurückzuführen. Die Leistungsfähigkeit dieser Transistoren nach Variante C ist immer noch geringer als die der unverspannten Referenztransistoren.

5.3 Silizium-Kohlenstoff Source/Drain-Gebiete

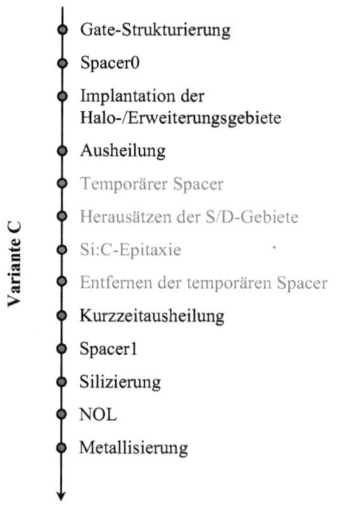

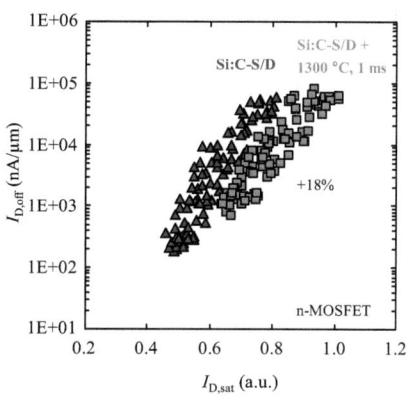

Bild 5.87: Prozessintegration der Erzeugung der Si:C-S/D-Gebiete in den MOSFET-Herstellungsprozess (Variante C).

Bild 5.88: Universalkurven der n-MOSFETs mit Si:C-S/D-Gebieten (nach Variante C) mit Darstellung des Einflusses einer zusätzlichen Kurzzeitausheilung nach der Si:C-Epitaxie.

Ein markanter Unterschied in den elektrischen Daten für n-MOSFETs mit und ohne Si:C-S/D-Gebieten ist bei den Schichtwiderständen vorhanden. Da die *in situ*-Phosphor-Dotierung sehr hoch und zudem homogen über die Tiefe der Si:C-S/D-Gebiete ist, sind die Schichtwiderstände der Aktivgebiete eines n-MOSFETs mit Si:C-S/D-Gebieten um den Faktor 3 geringer, verglichen mit den Werten eines konventionellen Transistors (Bild 5.89). Der silizierte Schichtwiderstand der Aktivgebiete mit Si:C ist dagegen ca. 15% höher, was auf Probleme bei der Silizierung von kohlenstoffdotiertem Silizium hindeutet. Um eine mögliche Degradation durch den höheren silizierten Schichtwiderstand zu vermeiden, wurde auf die Si:C-S/D-Gebiete eine ca. 10 nm dicke *in situ*-dotierte Siliziumschicht ohne Kohlenstoff („Si-Kappe" in Bild 5.89) abgeschieden, die nun anstelle des Si:C während der Silizierung aufgebraucht wird. Dieser Optimierungsansatz zeigt eine leichte Verringerung sowohl des unsilizierten als auch des silizierten Schichtwiderstands, was allerdings keinen weiteren Einfluss auf das Verhalten der Universalkurven hat.

In Bild 5.90 ist abschließend der optimierte n-MOSFET mit Si:C-S/D-Gebieten nach Variante C im Vergleich zu einem konventionellen Transistor dargestellt. Dabei sind alle wesentlichen Parameter (Schwellspannung, Millerkapazität, kapazitive Inversionsdicke usw.) angepasst. Für die besten Prozessparameter ist die Leistungsfähigkeit des Transistor mit Si:C-S/D-Gebieten im Vergleich zu einem unverspannten Transistor um 10% verringert. In Bild 5.90 soll weiterhin der Einfluss der Si:C-S/D-Gebiete bzw. der erzeugten Verspannung hervorgehoben werden, indem beispielsweise der Abstand P der Si:C-S/D-Gebiete zum Gate von 25 nm auf 8 nm verringert wurde. Dies hat überraschenderweise keinen Einfluss auf die Leistungsfähigkeit der Transistoren. Ebenso führt eine Variation der Kohlenstoffkonzentration y von 1.8% auf 1.6% nicht zu einer Änderung im elektrischen Verhalten. Diese Ergebnisse deuten daraufhin, dass der Transistorkanal nicht durch die Si:C-S/D-Gebiete verspannt wird.

123

Kapitel 5 – Theoretische und experimentelle Ergebnisse

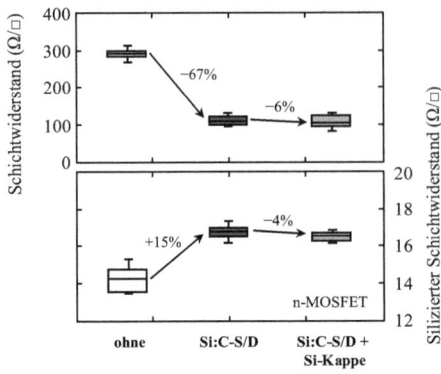

Bild 5.89: Schichtwiderstände der Aktivgebiete des n-MOSFETs mit und ohne Si:C-S/D-Gebiete sowie mit zusätzlicher Si-Kappe.

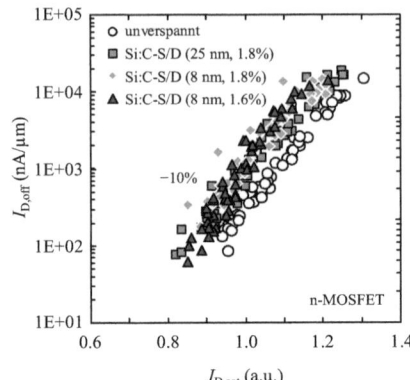

Bild 5.90: Universalkurven der n-MOSFETs (Abstand P und Kohlenstoffkonzentration y) der Si:C-S/D-Gebiete nach Variante C.

Die Darstellung des Gesamtwiderstands über der Gatelänge gibt, bedingt durch die unveränderte Elektronenbeweglichkeit in den Transistoren mit Si:C-S/D-Gebieten und in den Vergleichstransistoren (Bild 5.91), keinen Hinweis auf das Vorhandensein einer möglichen Kanaldeformation. Gleichzeitig ist der parasitäre Source/Drain-Widerstand mit 285 $\Omega\cdot\mu m$ ca. 40% größer als der des unverspannten Referenztransistors, wodurch auch die verringerte Leistungsfähigkeit in Bild 5.90 begründet ist.

Interessanterweise zeigen Röntgenbeugungsmessungen auf großflächigen Teststrukturen desselben Wafers, auf dem diese elektrischen Daten ermittelt wurden, eine Deformation der Si:C-Schichten, die etwa einem Anteil von 1.8% substitutionellen Kohlenstoff entspricht. Ebenfalls durchgeführte NBD-Messungen an Kurzkanaltransistoren konnten nicht zur Klärung dieser Problematik beitragen, da die gewonnenen Daten zu stark streuen. Die TEM-Aufnahme des Transistors mit Si:C-S/D-Gebieten (Bild 5.92) zeigt im Rahmen der Messauflösung keine erkennbaren Defekte im Si:C oder an der Si/Si:C-Grenzfläche, so dass eine mögliche Verspannungsrelaxation in Kurzkanaltransistoren unwahrscheinlich ist.

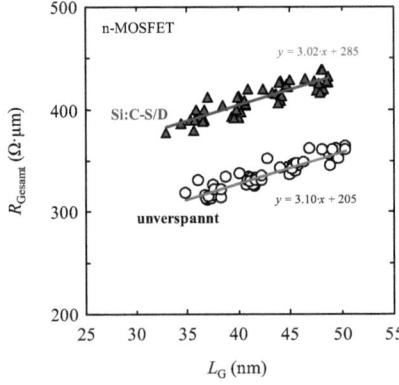

Bild 5.91: Gesamtwiderstand R_{Gesamt} in Abhängigkeit von der Gatelänge L_G für den n-MOSFET mit und ohne Si:C-S/D-Gebiete.

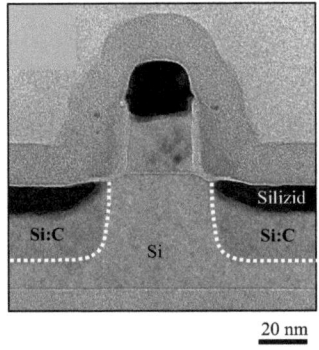

Bild 5.92: TEM-Darstellung des fertig prozessierten n-MOSFETs mit Si:C-S/D-Gebieten nach Variante C.

B) Simulationsergebnisse

In der Simulation werden für die elastischen Konstanten von Si:C Werte verwendet, die identisch zu denen von Silizium sind. Dies stellt eine Näherung dar, die für geringe Kohlenstoffkonzentrationen vertretbar ist. Es wird angenommen, dass der Kohlenstoff zu 100% auf Gitterplätzen eingebaut ist und somit eine maximale Deformation entsteht. Die hier verwendete Kohlenstoffkonzentration beträgt 2.8%, was bezüglich der Gitterkonstantenabweichung äquivalent zu der zuvor beschriebenen Germaniumkonzentration der SiGe-S/D-Gebiete von 23% ist (basierend auf einer linearen Interpolation der Werte aus Tabelle 5.2).

Das Verhalten der Deformation in einem Transistor mit Si:C-S/D-Gebieten gegenüber Layoutvariationen ist dem sehr ähnlich, wie es zuvor bei den SiGe-S/D-Gebieten beschrieben wurde, abgesehen davon, dass die Deformations-/Verspannungskomponenten komplementär sind. Dies wiederum ist notwendig für eine Erhöhung der Elektronenbeweglichkeit und damit der n-MOSFET-Leistungsfähigkeit.

In Bezug auf die Drainstromänderung bestehen allerdings Unterschiede. Beispielsweise ist eine höhere Kohlenstoffkonzentration die Ursache für stärker verspannte Si:C-Schichten, einhergehend mit höheren Drainstromänderungen, wie in Bild 5.93 dargestellt ist. Allerdings verursacht eine Verdoppelung der Kohlenstoffkonzentration keine doppelt so hohe Drainstromänderung. Die Drainstromänderung pro Prozent Kohlenstoffkonzentration ist für geringere Konzentrationen höher als für hohe Konzentrationen.

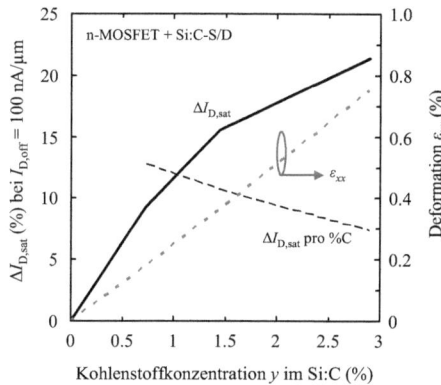

Bild 5.93: Simulierte Drainstromänderung und laterale Kanaldeformation für verschiedene Kohlenstoffkonzentrationen in den Si:C-S/D-Gebieten eines n-MOSFETs.

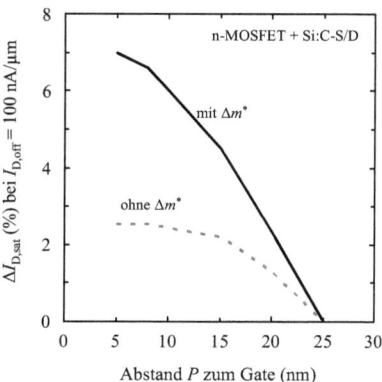

Bild 5.94: Drainstromänderung des n-MOSFETs in Abhängigkeit vom Si:C-Gate-Abstand P der Si:C-S/D-Gebiete.

Dieses Sättigungsverhalten bei großen Deformationen ist charakteristisch für den n-MOSFET mit Si:C-S/D-Gebieten. Dies ist auch bei anderen Parametervariationen zu beobachten. Für Abstände P zwischen Si:C-S/D-Gebieten und Gate von weniger als 10 nm oder für eine Zunahme der Füllhöhe H auf über 10 nm ist eine weitere Steigerung des n-MOSFET-Drainstroms kaum erreichbar (Bilder 5.94 und 5.95). Wird die Änderung der effektiven Elektronenmasse unter einer [110]-Deformation berücksichtigt, so ist noch eine geringere weitere Verbesserung möglich. Auch wenn dadurch das Sättigungsverhalten abgeschwächt ist, so ist es immer noch existent (Bild 5.94).

Der Grund für dieses Sättigungsverhalten ist in dem Zusammenhang zwischen Deformation und Elektronenbeweglichkeit zu suchen (Bild 5.96). Für kleine Deformationen $\varepsilon < 0.1\%$ verhält sich die Änderung der Beweglichkeit linear mit der Deformationsänderung. Dies entspricht dem klassischen piezoresistiven Modell. Für große Deformationen treten jedoch Abweichungen von dieser Relation auf. Die Erhöhung der Elektronenbeweglichkeit beruht auf einer Umbesetzung der Elektronen in die energetisch abgesenkten Δ_2-Täler entlang der [001]-Richtung mit der geringen effektiven Masse in Transportrichtung zusammen mit einer Verringerung der Zwischentalstreuung. Bei $\varepsilon \approx 0.8\%$ ist die Aufspaltung der Bänder ausreichend, um näherungsweise alle Elektronen in die Δ_2-Täler zu transferieren. Für eine weiter zunehmende Deformation erhöht sich die Elektronenbeweglichkeit kaum noch, wie in Bild 5.96 gezeigt ist.

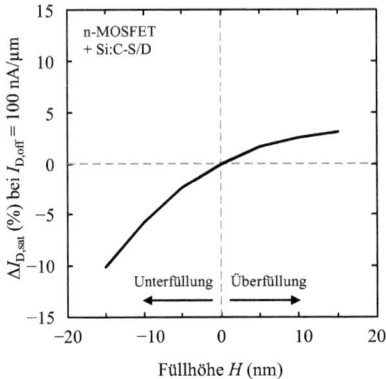
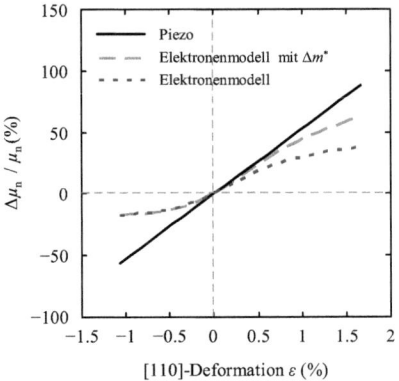

Bild 5.95: Drainstromänderung des n-MOSFETs in Abhängigkeit von der Füllhöhe H der Si:C-S/D-Gebiete.

Bild 5.96: Änderung der Elektronenbeweglichkeit für eine uniaxiale [110]-Deformation, basierend auf dem piezoresistiven Modell und auf dem Elektronenbeweglichkeitsmodell nach Gleichung (4.46) mit und ohne Berücksichtigung der effektiven Massenänderung Δm^*.

Die Drainstromänderung in Abhängigkeit von der Gatelänge ist in Bild 5.97 untersucht worden. Wie bereits zuvor beim p-MOSFET mit SiGe-S/D-Gebieten ist auch hier ein Optimum zu finden (bei $L_G \approx 60$ nm), was durch den überlagerten Effekt der zunehmenden Deformation und dem des parasitären Source/Drain-Widerstands zu Stande kommt.

Abschließend ist der Einfluss der Überätzung des SOI-Films untersucht wurden, wie er während der Spacer0-Strukturierung entsteht. Diese Vertiefung der Oberfläche der Source/Drain-Gebiete im Vergleich zum Gateoxid stellt eine Modifikation der Oberfläche dar, was Einfluss auf die Deformationsübertragung der Si:C-S/D-Gebiete in den Kanalbereich hat. Die Simulation zeigt hier, dass eine Verringerung und schließlich eine vollständige Vermeidung dieser Überätzung den Drainstrom durch eine verbesserte mechanische Kopplung der Si:C-S/D-Gebiete und dem Kanalgebiet erhöht (Bild 5.98). Die laterale Deformation erhöht sich von 0.7% auf 0.9% und verursacht eine zusätzliche Erhöhung des n-MOSFET-Drainstroms um 5%. Ein analoger Effekt ist auch beim p-MOSFET mit SiGe-S/D-Gebieten zu beobachten (+8%).

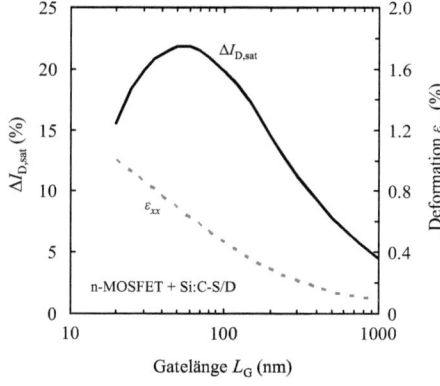
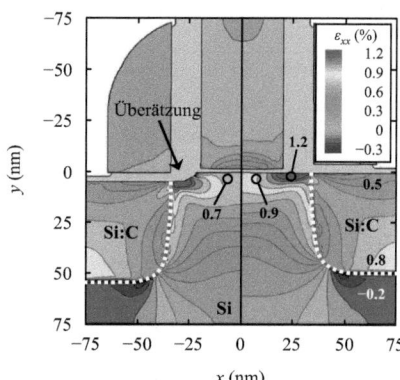

Bild 5.97: Drainstromänderung und laterale Kanaldeformation eines n-MOSFETs mit Si:C-S/D-Gebieten in Abhängigkeit von der Gatelänge.

Bild 5.98: Laterale Deformation ε_{xx} in einem Transistor mit Si:C-S/D-Gebieten mit (links) und ohne (rechts) Überätzung.

5.3.3 Herstellung durch Implantation und Rekristallisation

Bei diesem Ansatz zur Erzeugung von Si:C-Schichten ist neben der Lage der Kohlenstoffatome im Silizium vor allem die Wahl der Ausheilbedingungen von entscheidender Bedeutung. Eine Optimierung der Implantationsparameter lässt sich sinnvoll mit Hilfe der Simulation durchführen. Diese Untersuchungen werden im ersten Teil dargestellt. Im Anschluss daran folgt die Diskussion der experimentellen Ergebnisse.

A) Simulationsergebnisse

Die Lage der Kohlenstoffatome im Transistor ist in Bild 5.99 für vier verschiedene Implantationsenergien dargestellt (Implantationsdosis jeweils $Q = 1 \cdot 10^{15}$ cm^{-2}). Eine geringere Implantationsenergie führt zu einer schmaleren Verteilung der Kohlenstoffatome, die näher an der Oberfläche liegen. Das Konzentrationsmaximum des implantierten Profils erreicht im Vergleich zu höherenergetischen Implantationen größere Werte. Da die erzeugte Deformation im Kanal direkt proportional zur Kohlenstoffkonzentration in den Source/Drain-Gebieten ist, sind für Implantationen mit konstanter Implantationsdosis geringe Implantationsenergien anzustreben (Bild 5.100). Wählt man die Implantationsdosen so, dass das jeweilige Konzentrationsmaximum 1% Kohlenstoff entspricht, so findet man ein Optimum bezüglich der Kanaldeformation bei einer Implantationsenergie von (6...7) keV (Bild 5.100).

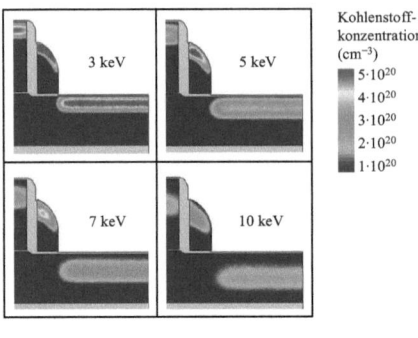
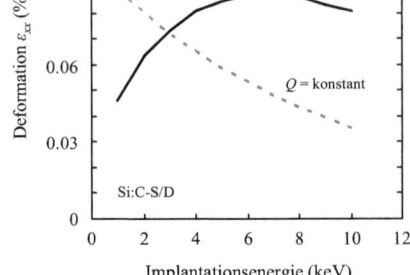

Bild 5.99: Kohlenstoffkonzentration im Transistor für verschiedene Implantationsenergien (Implantationsdosis: $Q = 1\cdot 10^{15}$ cm^{-2}).

Bild 5.100: Laterale Kanaldeformation für verschiedene Implantationsenergien (mit $Q = 1\cdot 10^{15}$ cm^{-2}) sowie für den Fall einer maximalen Kohlenstoffkonzentration von $y = 1\%$ (Q = variabel).

Um noch höhere Deformationen zu erzeugen, besteht neben der Erhöhung der Kohlenstoffkonzentration die Möglichkeit, durch mehrfache Implantationen ein Kohlenstoffprofil zu erzeugen, welches einen gleichförmigen Verlauf über die Tiefe aufweist. Dies ist in Bild 5.101 als Beispiel einer dreifachen Implantation, bestehend aus verschiedenen Implantationsenergien und -dosen, dargestellt ($1.2\cdot 10^{14}$ cm^{-2} @ 1 keV + $2.4\cdot 10^{14}$ cm^{-2} @ 3 keV + $8\cdot 10^{14}$ cm^{-2} @ 6 keV). Durch das breitere, kastenförmige Profil wird die Kanaldeformation im Vergleich zu einer einfachen Implantation ($1\cdot 10^{15}$ cm^{-2} @ 5 keV) mit gleicher Maximalkonzentration deutlich erhöht (Bild 5.102). Diese Deformation beträgt dennoch nur etwa 60% davon, was mit einer epitaktischen 50 nm dicken Si:C-Schicht mit einer konstanten Kohlenstoffkonzentration entsprechend der Maximalkonzentration erreicht werden kann.

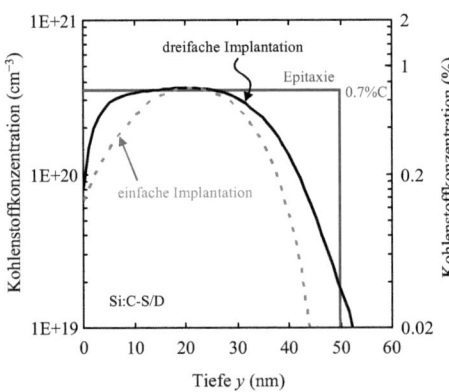
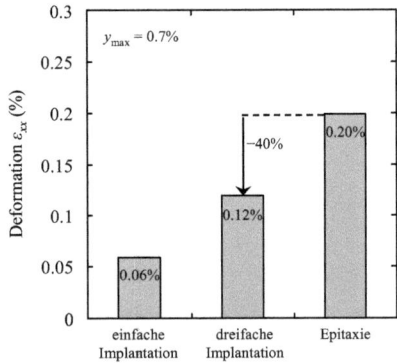

Bild 5.101: Kohlenstoffprofil für eine einfache und eine dreifache Implantation sowie für den Fall eines epitaktisch erzeugten Si:C-Films. Die maximale Kohlenstoffkonzentration ist jeweils ca. 0.7%.

Bild 5.102: Laterale Kanaldeformation für eine einfache bzw. dreifache Implantation sowie für ein 50 nm dickes epitaktisches Si:C-S/D-Gebiet (maximale Kohlenstoffkonzentration jeweils $y \approx 0.7\%$).

B) Experimentelle Ergebnisse

Zuerst wurde auf unstrukturierten Wafern die Funktionalität des Ansatzes zur Erzeugung von verspannten Si:C-Schichten mit Hilfe der Implantation und Rekristallisation überprüft. Zur Bestimmung der erzeugten Verspannung wurde die Methode der Waferverbiegungsmessung genutzt. Weiterhin wurde die substitutionelle Kohlenstoffkonzentration über Röntgenbeugungsmessungen ermittelt. Wie die Ergebnisse in Bild 5.103 belegen, sind in der Tat hohe Zugverspannungen erzeugbar, wobei eine starke Abhängigkeit von den verwendeten Prozessparametern existiert.

Eine vorherige Prä-Amorphisierungsimplantation (PAI) ist auf jeden Fall notwendig, da erst durch die vollständige Neustrukturierung des Kristallgitters aus der amorphen Phase die Kohlenstoffatome in das Kristallgitter eingebaut werden können. Als Ausheilung wurden die bereits aus dem Herstellungsablauf verfügbaren Prozesse verglichen. Eine 750 °C-Ausheilung für 60 s ist als Rekristallisationsschritt geeignet, wobei eine Kombination mit einer nachfolgenden Kurzzeitausheilung (1300 °C, 1 ms) in Bezug auf die erzeugte Verspannung noch effektiver ist. Wird ausschließlich die Kurzzeitausheilung verwendet, ist die erzeugte Deformation relativ gering. Der Grund dafür ist aus Bild 5.104 durch die Auswertung von TEM-Aufnahmen ersichtlich. Die ursprüngliche, durch die PAI erzeugte amorphe Siliziumschicht (a-Si) ist rund 40 nm tief und kann durch die Kurzzeitausheilung nicht vollständig rekristallisiert werden. Aus ähnlichen Experimenten ohne Kohlenstoff ist bekannt, dass die alleinige Verwendung der Kurzzeitausheilung in der Lage ist, solche Proben vollständig zu rekristallisieren. Die Wachstumsrate bei der Rekristallisierung ist stark von vorhandenen Fremdatomen, hier Kohlenstoff, abhängig. Kohlenstoff verlangsamt die Rekristallisationsrate um den Faktor 1000 [209], was erklärt, warum die amorphen Si-C-Schichten nicht vollständig rekristallisiert sind.

Die Ausheilung mit 750 °C für 60 s dagegen ist ausreichend, um selbst unter diesen Bedingungen die amorphe Schicht vollständig zu rekristallisieren. Eine Ausheilung mit 1050 °C für 2 s ist bezüglich der vollständigen Rekristallisierung ebenfalls zweckmäßig, allerdings zeigen Daten aus Röntgenbeugungsmessungen (blaue Werte in Bild 5.103), dass in diesem Fall keine Deformation erzeugt wird. Vermutlich können die Kohlenstoffatome bereits während der Ausheilung durch die hohen Temperaturen und die relativ lange Dauer ihre Gitterplätze verlassen und tragen als Zwischengitteratome nicht zur Deformationserzeugung bei.

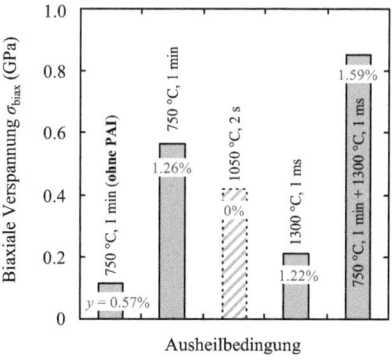

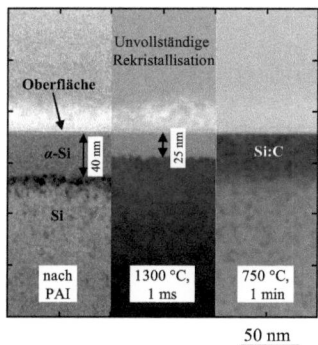

Bild 5.103: Biaxiale Verspannung in unstrukturierten Si:C-Proben nach verschiedenen Ausheilmethoden (aus Waferverbiegungsmessungen). Die Zahlenwerte in den Balken kennzeichnen die substitutionelle Kohlenstoffkonzentration aus XRD-Messungen.

Bild 5.104: TEM-Aufnahmen der amorphisierten Siliziumschicht nach verschiedenen Ausheilmethoden.

Bei der näheren Betrachtung der rekristallisierten Si:C-Schicht fällt im Vergleich zu kristallinem Silizium die unregelmäßige Kristallstruktur im Waferinneren auf (Bild 5.105). Die Interpretation dieser Bilder ist schwierig, die Störungen deuten aber auf Defekte und ein fehlerbehaftetes Wachstum hin. Deren Auswirkungen sind offensichtlich gering, da diese Schichten trotz alledem eine Verspannung zumindest auf großflächigen Teststrukturen (für Flächen von μm^2 bis mm^2) aufweisen.

In einem weiteren Experiment wurden die bereits angesprochenen Wechselwirkungen zwischen Kohlenstoff und eventuell vorhandenen Dotanden untersucht (Bild 5.106). Die Implantationsbedingungen sind identisch zu denjenigen, die im normalen Prozess verwendet werden (**Fehler! Verweisquelle konnte nicht gefunden werden.**), wobei als Variation die Implantationsspezies der Erweiterungsgebiete und der Source/Drain-Gebiete ausgehend von Arsen sukzessive durch Phosphor ersetzt wurde. Die Halo-Implantation bleibt jeweils unverändert. Prinzipiell tritt für die dotierten Proben eine Verringerung der Verspannung auf, teilweise bis zu 23%. Für den Fall, dass bei beiden Implantationen Arsen verwendet wird, ist die Verringerung der Verspannung im Vergleich zum Fall ohne Dotanden am stärksten, während Phosphor als Dotand einen deutlich kleineren Verspannungsverlust hervorruft. Ergebnisse aus XRD-Messungen bestätigen diese Aussagen (Zahlenwerte in Bild 5.106). Ein Grund für das günstigere Verhalten von Phosphor im Vergleich zu Arsen liegt in der Tatsache begründet, dass Phosphor durch seinen kleineren Atomradius gegenüber Silizium ($r_P = 105$ pm vs. $r_{Si} = 117$ pm) die Entstehung einer Zugverspannung unterstützt und so einen Teil des Verlustes aufgrund der geringeren substitutionellen Kohlenstoffkonzentration wieder herstellt. Arsen verursacht dagegen keine messbare Deformation des Siliziumgitters.

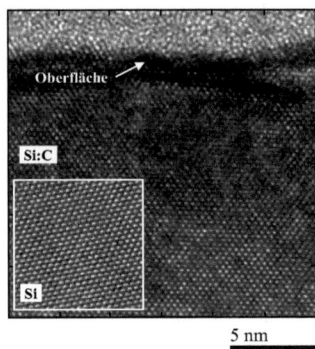 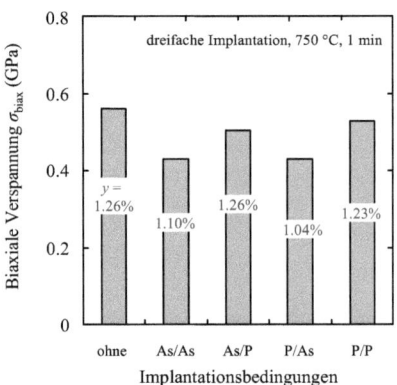

Bild 5.105: Hochauflösende TEM-Aufnahme zur Verdeutlichung der Störungen in der rekristallisierten Si:C-Schicht. Das eingefügte Bild zeigt das Silizium unterhalb der Si:C-Schicht.

Bild 5.106: Einfluss verschiedener Dotanden (für die Erweiterungsgebiete bzw. Source/Drain-Gebiete) in der Si:C-Schicht auf deren Verspannung. Die Balken entsprechen Daten aus Waferverbiegungsmessungen, die Zahlenwerte stammen von XRD-Messungen und kennzeichnen die substitutionelle Kohlenstoffkonzentration.

Die optimale Integration der Si:C-Gebiete in den Herstellungsablauf ergibt sich demnach wie folgt:
1. PAI,
2. dreifache Kohlenstoffimplantation und
3. 750 °C-Ausheilung mit anschließender Kurzzeitausheilung.

5.3 Silizium-Kohlenstoff Source/Drain-Gebiete

Die Wahl der Position im Herstellungsablauf fiel auf die Stelle nach der konventionellen Ausheilung und entspricht der Variante B bei der Epitaxie (Bild 5.85), nur ohne temporäre Spacer und ohne das Heraussätzen der Source/Drain-Gebiete. Die Prozessschritte davor und danach bleiben unverändert. In Bild 5.107 sind die Universalkurven für n-MOSFETs mit und ohne Si:C-S/D-Gebieten dargestellt. Es ist durch die Verwendung der Si:C-S/D-Gebiete keine signifikante Änderung der Transistorleistungsfähigkeit zu erkennen. Verschiedene Kohlenstoffkonzentrationen haben keinen Einfluss auf das elektrische Verhalten, ebenso wie die verschiedenen Ausheilmethoden keine Änderungen im elektrischen Verhalten verursachen (Bild 5.108).

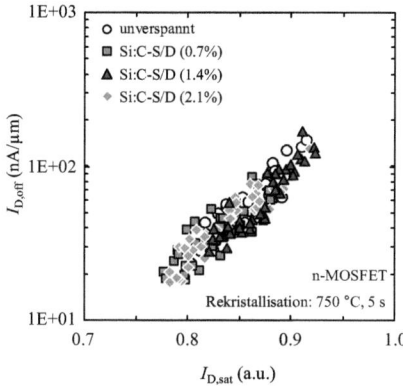
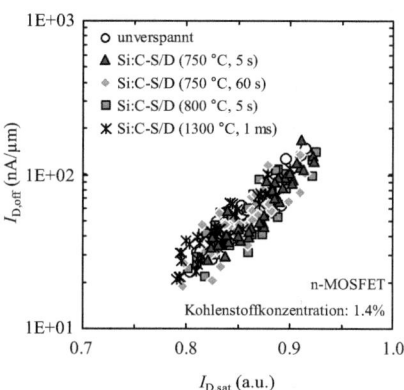

Bild 5.107: Universalkurven der n-MOSFETs für verschiedene maximale Kohlenstoffkonzentrationen der Si:C-S/D-Gebiete.

Bild 5.108: Universalkurven der n-MOSFETs für verschiedene Ausheilmethoden zur Rekristallisation der Si:C-S/D-Gebiete.

5.3.4 Zusammenfassung

Die erzeugten Si:C-Schichten sind unabhängig von der Herstellungsmethode (Epitaxie oder Implantation und Rekristallisation) auf großflächigen Teststrukturen verspannt, wie durch mehrere Analysemethoden unabhängig voneinander festgestellt wurde. Die Methode über die Implantation und Rekristallisation ist im Vergleich zum epitaktischen Ansatz kostengünstiger und einfacher zu implementieren, allerdings durch die stark inhomogene Kohlenstoffverteilung nicht so effektiv für die Verspannungserzeugung.

Der Einbau dieser Schichten in die Source/Drain-Gebiete eines n-MOSFETs ist technisch ebenfalls problemlos möglich. Allerdings ist danach kein Einfluss einer möglichen Verspannung anhand der elektrischen Transistorkenngrößen mehr zu beobachten, was den Nutzen dieser Verspannungstechnik zweifelhaft erscheinen lässt. In diesem Zusammenhang treten mehrere Problem auf:

- Verspannung der Si:C-S/D-Gebiete
  Dass der Si:C-Abscheidung nachfolgende Prozessschritte, z.B. die Silizidbildung, die NOL-Abscheidung oder die Kontaktbildung, zu einer Relaxation der verspannten Si:C-Schichten führen, ist unwahrscheinlich, da die auftretenden Temperaturen weit unterhalb der kritischen 800 °C liegen. Der Einfluss der Dotanden ist (zumindest für den Epitaxieansatz) nicht der Grund, da hier trotz der *in situ*-Dotierung und der damit immer vorhanden Dotanden, auf großflächigen Strukturen Verspannungen nachweisbar sind.

- Verspannungsübertragung in den Kanal
Eine defektfreie Grenzfläche zwischen Si:C und Silizium ist zwingend erforderlich, um einen Verspannungsübertragung in den Kanal zu gewährleisten. In [217] wurde auf Probleme beim Wachstum von Si:C auf {110}-orientierten Substraten gegenüber zu {100}-Substraten hingewiesen. Die vertikalen Seitenwände der geätzten Source/Drain-Vertiefungen weisen eben diese {110}-Orientierung auf (siehe Skizze in Bild 5.109). Mögliche Kristalldefekte beim Wachstum des Si:C an den vertikalen Grenzflächen spielen bei den großflächigen Gebieten keine Rolle, können aber in den kleinen Source/Drain-Gebieten der hier untersuchten Transistoren durch ihren zunehmenden Anteil an der Si:C/Si-Grenzfläche von Bedeutung sein. Allerdings geben die zur Verfügung stehenden elektrischen Daten (Bild 5.109) dazu keinen Beleg, da hier keine Abhängigkeit von der Länge des Aktivgebiets auftritt.

- Auswirkungen der Verspannung auf das elektrische Verhalten des Transistors
Der parasitäre Source/Drain-Widerstand ist für den Referenz-n-MOSFET und den n-MOSFET mit Si:C-S/D-Gebieten vergleichbar groß. Der erhöhte Silizidwiderstand im Si:C verschlechtert zwar das Universalkurvenverhalten, dennoch müsste eine deformationsbedingte Beweglichkeitserhöhung im Kanal vorhanden sein, was nicht der Fall ist (Bild 5.91).

Zum anderen existieren mehrere Punkte, die im Unterschied zur SiGe-S/D-Technik einen geringeren Effekt durch die Si:C-S/D-Gebiete erwarten lassen: (i) Die vorhandenen 1.8% Anteil an substitutionellem Kohlenstoff im Silizium entsprechen in etwa (14...22)% Germanium, so dass die maximal erzeugte Deformation geringer ist. (ii) Die Elektronenbeweglichkeit erhöht sich deutlich weniger durch eine laterale Deformation als die Löcherbeweglichkeit bei gleicher Deformation, so dass geringere Steigerungen der Elektronenbeweglichkeit möglich sind. (iii) Schließlich ergibt sich bei Si:C kein Vorteil durch einen verringerten Kontaktwiderstand, da die verspannungsbedingte Schottky-Barrierenhöhen-Verringerung (vgl. Bild 5.79) durch die verringerte Phosphor-Aktivierung kompensiert wird.

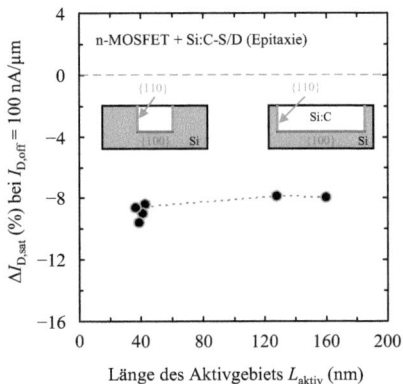

Bild 5.109: Drainstromänderung beim n-MOSFET mit Si:C-S/D-Gebieten in Abhängigkeit von der Länge des Aktivgebiets. Die Skizze veranschaulicht den Einfluss der verschiedenen Oberflächenorientierungen in den geätzten Source/Drain-Gebieten.

Zusammenfassend zeigt sich, dass sich trotz verschiedener Vermutungen kein Nachweis über die Funktionalität der Si:C-S/D-Gebieten als Verspannungsquelle im Transistor finden lässt.

5.4 Verspannungsspeichernde Prozesse

Der Begriff Verspannungsspeicherung bezeichnet hier den Vorgang zur Erzeugung einer permanenten Verspannung in zuvor unverspannten Regionen des Transistors mit Hilfe einer externen temporären Verspannungsquelle. Das heißt, bei den verspannungsspeichernden Prozessen (Stress Memorization Techniques, SMT) wird, anders als bei den vorherigen Verspannungstechniken, kein neues Material in den Transistor dauerhaft eingebracht bzw. darüber abgeschieden. Stattdessen wird mit Hilfe thermischer Prozesse eine Verspannung in vorhandenen Materialien, u.a. im Polysilizium-Gate, erzeugt. Die daraus resultierenden Kanalverspannungen haben eine Erhöhung der Elektronenbeweglichkeit zur Folge, wodurch entsprechend die Leistungsfähigkeit des n-MOSFETs steigt. Der p-MOSFET reagiert mit einer Degradation auf die Anwendung von SMT. Das bisherige Verständnis des SMT-Mechanismus ist unvollständig, da wesentliche Aspekte, z.B. wo und wie die Verspannungen gespeichert werden, noch unklar sind.

Auf Basis von Experimenten zur Untersuchung der erzeugten Verspannung und durch eine Charakterisierung der elektrischen Eigenschaften von Transistoren mit SMT soll in Kombination mit der Prozess- und Bauelementesimulation ein besseres Verständnis des SMT-Effekts erlangt werden.

5.4.1 Methode und Integration der verspannungsspeichernden Prozesse

In der Literatur finden sich verschiedene Ansätze, an welcher Stelle im Prozessablauf die Verspannungen eingebracht und gespeichert werden. Im Wesentlichen lassen sie sich in zwei Kategorien einordnen, je nachdem ob sie am Anfang oder am Ende des Herstellungsprozesses integriert werden (Bild 5.110).

- Variante 1 (SMT1) am Anfang des Prozessablaufs: Die Einprägung der Verspannung in den Transistor erfolgt über die Schritte Prä-Amorphisierungsimplantation (PAI), Abscheidung eines temporären SMT-Films in Form eines dielektrischen Materialfilms aus Oxid oder Nitrid sowie einer zusätzlichen Ausheilung bei niedrigen Temperaturen zwischen 600 °C und 800 °C für eine Dauer von wenigen Minuten.

- Variante 2 (SMT2): Die Abscheidung des SMT-Films erfolgt relativ spät im Herstellungsprozess und nutzt als thermischen Prozessschritt zur Einprägung der Verspannung die bereits vorhandene Ausheilung mit Temperaturen zwischen 1000 °C und 1100 °C für wenige Sekunden.

Die Prä-Amorphisierungsimplantation bei SMT1 erfolgt zusammen mit der Implantation der Halo- und Erweiterungsgebiete. Die PAI wird bereits standardmäßig verwendet, da die Aktivierung bzw. der Einbau der Dotanden auf Gitterplätze aus der amorphen Phase gegenüber der kristallinen Phase verbessert ist. Durch die Rekristallisation und der damit verbundenen vollkommenen Neustrukturierung des Gitters können Dotanden weit über der Festkörperlöslichkeit eingebaut werden [7], analog dem Ansatz zur Erzeugung von Si:C durch Implantation und Rekristallisation. Die dadurch verringerten Schichtwiderstände dieser Gebiete erlauben schließlich größere Drainströme. Beim p-MOSFET verwendet man diese PAI aus historischen Gründen nicht, da potenziell die Gefahr besteht, die verspannten SiGe-S/D-Gebiete zu schädigen. Wie allerdings in Abschnitt 5.2.2 dargelegt wurde, ist diese Sorge unbegründet. Die PAI vermeidet man beim p-MOSFET, da dieser Prozessschritt wesentlich für die Funktionsweise von SMT ist und man so keine Degradation beim p-MOSFET riskiert (s. Abschnitt 5.4.2). Bei der Variante SMT1 wird der Nitridfilm für die Erzeugung der Spacer1 gleich als SMT-Film genutzt, so dass kein zusätzlicher Prozessschritt nötig ist. Noch vor dessen Strukturierung zu Spacern erfolgt der thermische Prozessschritt zur Erzeugung und Einprägung einer Verspannung in den Transistor. Dabei findet eine Rekristallisation der amorphen Silizium-Gebiete (α-Si) im n-MOSFET statt.

Kapitel 5 – Theoretische und experimentelle Ergebnisse

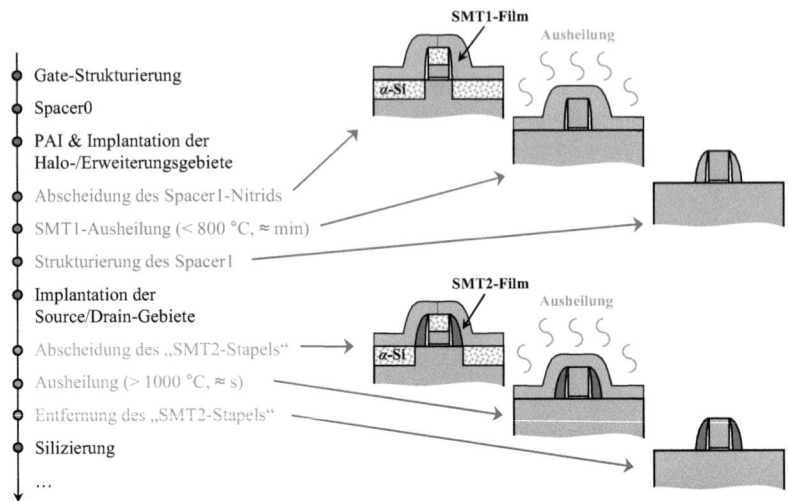

- Gate-Strukturierung
- Spacer0
- PAI & Implantation der Halo-/Erweiterungsgebiete
- Abscheidung des Spacer1-Nitrids
- SMT1-Ausheilung (< 800 °C, ≈ min)
- Strukturierung des Spacer1
- Implantation der Source/Drain-Gebiete
- Abscheidung des „SMT2-Stapels"
- Ausheilung (> 1000 °C, ≈ s)
- Entfernung des „SMT2-Stapels"
- Silizierung
- …

Bild 5.110: Integration der beiden SMT-Varianten in den MOSFET-Prozessablauf.

Nach der Spacer-Strukturierung aus dem SMT1-Film erfolgt die Ionenimplantation der Source/Drain-Gebiete. Anschließend wird der SMT2-Stapel abgeschieden, der aus einer ca. 9 nm dicken Oxidschicht (für eine bessere Kontrolle der nachfolgenden Filmentfernung) und einer ca. 50 nm dicken Nitridschicht (die die Verspannung hervorruft) besteht. Dieser Stapel wird vom p-MOSFET wieder entfernt, um negative Auswirkungen auf dessen Leistungsfähigkeit zu vermeiden. Dazu gehören zum einen die Verringerung der Löcherbeweglichkeit wegen der ungünstigen Verspannungsfelder und zum anderen der Dotandenverlust der Source/Drain-Gebiete. Für den letztgenannten Effekt ist eine erhöhte Ausdiffusion des Bors während der Ausheilung aufgrund des zusätzlichen Wasserstoffs im Nitridfilm verantwortlich [32]. Die Ausheilung wird durchgeführt, während sich der SMT2-Stapel auf dem n-MOSFET befindet, einhergehend mit einer Einspeicherung der Verspannung im Transistor. Anschließend wird der SMT2-Stapel wieder vollständig entfernt und es folgen die Silizierung und die Kontaktierung.

Als physikalische Ursache für den SMT-Effekt machen viele Veröffentlichungen Rekristallisationseffekte im Polysilizium-Gate verantwortlich. Selten wird auch eine Verspannungsspeicherung in den Source/Drain-Gebieten als Ursache genannt. Die Ergebnisse sind jedoch oft nicht vollständig konsistent und die Steigerung der Leistungsfähigkeit scheint manchmal auch andere Effekte zu beinhalten. Dies ist der Vielzahl an Integrationsansätzen geschuldet und zudem von den speziell verwendeten Prozessschritten abhängig. Eine Auswahl verschiedener Veröffentlichungen ist in Tabelle 5.3 gegenübergestellt.

Tabelle 5.3: Vergleich der Literatur zu den verspannungsspeichernden Prozessen.

Referenz, Jahr	Extra PAI	SMT-Film (Verspannung)	SMT-Variante	$\Delta I_{D,sat}$ (n-/p-MOSFET)	Verspannung gespeichert im
[35], 2000	nein	SiO_2	SMT2	15% / 0%	Polysilizium-Gate
[34], 2004	ja	Si_3N_4 (1.5 GPa)	SMT2	15% / −8%	Polysilizium-Gate
[218], 2004	ja	/	SMT2	6% / -	Polysilizium-Gate
[219], 2005	nein	Si_3N_4	SMT2	10% / -	Polysilizium-Gate
[220], 2005	nein	Si_3N_4 (0.1 GPa)	SMT2	25% / -	Polysilizium-Gate
[32], 2006	nein	Si_3N_4	SMT2	13% / −10%	Polysilizium-Gate
[221], 2006	/	/	SMT2	9% / 0%	Polysilizium-Gate
[33], 2007	/	Si_3N_4	SMT1 SMT2	10% / −15% 17% / -	S/D-Gebiet (SMT1) Polysilizium-Gate (SMT2)
[222], 2007	/	Si_3N_4 (0 GPa)	SMT1 SMT2	10% / - 10% / -	S/D-Gebiet (SMT1) Polysilizium-Gate (SMT2)
[223], 2007	/	Si_3N_4 (1.0 GPa)	SMT2	16% / -	S/D-Gebiet & Polysilizium-Gate
[224], 2007	/	Si_3N_4 (0.96 GPa)	SMT2	12% / -	Polysilizium-Gate
[225], 2009	/	Si_3N_4	SMT2	10% / −15%	S/D-Gebiet & Polysilizium-Gate

5.4.2 Experimentelle Ergebnisse

Grundlegende Untersuchungen zur Verspannungsgeneration und -speicherung können auf unstrukturierten Wafern vorgenommen werden, da hier die Möglichkeit besteht, auch Messverfahren mit geringer lateraler Auflösung zu nutzen, z.B. die Messung der Waferverbiegung. Anschließend werden diese Erkenntnisse auf den Transistor übertragen und die Änderung der elektrischen Parameter dargestellt.

A) Ergebnisse auf unstrukturierten Wafern

Zur Bestimmung der Art und der Größe der durch den SMT-Effekt erzeugten Verspannungen wurden Versuche auf unstrukturierten Wafern durchgeführt. Dabei können die optimalen Prozessparameter und -kombinationen für eine maximale Verspannungsspeicherung selektiert und anschließend in den Transistor integriert werden.

Bild 5.111 zeigt die Waferverbiegung eines unstrukturierten Silizium-Wafers (Schnittlinie entlang der Wafermitte) vor der Abscheidung, nach der Abscheidung und nach der Ausheilung eines Nitridfilms mit den für SMT1 üblichen Prozessparametern. Der ursprünglich unverspannte Wafer weist nach der Nitridfilmabscheidung bzw. -ausheilung eine konvexe Krümmung auf. Diese Krümmung kennzeichnet eine intrinsische Zugverspannung des Nitridfilms und entsprechend eine Druckverspannung in der obersten Schicht des Siliziumwafers, welche durch die thermische Ausheilung deutlich verstärkt wird. Mit Hilfe von Gleichung (2.12) kann die Änderung der Waferverbiegung in eine entsprechende Verspannungsänderung konvertiert werden.

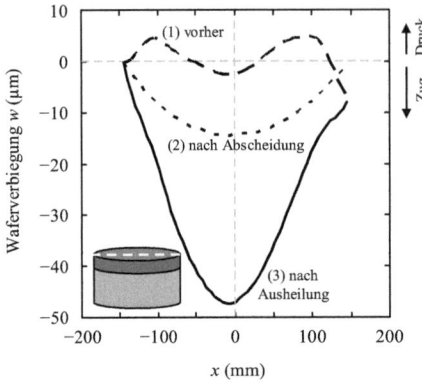

Bild 5.111: Verbiegung (d.h. Auslenkung bezogen auf eine Bezugslinie, weiße Strichlinie) eines 300 mm-Siliziumwafers vor und nach der Abscheidung eines 50 nm dicken Nitridfilms, sowie nach einer Ausheilung bei 600 °C für 3 min. Ein negativer Verbiegungswert kennzeichnet eine Zugverspannung im abgeschiedenen Film und entsprechend eine Druckverspannung in der obersten Schicht des Siliziumwafers.

Im Folgenden sind drei verschiedene Nitridfilmmaterialien untersucht worden. Der wesentliche Unterschied dieser Nitridfilme ist die intrinsische Verspannung, welche von zugverspannt (σ_{Film} = 600 MPa) über leicht druckverspannt (−200 MPa) bis hin zu stark druckverspannt (−975 MPa) reicht. Der Einfluss verschiedener thermischer Prozessschritte (450 °C, 500 °C und 600 °C für jeweils 3 min bzw. 1300 °C für 1 ms) auf die intrinsische Verspannung des ersten Nitridfilms (Nitrid #1) ist in Bild 5.112 veranschaulicht. Einhergehend mit einer Abnahme des Filmvolumens um bis zu 2.3% (ermittelt aus der Schichtdickenvariation vor und nach der Ausheilung), erhöht sich die intrinsische Zugverspannung der Filme durch eine Ausheilung.

Für die beiden anderen Nitridfilme (Nitrid #2 und Nitrid #3) ergibt sich ein ähnliches Verhalten (Bild 5.113). Mit zunehmendem thermischem Budget ist eine Veränderung der intrinsischen Verspannung in Richtung größerer Zugverspannung (bzw. kleinerer Druckverspannungen) erkennbar, unabhängig von der ursprünglichen intrinsischen Verspannung. Dies ist der vermehrten Bildung von Si-N-Bindungen (die für die Härte des Nitridfilms verantwortlich sind) und dem Ausgasen von Wasserstoff zuzuschreiben [46].

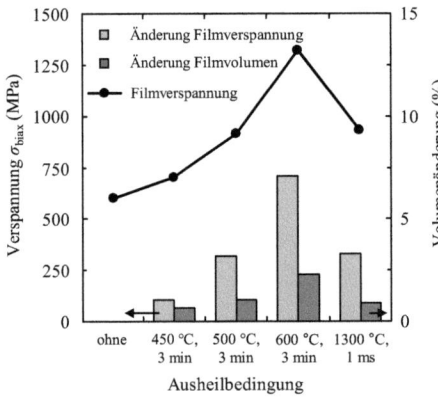

Bild 5.112: Einfluss verschiedener Ausheilmethoden auf die intrinsische Verspannung und die Volumenänderung eines 50 nm dicken Nitridfilms („Nitrid #1").

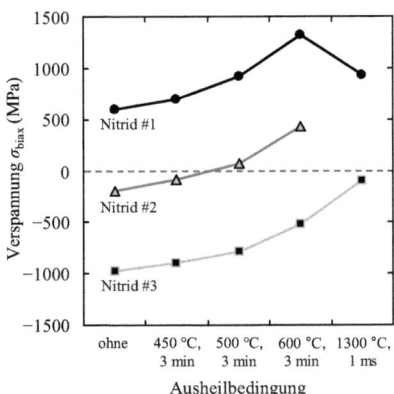

Bild 5.113: Einfluss verschiedener Ausheilmethoden auf die intrinsische Verspannung für verschiedene Nitridfilme (jeweils 50 nm dick).

5.4 Verspannungsspeichernde Prozesse

Eine Erweiterung der bisher untersuchten Prozessabfolge (Filmabscheidung und Ausheilung) um eine vorherige PAI bzw. eine anschließende Entfernung des Nitridfilms nach der erfolgten Ausheilung soll zeigen, ob neben der Verspannungsgeneration auch eine Verspannungsspeicherung stattfindet. Bild 5.114a beschreibt die Entwicklung der Waferverbiegung nach den einzelnen Prozessschritten für den Nitridfilm Nitrid #2. Eine PAI verursacht eine leichte Zugverspannung. Der abgeschiedene Nitridfilm ist zuerst intrinsisch druckverspannt und nach der Ausheilung (600 °C, 3 min) stark zugverspannt. Allerdings geht die Waferverbiegung bzw. die Verspannung gegen null, sobald der Nitridfilm wieder entfernt wird. Dies kann nur so interpretiert werden, dass zwar die erzeugte Verspannung sehr hoch ist, aber nicht in das darunterliegende Silizium eingeprägt (gespeichert) werden kann. Für die anderen Nitridfilme ergibt sich ein sehr ähnliches Verhalten, d.h. keines der untersuchten Materialien kann eine messbare Verspannung in das Silizium einprägen (nicht dargestellt).

Die zwei untersuchten Ausheilmethoden haben bei sonst gleichen Vorbedingungen nur einen vernachlässigbaren Einfluss auf die Verspannung am Ende der Prozessabfolge (Bild 5.114b).

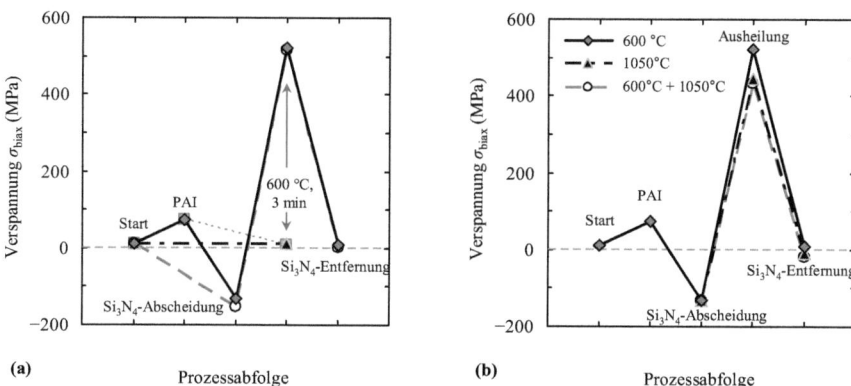

Bild 5.114: Einfluss verschiedener (a) Prozessschritte und (b) Ausheilmethoden auf die erzeugte Verspannung (bzw. Waferverbiegung). Gleiche Linienarten kennzeichnen die Verspannungsentwicklung für verschiedene Prozessabfolgen.

Die bisherigen Untersuchungen konzentrierten sich auf die Prozessbedingungen wie sie bei der SMT-Variante SMT1 auftreten. Der wesentliche Unterschied zu SMT2 ist die sich unter dem SMT-Stapel befindliche ca. 100 nm dicke Polysiliziumschicht. In diesem Fall sind am Ende der Prozessabfolge auch nach dem Entfernen des Nitridfilms im Polysilizium geringe, aber messbare Zugverspannungen zwischen 20 MPa und 135 MPa vorhanden (Bild 5.115), abhängig von der vorherigen Verwendung einer PAI. Für Ausheilungen bei 600 °C ist dies ebenso erreichbar (ca. 20 MPa bis 90 MPa, nicht dargestellt). Eine Zugverspannung in der Polysiliziumschicht würde eine biaxiale Druckverspannung im darunterliegenden Silizium erzeugen. Die daraus folgende Reduzierung der Elektronenbeweglichkeit widerspricht allerdings der beobachteten Leistungssteigerung des n-MOSFETs durch den SMT-Effekt.

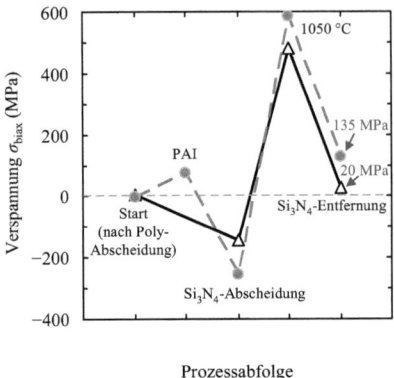

Bild 5.115:
Einfluss verschiedener Prozessschritte auf die Verspannung im Wafer (mit ca. 100 nm dicker Polysiliziumschicht). Gleiche Linienarten kennzeichnen die Verspannungsentwicklung für verschiedene Prozessabfolgen.

Weitere Analysemethoden, wie Raman-Spektroskopie oder Röntgenbeugungsmessungen konnten keine Verspannung auf diesen Proben (mit und ohne Polysiliziumschicht) nachweisen, so dass die Verspannungswerte aus den Waferverbiegungsmessungen nicht verifizierbar sind.

Zusammenfassend geht aus diesen Ergebnissen hervor, dass alle Nitridfilme durch einen thermischen Prozessschritt eine zunehmende intrinsische Zugverspannung entwickeln. Weiterhin fällt auf, dass bei Experimenten ohne Polysiliziumschicht trotz vielfältiger Prozessvariationen keine Verspannung gespeichert wird. Bei den Variationen mit dazwischen liegender Polysiliziumschicht kann eine Zugverspannung von einigen 100 MPa im Polysilizium eingeprägt werden, besonders wenn eine vorherige PAI verwendet wurde. Allerdings sind diese Verspannungen relativ gering und erfahrungsgemäß wird nur ein Teil davon in den Kanalbereich übertragen. Hinzu kommt das Problem, dass die erzeugte Verspannung im Polysilizium nicht in Einklang mit einer Erhöhung der Elektronenbeweglichkeit im darunterliegenden druckverspannten Silizium zu bringen ist. Dies deutet daraufhin, dass der SMT-Effekt ein lokales Verspannungsphänomen ist, das auf großflächigen Strukturen kaum messbare Verspannungen erzeugt und erst durch die Wechselwirkung mit der Transistorstruktur seine eigentliche Wirkung entfaltet.

B) Ergebnisse von Transistoren

Allgemeine Ergebnisse zu SMT1 und SMT2

Bild 5.116 zeigt die Universalkurven für Transistoren mit SMT1 und SMT2 im Vergleich zu unverspannten Transistoren. Der Effekt der SMT-Variante SMT1 ist mit einem Gewinn von 4% relativ gering. Die deutlich stärkere Erhöhung der Transistorleistungsfähigkeit mit SMT2 um 23% ist teilweise auf eine höhere Millerkapazität (und damit auf eine kürzere metallurgische Gatelänge) zurückzuführen, was sich auch in der stark reduzierten Sättigungsschwellspannung ($\Delta U_{th} = -76$ mV) widerspiegelt. Die offensichtlich höhere Dotandendiffusion für Transistoren mit SMT2, wie sie auch in [226] beobachtet wird, wurde in allen nachfolgenden Experimenten durch einen 2 nm längeren Spacer0 ($L_{Sp0} = 11$ nm), und damit einem größeren Abstand der Erweiterungsgebiete zum Gate, ausgeglichen. Die für diesen Fall (Bild 5.117) erreichte Leistungssteigerung durch SMT2 beträgt 11% bei einer immer noch vorhandenen starken Reduzierung der Sättigungsschwellspannung um -47 mV, die durch die deformationsbedingten Bandverschiebungen verursacht wird. Bei SMT1 sind keine zusätzlichen Diffusionseffekte erkennbar, so dass keine Anpassungen der Transistorgeometrie bzw. Implantationsbedingungen notwendig sind.

5.4 Verspannungsspeichernde Prozesse

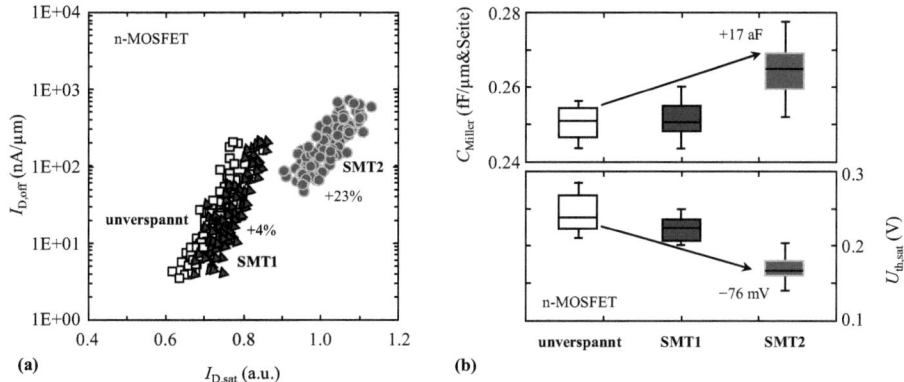

Bild 5.116: (a) Universalkurve und (b) Millerkapazität bzw. Sättigungsschwellspannung für den n-MOSFET mit SMT1 und SMT2 im Vergleich zu einem unverspannten Transistor (ohne Anpassung der Millerkapazität).

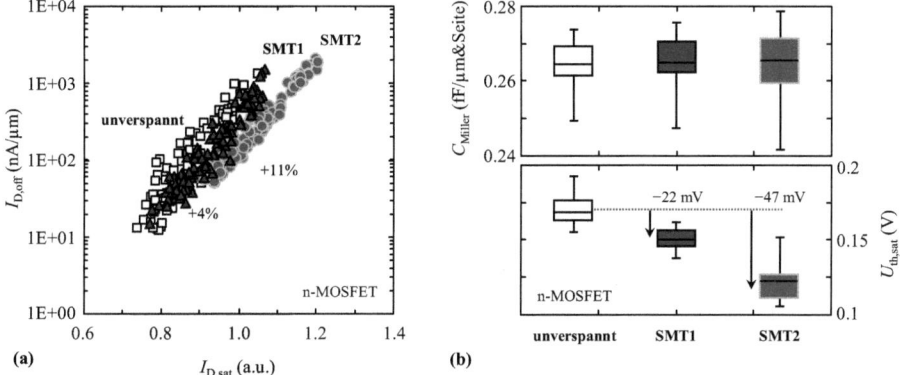

Bild 5.117: (a) Universalkurve und (b) Millerkapazität bzw. Sättigungsschwellspannung für den n-MOSFET mit SMT1 bzw. SMT2 im Vergleich zu einem unverspannten Transistor (nach Anpassung des Spacer0 für SMT2).

Der geringere Anstieg der R_{Gesamt}-L_G-Kurven in Bild 5.118 für Transistoren mit SMT2 bestätigt eine erhöhte Elektronenbeweglichkeit als die Ursache für die Steigerung der n-MOSFET-Leistungsfähigkeit. Die Elektronenbeweglichkeit ist um ca. +35 % erhöht. Bei SMT1 ist keine Änderung im Anstieg der R_{Gesamt}-L_G-Kurven wahrzunehmen, was aber durch die unzureichende Messgenauigkeit begründet ist, so dass kleine Änderungen im Anstieg nicht extrahiert werden können. Gleichzeitig ist für den p-MOSFET eine starke Degradation der Leistungsfähigkeit vorhanden, wenn SMT1 bzw. SMT2 angewendet wird (Bild 5.119). Dies lässt darauf schließen, dass eine laterale Zugverspannung und/oder eine vertikale Druckverspannung im Kanal existiert, da für diese Fälle die Elektronen- und Löcherbeweglichkeiten entgegengesetzt verändert werden [vgl. Gleichungen (2.10) und (2.11)]. Der Effekt der Bor-Ausdiffusion [32] während der Ausheilung mit darüberliegendem SMT-Film kann bei diesen Experimenten nicht nachvollzogen werden (Schichtwiderstände der Aktivgebiete bleiben unverändert, nicht dargestellt), so dass die Verringerung der p-MOSFET-Leistungsfähigkeit allein auf die Verspannung zurückzuführen ist.

Kapitel 5 – Theoretische und experimentelle Ergebnisse

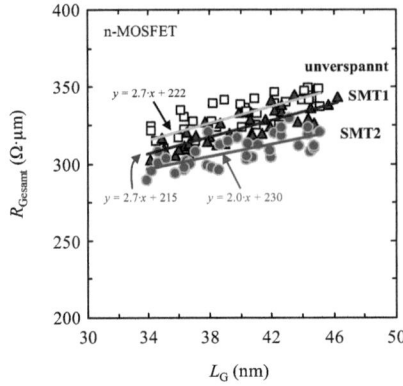

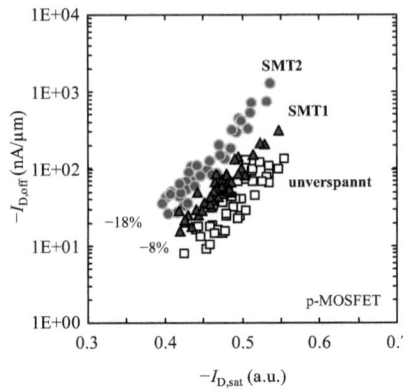

Bild 5.118: Gesamtwiderstand der Transistoren mit und ohne SMT1 bzw. SMT2 in Abhängigkeit von der Gatelänge.

Bild 5.119: Universalkurve für den p-MOSFET mit SMT1 bzw. SMT2 im Vergleich zu einem unverspannten Transistor.

Kompatibilität von SMT1 und SMT2

Da beide SMT-Varianten zu einer Erhöhung der Leistungsfähigkeit des n-MOSFETs führen, ist es naheliegend, diese zu kombinieren, um eine noch stärkere Verbesserung zu erreichen. Wie in Bild 5.120 dargestellt ist, ist dies jedoch nicht sinnvoll, da sich die beiden Effekte SMT1 und SMT2 nicht additiv überlagern, sondern in der Summe schlechter sind als bei der alleinigen Anwendung von SMT2. Dies ist ein Hinweis darauf, dass beide SMT-Varianten zumindest teilweise auf dem gleichen Mechanismus beruhen.

Einfluss einer vorherigen Rekristallisation

Für eine weitere Klärung des SMT-Wirkungsmechanismus wurde direkt vor der SMT1- bzw. SMT2-Integration eine Ausheilung (600 °C, 3 min) durchgeführt, um die amorphen Gebiete im Transistor zu rekristallisieren, so dass während der eigentlichen SMT-Ausheilung keine Rekristallisation mehr auftritt. Wie aus Bild 5.120 deutlich wird, tritt für den Fall mit vorheriger Rekristallisation eine deutliche Verringerung sowohl des SMT1- als auch des SMT2-Effekts ein. Dies belegt, dass für den SMT-Effekt eine amorphe Region (entweder in den Source/Drain-Gebieten oder im Polysilizium-Gate) vorhanden sein muss.

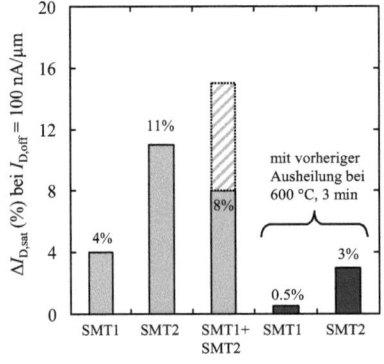

Bild 5.120: Überlagerung der beiden SMT-Varianten sowie der Einfluss einer direkt vor der SMT-Integration durchgeführten Ausheilung. Der schraffierte Bereich kennzeichnet die theoretische Drainstromänderung unter der Annahme einer vollständigen Additivität von SMT1 und SMT2.

5.4 Verspannungsspeichernde Prozesse

Einfluss der Ausheilmethode auf den SMT2-Effekt

Für den thermischen Prozessschritt zur Einspeicherung der SMT2-Verspannung wurden die in Bild 5.121a dargestellten Variationen der Ausheilmethode bzw. -reihenfolge untersucht. Da die Ausheilung gleichzeitig zur Aktivierung und Diffusion der Dotanden dient, kann man die Temperatur bzw. die Ausheilzeit nicht wesentlich variieren. Jedoch ist es möglich die zwei Ausheilschritte, konventionelle Ausheilung (1075 °C, 2 s) und Kurzzeitausheilung (1300 °C, 1 ms), unterschiedlich in den SMT-Prozess einzubeziehen.

Die alleinige Verwendung der konventionellen Ausheilung als SMT-Ausheilung (Variante A) ist im Vergleich zu einer kombinierten Ausheilung aus der konventioneller Ausheilung und direkt folgender von der Kurzzeitausheilung (Variante B) weniger effektiv (Bild 5.121b). Eine vertauschte Reihenfolge der beiden Ausheilungen in Variante B ist nicht sinnvoll, da aufgrund des höheren Aktivierungsvermögens die Kurzzeitausheilung als letzter thermischer Prozessschritt im Herstellungsablauf verwendet werden sollte. Für die Variante C, bei der nur die Kurzzeitausheilung genutzt wird, erreicht man nur eine sehr geringe Verbesserung (ca. 3%). Vermutlich reicht das thermische Budget nicht aus, um die Verspannung im Nitridfilm signifikant zu ändern bzw. eine Verspannung in den Transistor einzuprägen. Dabei ist kein Unterschied zwischen Laser- oder Blitzlampenausheilung zu beobachten (nicht dargestellt).

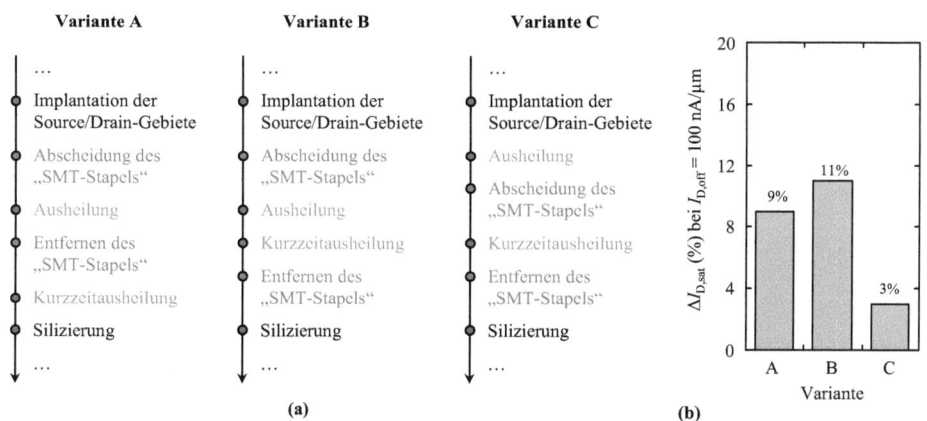

Bild 5.121: (a) Untersuchte Prozessabfolge für verschiedene SMT2-Ausheilmethoden und deren (b) Drainstromänderungen beim n-MOSFET. Dabei kennzeichnet „Ausheilung" 1075 °C für 2 s und „Kurzzeitausheilung" 1300 °C für 1 ms.

Einfluss der Höhe des Polysilizium-Gates

Die Höhe des Polysilizium-Gates sollte Einfluss auf den SMT-Effekt haben, wenn sich die gespeicherte Verspannung im Polysilizium-Gate befindet. Anhand der Ergebnisse in Bild 5.122 ist jedoch kein eindeutiger Trend zu erkennen. Vielmehr gibt es ein Optimum des SMT2-Effekts für 100 nm hohe Polysilizium-Gates, wogegen der SMT1-Effekt für höhere Polysilizium-Gates abnimmt.

Einfluss der Siliziddicke auf den SMT2-Effekt

Unter der Annahme einer im Polysilizium-Gate gespeicherten Verspannung sollte auch eine Variation der Siliziddicke und damit der Dicke des konsumierten verspannten Polysiliziums Auswirkungen auf die Leistungsfähigkeit der Transistoren haben. Die experimentellen Daten zeigen diesbezüglich keine Abhängigkeit von der Siliziddicke.

Einfluss des SMT-Filmmaterials

Weiterhin wurde der Einfluss verschiedener Materialien für den SMT1- bzw. SMT2-Film untersucht. Bei SMT1 hat die Wahl des Filmmaterials einen stärkeren Einfluss auf die erreichbaren Verbesserungen der Universalkurve (Bild 5.123) als im Fall von SMT2, wo unabhängig von der Wahl des Nitridfilms eine relativ konstante Leistungssteigerung erzielt wird. Die intrinsische Verspannung des SMT2-Filmmaterials hat dabei keinen Einfluss (Bild 5.123). Bei der Verwendung von Oxid als SMT2-Film tritt eine starke Degradation auf, da in diesem Fall der Oxidfilms anschließend nicht vollständig entfernt wurde und somit nachfolgende Prozessschritte beeinträchtig sind (z.B. die Silizierung).

Einfluss der SMT2-Filmdicke

Während die intrinsische Verspannung des SMT-Films keinen Einfluss hat, so ist die Dicke des Films für die erreichbare Drainstromänderung relevant. Ein dickerer SMT2-Film kann während der Ausheilung eine größere Verspannung erzeugen, so dass auch eine größere Verspannung eingespeichert wird, die wiederum zu einer stärkeren Verbesserung der Universalkurve führt (beispielhaft in Bild 5.123 für Nitrid #1 durch die schraffierten Bereiche veranschaulicht).

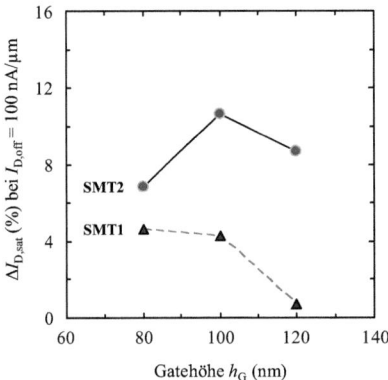
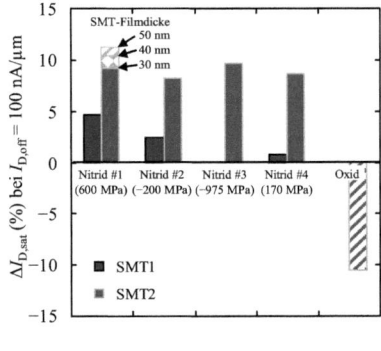

Bild 5.122: Drainstromänderung der n-MOSFETs mit SMT1 bzw. SMT2 für verschiedene Gatehöhen.

Bild 5.123: Drainstromänderung der n-MOSFETs mit SMT1 bzw. SMT2 für verschiedene SMT-Filmmaterialien und -Filmdicken.

C) Zusammenfassung der SMT-Experimente

Zusammenfassend treten folgende Effekte bei der Anwendung der verspannungsspeichernden Prozesse auf:

- Die Universalkurve des n-MOSFETs verbessert sich um +(2...4)% bzw. +(9...11)% für SMT1 bzw. SMT2 (für gleiche C_{Miller}-Werte).
- Die Schwellspannung verringert sich beim n-MOSFET um −22 mV bzw. −47 mV (−79 mV ohne Anpassung der erhöhten Diffusion) für SMT1 bzw. SMT2.
- SMT1 und SMT2 bringen zusammen keinen erhöhten Verspannungseffekt.
- Es tritt eine analoge Verschlechterung der Leistungsfähigkeit des p-MOSFETs auf.

5.4 Verspannungsspeichernde Prozesse

- Man beobachtet eine erhöhte Dotandendiffusion (Arsen) bei SMT2.
- Ein erhöhtes thermisches Budget vergrößert den SMT-Effekt (600 °C < 1075 °C < 1075 °C + 1300 °C).
- Die intrinsische Verspannung des SMT-Materials ist unerheblich für die Stärke des SMT-Effekts.
- Für den SMT-Effekt wird eine amorphe Region (im Polysilizium oder in den Source/Drain-Gebieten) benötigt.

Da mit Hilfe der experimentellen Untersuchungen nicht geklärt werden konnte, wo und wie die Verspannungen gespeichert werden, sollen Simulationen helfen, die auftretenden Mechanismen zu klären.

5.4.3 Simulationsergebnisse

Mit den zur Verfügung stehenden Simulationsmodellen ist es nicht möglich, Materialveränderungen und daraus resultierende Verspannungen durch thermische Prozessschritte (z.B. Rekristallisation von amorphen Siliziumregionen oder Strukturänderungen in Polysiliziumschichten) nachzuvollziehen. Neben der Elastizität lässt sich nur die Viskosität von Schichten (vgl. Bild 4.2) berücksichtigen. Aus diesem Grund werden Teile des Transistors mit einer beliebigen, frei gewählten Verspannung simulativ beaufschlagt, ohne die Ursache dafür angeben zu können. Der Vergleich mit den experimentellen Ergebnissen soll Aufschluss geben, welche Verspannungsverteilung vorhanden sein muss, um das beobachtete elektrische Verhalten erklären zu können. Prinzipiell kommen drei Möglichkeiten für eine Verspannungsspeicherung im Transistor in Frage: die Spacer, die Source/Drain-Gebiete und das Polysilizium-Gate.

A) Verspannung im Spacermaterial

Wird in der Simulation eine intrinsische Verspannung des Spacermaterials angenommen, so ist eine Verbesserung der Transistorleistungsfähigkeit nur erreichbar, wenn diese Verspannung positiv ist (Zugverspannung, Bild 5.124). Ausgehend von den Ergebnissen von unstrukturierten Wafern (vgl. z.B. Bild 5.115) betragen die üblichen Zugverspannungen im Nitridfilm und damit im Spacer ca. (1.2...1.5) GPa. Unter dieser optimistischen Annahme erhöht sich die Leistungsfähigkeit des n-MOSFET lediglich um (2...3)%, so dass die Spacer als Ursache für den SMT-Effekt unwahrscheinlich sind. Der Grund für die geringe Verbesserung trotz der starken Verspannung ist auf die ungünstige Verteilung der Verspannungskomponenten im Kanal zurückzuführen. Die Kanalverspannung ist in x-Richtung (lateral) und in y-Richtung (vertikal) jeweils druckverspannt (Bild 5.124). Obwohl erstere eine Verringerung der Elektronenbeweglichkeit nach sich zieht und somit nachteilig ist, so überwiegt die stärkere vertikale Druckverspannung, die zu einer Erhöhung der Elektronenbeweglichkeit führt. Hinzu kommt die größere Sensitivität der Elektronen auf eine vertikale Verspannung im Vergleich zu der lateralen Verspannung [vgl. Gleichungen (2.10)].

Mit kleiner werdender Gatelänge nimmt vor allem die vertikale Verspannungskomponente im Kanalgebiet kontinuierlich zu, wogegen die laterale Verspannung sich kaum ändert (Bild 5.125). Demzufolge erhöht sich die Transistorleistungsfähigkeit für reduzierte Gatelängen.

Kapitel 5 – Theoretische und experimentelle Ergebnisse

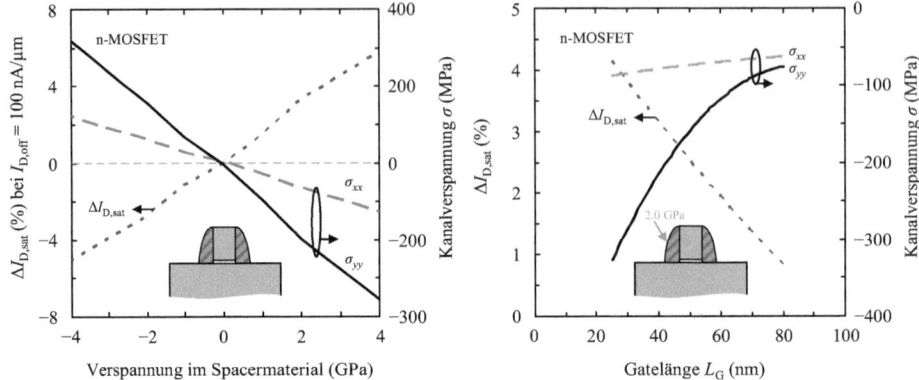

Bild 5.124: Laterale (σ_{xx}) und vertikale (σ_{yy}) Kanalverspannung und entsprechende Drainstromänderung in einem n-MOSFET mit den Spacern als Verspannungsquelle des SMT-Effekts.

Bild 5.125: Laterale (σ_{xx}) und vertikale (σ_{yy}) Kanalverspannung und entsprechende Drainstromänderung im n-MOSFET in Abhängigkeit von der Gatelänge (intrinsische Verspannung des Spacers: 2.0 GPa).

Bild 5.126 zeigt das laterale und vertikale Verspannungsprofil im n-MOSFET, welches sich für einen Spacer1 mit einer intrinsischen Verspannung von 2 GPa ergibt. Im Polysilizium-Gate entstehen hohe vertikale Verspannungen ($\sigma_{yy} \approx -400$ MPa), die aber nur teilweise ins Kanalgebiet übertragen werden ($\sigma_{yy} \approx -220$ MPa). Die dort induzierte Verspannung ist weiterhin vom Volumen des Spacermaterials abhängig. Je größer der Spacer (Höhe oder Länge) ist, desto mehr Verspannungsenergie besitzt dieser und entsprechend höhere Verspannungen können im Transistorkanal erzeugt werden.

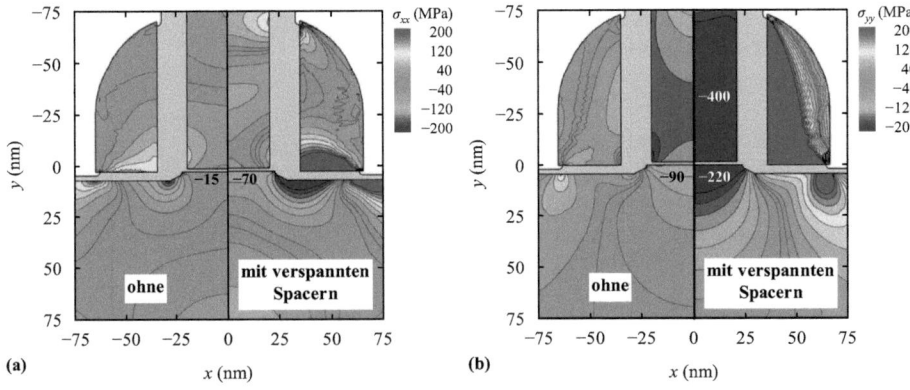

Bild 5.126: (a) Laterale σ_{xx} und (b) vertikale Verspannung σ_{yy} im Transistor mit unverspannten Spacern (jeweils linke Bildhälfte) und mit 2.0 GPa verspannten Spacern (rechte Bildhälfte).

B) Verspannung in den Source/Drain-Gebieten

Mit der Annahme, dass die durch die Implantation amorphisierten Source/Drain-Gebiete (Bild 5.127) die Verspannung speichern, ergibt sich ein ähnlicher Fall, wie er bei den Si:C-S/D-Gebieten untersucht wurde. Die Verspannung dieser „eingebetteten" Regionen ist allerdings isotrop, d.h. $\sigma_{xx} \approx \sigma_{yy}$, während in den Si:C-S/D-Gebieten $\sigma_{xx} \approx -\sigma_{yy}$ gilt. Eine Erhöhung der Elektronenbeweglichkeit im n-MOSFET erreicht man nur unter der Bedingung, dass die intrinsische Verspannung der Source/Drain-Gebiete positiv, d.h. zugverspannt, ist (Bild 5.128). Dadurch ist die laterale Verspannung im Kanal zugverspannt (Bild 5.129). Die vertikale Druckverspannung im Kanal trägt ebenfalls zur Erhöhung der Elektronenbeweglichkeit bei. Dabei ist eine Drainstromerhöhung von rund (9...10)% mit realistischen Verspannungswerten (ca. 2 GPa) erreichbar.

Analog zu den Untersuchungen von Si:C-S/D-Gebieten gilt auch hier: Je größer das verspannte Source/Drain-Volumen (z.B. Tiefe und Länge) und je kleiner der Abstand der verspannten Region zum Gate ist, umso größer ist die im Kanal induzierte Verspannung.

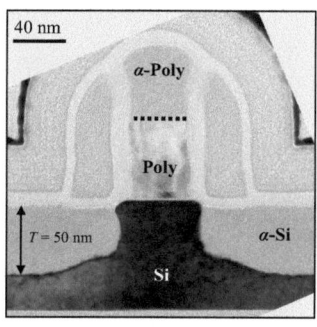

Bild 5.127: TEM-Aufnahme eines n-MOSFETs nach der Ionenimplantation (PAI, Halo-, Erweiterungs- und S/D-Implantation).

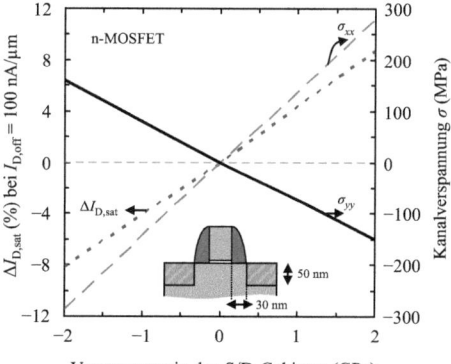

Bild 5.128: Laterale (σ_{xx}) und vertikale (σ_{yy}) Kanalverspannung und die entsprechende Drainstromänderung im n-MOSFET mit den Source/Drain-Gebieten als Verspannungsquelle des SMT-Effekts.

Die Abhängigkeit der Verspannungskomponenten und die entsprechende Änderung der Universalkurve von der Gatelänge sind in Bild 5.130 dargestellt. Es ist eine kontinuierliche Erhöhung der Kanalverspannung für kleiner werdende Gatelängen erkennbar, die sich aber aufgrund des begrenzenden Einflusses des parasitären Source/Drain-Widerstands für Gatelängen von weniger als 40 nm nicht vollständig in eine Erhöhung der Transistorleistungsfähigkeit überträgt.

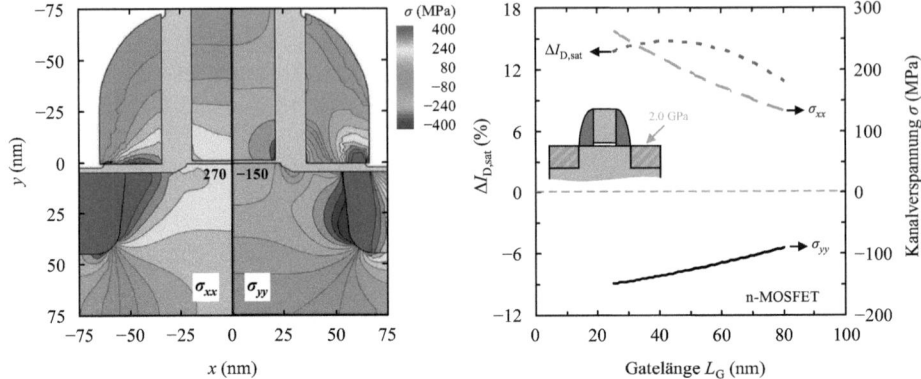

Bild 5.129: Laterale (links) und vertikale (rechts) Verspannungsverteilung im n-MOSFET mit 2.0 GPa intrinsisch verspanntem Source/Drain-Gebieten als Verspannungsquelle.

Bild 5.130: Gatelängenabhängigkeit der lateralen (σ_{xx}) und vertikalen (σ_{yy}) Verspannung im Kanalgebiet sowie der daraus resultierenden Drainstromänderung für eine Verspannung von 2.0 GPa in den Source/Drain-Gebieten (50 nm tief und 10 nm vom Gate entfernt).

C) Verspannung im Polysilizium-Gate

Eine angenommene Verspannung im Polysilizium-Gate muss druckverspannt gewählt werden, um eine für die Erhöhung der Elektronenbeweglichkeit geeignete Verspannung im Kanalgebiet zu erzeugen (lateral zugverspannt und vertikal druckverspannt, Bild 5.131). Für eine Verbesserung der Universalkurve um 11% ist entsprechend eine intrinsische Verspannung von ca. −2.4 GPa im Polysilizium-Gate notwendig, was sehr hoch, aber realisierbar ist.

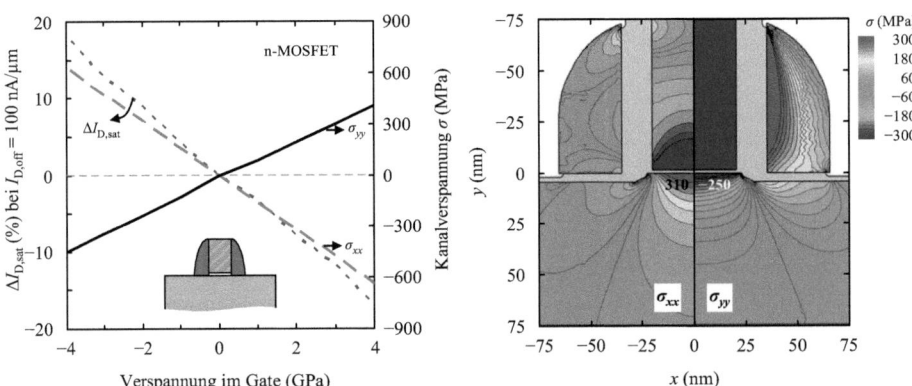

Bild 5.131: Laterale (σ_{xx}) und vertikale (σ_{yy}) Kanalverspannung und entsprechende Drainstromänderung im n-MOSFET mit Polysilizium-Gate als Verspannungsquelle des SMT-Effekts.

Bild 5.132: Laterale (links) und vertikale (rechts) Verspannungsverteilung im n-MOSFET mit −2.0 GPa intrinsisch verspannten Polysilizium-Gate.

5.4 Verspannungsspeichernde Prozesse

Bild 5.132 stellt das laterale und vertikale Verspannungsprofil im n-MOSFET dar, welches sich für ein 100 nm hohes verspanntes Polysilizium-Gate mit einer intrinsischen Druckverspannung von −2 GPa ergibt.

Für höhere Polysilizium-Gates nimmt vor allem die vertikale Druckverspannung zu, während die laterale Zugverspannung weitgehend unverändert bleibt, was entsprechend zu einer Drainstromerhöhung führt (Bild 5.133).

Die Abhängigkeit der Verspannungskomponenten und die entsprechende Drainstromänderung von der Gatelänge ist in Bild 5.134 dargestellt. Es ist ein leichter Rückgang der lateralen Zugverspannung für kleinere Gatelängen erkennbar, wogegen die kontinuierliche Erhöhung der vertikalen Druckverspannung den stärker werdenden Einfluss des parasitären Source/Drain-Widerstands nicht kompensieren kann, so dass der Drainstrom letztendlich sinkt.

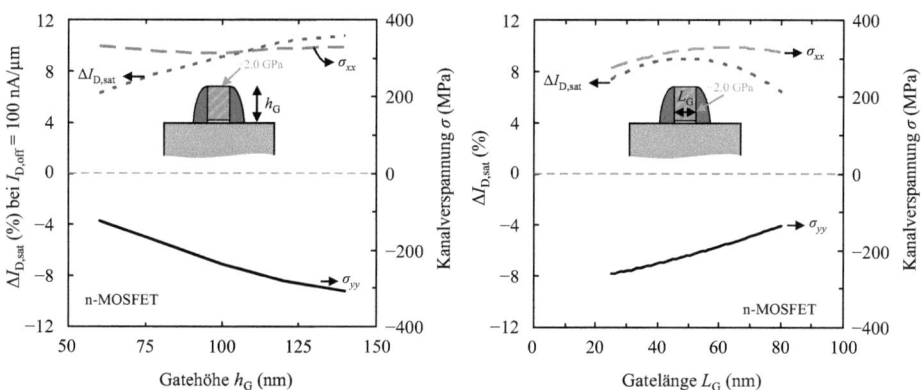

Bild 5.133: Abhängigkeit der lateralen σ_{xx} und vertikalen σ_{yy} Verspannung im Kanalgebiet sowie der daraus resultierenden Drainstromänderung für verschieden hohe Polysilizium-Gates.

Bild 5.134: Gatelängenabhängigkeit der lateralen σ_{xx} und vertikalen σ_{yy} Verspannung im Kanalgebiet sowie der daraus resultierenden Drainstromänderung.

D) Zusammenfassung der Simulationsergebnisse

Eine Verspannungsspeicherung im Spacermaterial ist unwahrscheinlich, da die Simulationsergebnisse für diesen Fall aufgrund der ungünstigen Verspannungsverteilung im Kanal nur sehr geringe Steigerungen der Transistorleistungsfähigkeit vorhersagen. Die beiden anderen Möglichkeiten, eine Speicherung der Verspannung in den (zugverspannten) Source/Drain-Gebieten oder im (druckverspannten) Polysilizium-Gate, ergeben einen für die Elektronenbeweglichkeit sehr günstigen Verspannungstensor, so dass beide als Erklärung für den SMT-Effekt in Frage kommen.

5.4.4 Diskussion des physikalischen Prinzips der verspannungsspeichernden Prozesse

Für den SMT-Effekt sind sowohl die Verspannungserzeugung als auch die Verspannungsspeicherung zu analysieren.

- Für die Verspannungserzeugung sind praktisch nur die unterschiedlichen thermischen Ausdehnungskoeffizienten der beteiligten Materialien, d.h. des Nitridfilms (SMT-Film) und des Siliziums bzw. Polysilizium (Transistor), von Bedeutung (α_{Nitrid} = 40·10^{-6} K^{-1}, α_{Si} = 2.6·10^{-6} K^{-1}, s. Tabelle 4.3). Während der Erwärmung des Bauelementes dehnt sich der SMT-Film schneller aus als der darunterliegende Transistor. Dabei entstehen im Transistorkanal eine laterale Zugverspannung und eine vertikale Druckverspannung. Die ursprüngliche intrinsische Verspannung des SMT-Films bzw. die Änderung dieser Verspannung hin zu mehr Zugverspannung durch einen thermischen Prozessschritt spielt nur eine untergeordnete Rolle. Da aber nach der Entfernung des SMT-Films eine Verspannung im Transistor vorhanden ist, muss während des erwärmten Zustands eine Materialveränderung im Transistor selbst stattfinden, die für die Verspannungsspeicherung verantwortlich ist.

- Als verspannungsspeichernde Regionen kommen die Source/Drain-Gebiete und das Polysilizium-Gate in Frage. Die amorphen Si-S/D-Gebiete sind während der Phasenumwandlung (Rekristallisation) aufgrund des SMT-Films lateral zugverspannt. Der Elastizitätsmodul E von kristallinem Silizium ist größer als der von amorphem Silizium [227], was zu einer größeren Verspannung durch die Phasenumwandlung von amorphem zu kristallinem Silizium führt ($\sigma = E \cdot \varepsilon$). Nach der Entfernung des SMT-Films ist dieser Unterschied in den Verspannungszuständen noch vorhanden. Im Zusammenhang mit der Phasenumwandlung müssen jedoch auch die Volumenreduzierung [228] bzw. die entsprechende Dichteerhöhung ($\rho_{\alpha\text{-Si}}$ = 4.90·10^{22} cm^{-3} zu ρ_{Si} = 4.99·10^{22} cm^{-3}) betrachtet werden. Durch das schrumpfende Source/Drain-Gebiet entsteht eine horizontale Zugverspannung im Kanalgebiet. Da dieser Mechanismus allerdings auch unabhängig von einem SMT-Film auftritt, beschreibt er nicht den hier untersuchten SMT-Effekt.

Für den Fall, dass die Verspannung im Polysilizium-Gate gespeichert wird, ist der Übergang vom elastischen zum plastischen Verhalten des Polysilizium-Materials bei Erreichen einer bestimmten Temperatur ($T > 800$ °C) entscheidend. Dieses plastische Verhalten kann dabei durch einen weiten Bereich physikalischer Effekte wie Versetzungsplastizität, Poly-Rekristallisation und Umordnung bzw. Wachstum oder Schrumpfung der Polykörner [229] hervorgerufen werden, wodurch das Polysilizium „aufquillt". Aufgrund der hohen Temperaturen kann dieser Effekt nur bei SMT2 auftreten, wobei zusätzlich analoge Rekristallisationseffekte wie in den Source/Drain-Gebieten relevant sein können.

Aus den experimentellen Daten geht hervor, dass während der SMT-Ausheilung immer eine amorphe Region (entweder im Polysilizium-Gate oder in den Source/Drain-Gebieten) notwendig ist, damit ein Verspannungseffekt zu einer Erhöhung der Elektronenbeweglichkeit führt. Dies spricht dafür, dass bei beiden SMT-Varianten die Source/Drain-Gebiete einen Teil der Verspannung speichern. Der Einfluss der gespeicherten Verspannung im Polysilizium durch den Effekt der Phasenumwandlung ist eher gering, da im Wesentlichen nur die obere Hälfte des Polysilizium-Gates (vgl. Bild 5.127) amorphisiert ist, und sich diese Region als Verspannungsquelle zu weit weg vom Kanalgebiet befindet. Es ist daher sehr wahrscheinlich, dass das Polysilizium-Gate durch den Effekt des Übergangs vom elastischen zum plastischen Verhalten als Verspannungsquelle wirkt, wobei dies aufgrund der erforderlichen hohen Temperaturen nur bei SMT2 zum Tragen kommt. Diese zusätzliche Verspannung ist demnach der Grund für die im Vergleich zu SMT1 deutlich größeren Drainstromänderungen bei SMT2.

5.4 Verspannungsspeichernde Prozesse

Zusammenfassend wird aus den Betrachtungen geschlussfolgert, dass:

- bei der Variante SMT1 die Verspannungsspeicherung in den Source/Drain-Gebieten lokalisiert ist und

- bei der Variante SMT2 sowohl die Source/Drain-Gebiete als auch das Polysilizium-Gate für die Verspannungsspeicherung verantwortlich sind, wobei letzteres einen stärkeren Einfluss hat.

Diese Schlussfolgerungen werden durch die unterschiedliche Abhängigkeit der Drainstromerhöhung von der Gatelänge bestätigt, wie Bild 5.135 durch einen Vergleich der experimentellen und simulierten Daten zeigt. Auch wenn hier keiner der drei simulierten Fälle eine quantitative Übereinstimmung mit dem Experiment zeigt, so ist doch eine stärkere Gatelängenabhängigkeit für SMT2 erkennbar, die am ehesten mit dem Verlauf für den simulierten Fall einer Verspannung im Polysilizium-Gate übereinstimmt.

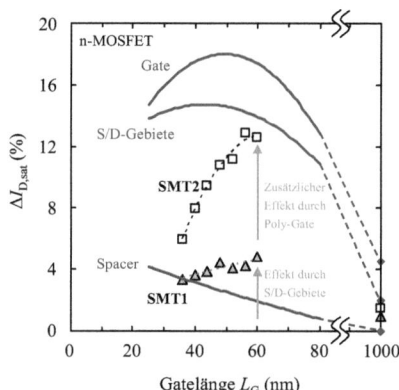

Bild 5.135: Gatelängenabhängigkeit der simulierten Drainstromänderung (Linien) für die drei verschiedenen Verspannungsquellen im Vergleich zu experimentellen Ergebnissen (Symbole).

5.5 Verspannte Substrate

Neben den bisher betrachteten lokalen Verspannungstechniken existiert mit den verspannten Substraten ein grundlegend anderer Ansatz zur Verspannung des Transistorkanals [36]–[43]. Diese globale Verspannungstechnik ermöglicht über den gesamten Wafer eine homogene und starke Verspannung im GPa-Bereich. Allerdings sind die Anforderungen an den Herstellungsprozess erhöht, da die Verspannung von Beginn an im Wafer vorhanden ist. Dies wirft zwei Probleme auf: Erstens ist durch die verspannungsabhängige Diffusion eine Anpassung der Implantationsprofile im Transistor notwendig und zweitens muss die Verspannung auch nach dem Durchlaufen des kompletten Herstellungsprozesses noch vorhanden sein. Dies erfordert eine besondere Sorgfalt bei der Parameterwahl bestimmter Prozesse, die potenziell zu einer Relaxation der Verspannung im sSOI-Film (Strained Silicon On Insulator) führen können.

Für die Herstellung von sSOI-Substraten mit Hilfe der SmartCut-Methode [230] werden zwei Wafer benötigt (Bild 5.136). Auf dem ersten wird eine mehrere µm dicke graduierte SiGe-Puffer-Schicht mit stetig ansteigender Germaniumkonzentration aufgebracht. Innerhalb dieser Schicht kommt es zur Bildung von Versetzungen und somit zur angestrebten Verspannungsrelaxation. Anschließend erfolgt die Abscheidung einer weiteren, nun relaxierten SiGe-Schicht (r-SiGe) mit der gewünschten (konstanten) Germaniumkonzentration. Dieses so genannte virtuelle Substrat dient als Ausgangsmaterial für die Erzeugung des eigentlichen, biaxial zugverspannten Siliziumfilms (s-Si). Durch eine Kombination aus thermischer Oxidation und Oxidabscheidung wird eine Oxidschicht aufgebracht, welche später das BOX bildet. Mit Hilfe einer Wasserstoffimplantation durch den verspannten Siliziumfilm und das Oxid hindurch in die obere SiGe-Schicht wird die spätere Trennstelle des Schichtstapels definiert. Anschließend wird der zweite Silizium-Wafer (Handle-Wafer) hinzugenommen und auf die Oxidschicht gebonded. Ein nachfolgender thermischer Ausheilschritt verursacht die Bildung von mikroskopischen Hohlräumen innerhalb der mit Wasserstoff implantierten SiGe-Schicht, was zu einem Abspalten des Schichtstapels entlang dieser Zone führt. Der neue Schichtstapel besteht nur noch aus dem Handle-Wafer, der Oxidschicht, der verspannten Siliziumschicht und einer dünnen SiGe-Restschicht, welche in einem anschließendem Polier- und Ätzschritt entfernt wird.

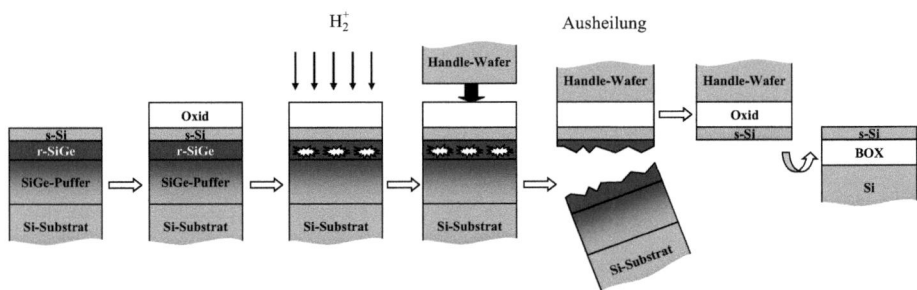

Bild 5.136: Erzeugung von sSOI-Substraten nach der SmartCut-Methode [230].

Bemerkenswert bei diesem Prozess ist, dass die Verspannung in dem verspannten Siliziumfilm, sobald er mit dem Oxid verbunden ist, allein durch die Stärke der Si-SiO$_2$-Bindungen aufrecht erhalten wird und die SiGe-Schicht sowie das vormals unterstützende Substrat entfernt werden können. Auch bei thermischen Ausheilungen um 1100 °C für mehre Stunden findet keine Relaxation der Verspannung im sSOI-Film statt [230].

5.5 Verspannte Substrate

Im Zusammenhang mit dieser globalen Verspannungstechnik werden zuerst Untersuchungen zum Relaxationsverhalten des sSOI-Films während der Transistor-Herstellung dargestellt. Hier stehen die Auswirkungen der STI-Erzeugung im Vordergrund, da dieser Prozess die Geometrie und damit das mechanische Gleichgewicht des verspannten sSOI-Films wesentlich beeinflusst. Der Einfluss des sSOI-Substratmaterials auf die elektrischen Kenngrößen daraus gefertigter Bauelemente sowie deren Abhängigkeiten von den Bauelementedimensionen bildet den Schwerpunkt der nachfolgenden Abschnitte. Abschließend erfolgt eine Bewertung der Einsetzbarkeit von sSOI-Substraten in der industriellen Fertigung.

5.5.1 Verspannungsrelaxation durch eine Strukturierung des sSOI-Films

Die simulierten Deformations- und Verspannungskomponenten in der biaxial zugverspannten sSOI-Schicht sind in Bild 5.137 dargestellt. Die Deformation in der Ebene ist $\varepsilon_{xx} = \varepsilon_{zz} = \varepsilon_{biax} = 0.73\%$ für eine ursprüngliche $Si_{0.8}Ge_{0.2}$-Pufferschicht und die zugehörige vertikale Deformation beträgt

$$\varepsilon_{yy} = -2\varepsilon_{biax} C_{12}/C_{11} = -0.56\% \ . \tag{5.20}$$

Die Verspannung in der Wafer-Ebene ist entsprechend Gleichung (4.42) ebenfalls biaxial zugverspannt mit

$$\sigma_{biax} = E_{biax}\varepsilon_{biax} = 180.5 \text{ GPa} \cdot \varepsilon_{biax} = 1.3 \text{ GPa} \ , \tag{5.21}$$

während die vertikale Verspannung σ_{yy} aufgrund der freien Oberfläche null ist.

Bild 5.138 zeigt die Verspannung entlang einer vertikalen Schnittlinie durch den Wafer mit Hilfe der Raman-Spektroskopie. Hier konnte auf eine spezielle Variante dieses Messverfahrens, die Nano-Raman-Spektroskopie, zurückgegriffen werden, die laterale Auflösungen von etwa 0 nm bietet [231]. Die stärkere Verspannung an der Waferoberfläche im Vergleich zur Verspannung in der Nähe des BOX ist der Herstellungsmethode zuzuschreiben, bei der die verspannte Siliziumschicht verkehrt herum auf die Oxidschicht aufgebracht wird. Da nur die Verspannung innerhalb der ersten Nanometer an der Oberfläche, der zukünftigen Lage des Transistorkanals, von Interesse ist, wurde in der Simulation eine homogene Verspannung im gesamten Siliziumgebiet von 1.3 GPa angenommen.

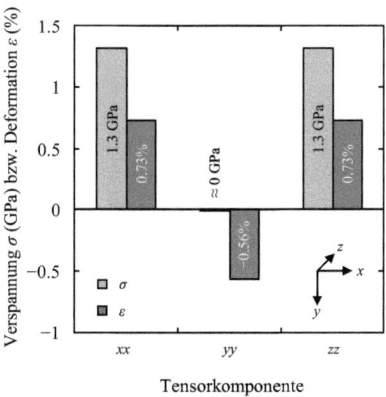

Bild 5.137: Simulierte Verspannungs- und Deformationskomponenten in einem sSOI-Film.

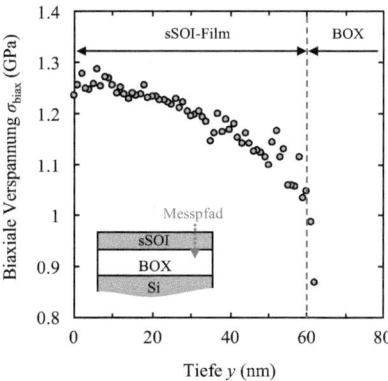

Bild 5.138: Verspannungsverteilung in einem sSOI-Film, ermittelt mit Hilfe der Nano-Raman-Spektroskopie.

Durch die STI-Erzeugung entstehen freie Oberflächen im sSOI-Film, die die Verspannungsverteilung in der sSOI-Schicht und damit auch im potenziellen Transistorkanal erheblich beeinflussen. Wie aus Bild 5.139 ersichtlich ist, wird die ursprünglich homogene Verspannung des zusammenhängenden sSOI-Films durch die „Inselbildung" stark gestört. In der Nähe der Ränder tritt eine elastische Verspannungsrelaxation auf, die an der Oberfläche des sSOI-Films am stärksten ist, da die verspannte Siliziumschicht nur an der Unterseite mit dem Oxid in Verbindung steht, wo sie entsprechend stabilisiert wird. Für kleinere Längen der sSOI-Inseln ist die Relaxation im gesamten Film erheblich.

Bild 5.140 veranschaulicht das Relaxationsverhalten für verschiedene Filmhöhen H und Filmlängen L, indem die Verspannung im Zentrum der Struktur extrahiert wurde. Wie erwartet erfahren dickere und kürzere Filme einen stärkeren Verspannungsverlust. Für Strukturen mit großen Breiten (Abmessungen in z-Richtung) bedeutet der Verspannungsverlust in x-Richtung, dass sich die biaxiale Verspannung in eine transversale uniaxiale Verspannung umwandelt.

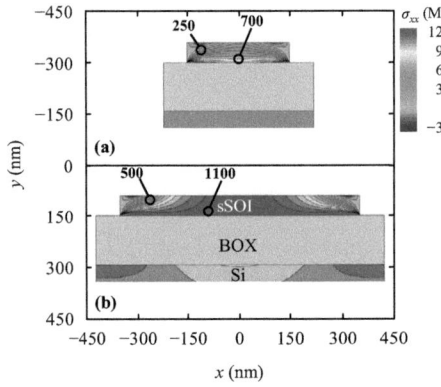
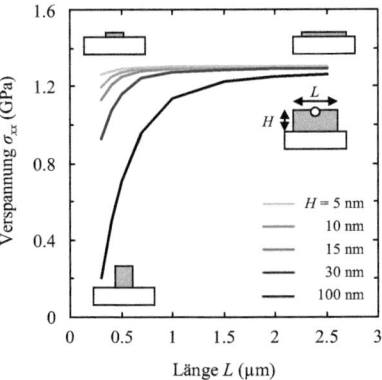

Bild 5.139: Simulierte Verspannungsverteilung für zwei unterschiedlich lange sSOI-Inseln: (a) $L = 0.3$ μm; (b) $L = 0.7$ μm.

Bild 5.140: Verspannung im Zentrum der Struktur (○) für verschiedene Höhen und Längen der sSOI-Inseln.

Weiterführende Simulationen für eine Vielzahl von verschiedenen Filmhöhen und -längen offenbaren, dass ausschließlich das geometrische Verhältnis H/L dieser beiden Parameter von Bedeutung ist und nicht deren absolute Werte. Bild 5.141 zeigt die laterale Verspannung σ_{xx} im Zentrum der Struktur normiert auf die maximale Verspannung einer sehr großen Struktur $\sigma_{xx,\infty}$ für verschiedene Aspektverhältnisse der sSOI-Inseln. Die Relaxation ist für sehr dünne und lange Inseln vernachlässigbar und nimmt für kürzer bzw. dicker werdende Regionen zu. Interessanterweise existiert ein Bereich $0.2 < H/L < 2.0$, in dem die normierte Verspannung negativ ist, was einer Druckverspannung entspricht.

Dieser Effekt ist in Bild 5.142 anhand der Verspannungsverteilung für vier verschiedene Aspektverhältnisse verdeutlicht. Es existiert immer eine druckverspannte Region an der sSOI-Oberfläche in der Nähe der Ränder in einem ansonsten zugverspannten sSOI-Film. Diese Region entsteht durch elastische Wechselwirkungen innerhalb der Struktur, um das mechanische Gleichgewicht herzustellen [232]. Für bestimmte Aspektverhältnisse überlagern sich die beiden druckverspannten Randregionen in der Mitte des Films und erzeugen eine druckverspannte, oberflächennahe Schicht.

Auch wenn der Großteil der Siliziuminsel noch die ursprüngliche Zugverspannung aufweist, so ist doch die für den Transistor wichtige Kanalregion an der Oberfläche druckverspannt und somit der eigentlich angestrebten Zugverspannung entgegengesetzt. Für noch größere Aspektverhältnisse ($H/L > 2$) relaxiert die Verspannung fast vollständig, so dass sich auch keine druckverspannte Region ausbildet.

Dieser Effekt ist hier von geringer Bedeutung, da die untersuchten Logikstrukturen Aspektverhältnisse von etwa 0.03 aufweisen ($L = 2$ µm und $H = 60$ nm) und entsprechend nur geringfügig von einer Verspannungsrelaxation durch die STI-Erzeugung (ca. 5%) betroffen sind. In den deutlich dichter gepackten Speicherbereichen eines Schaltkreises (Cache) findet man Gebiete mit einer Länge von 270 nm (65 nm-Technologie) oder sogar nur 192 nm (45 nm-Technologie) vor. Dies würde einem Verlust der sSOI-Verspannung um (80...90)% entsprechen ($H/L = 0.22$ bzw. 0.31 in Bild 5.141) und somit wäre der gewünschte sSOI-Effekt fast vollständig aufgehoben. Für zukünftige Technologien wird dieser Effekt zu einer verstärkten Relaxation im Kanalgebiet führen, was nur durch eine Verringerung der Filmdicke (und somit einer Verringerung des H/L-Verhältnisses) begegnet werden kann.

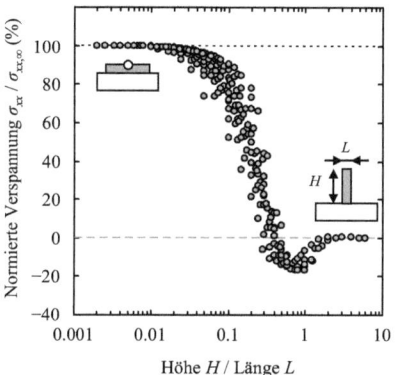

Bild 5.141: Simulierte normierte Verspannung im Zentrum einer sSOI-Insel (o) für verschiedene Aspektverhältnisse.

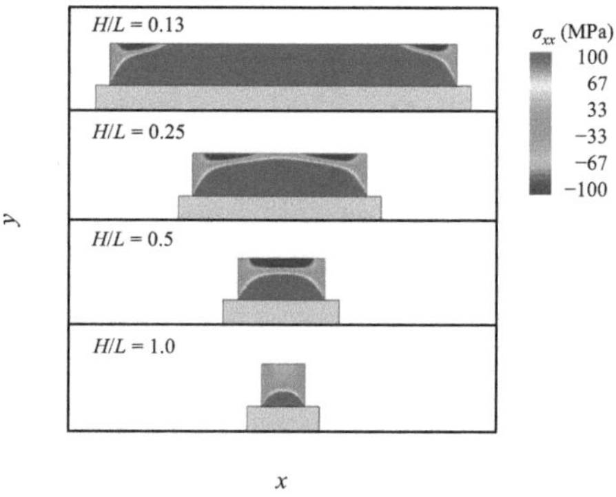

Bild 5.142: Simulierte Verspannungsverteilung in sSOI-Inseln mit verschiedenen Aspektverhältnissen.

5.5.2 Einfluss auf elektrische Kenngrößen

Die Motivation für die sSOI-Technologie liegt vorwiegend in einer Steigerung der Leistungsfähigkeit des n-MOSFETs. Aus diesem Grund wurden die Experimente auf den n-MOSFET fokussiert. Für den p-MOSFET sind keine Leistungssteigerungen zu erwarten, so dass die Ergebnisse am Ende nur der Vollständigkeit halber betrachtet werden. Dies zeigt allerdings bereits einen Nachteil der sSOI-Technik auf. Da eine Leistungssteigerung des p-MOSFETs erst ab deutlich höheren Substratverspannungen möglich ist [42], verschärft die einseitige Verbesserung des ohnehin schon leistungsstärkeren n-MOSFETs im Vergleich zum p-MOSFET das Layout-Problem in CMOS-Schaltungen weiter.

A) Prozessierung

Die zur Verfügung gestellten sSOI-Wafer weisen eine geringere Filmdicke des (verspannten) Siliziumfilmes auf ($H = t_{Film} \approx 60$ nm) als die üblicherweise verwendeten SOI-Wafer ($t_{Film} \approx 74$ nm). Für einen besseren Vergleich wurden die unverspannten Referenzwafer um 14 nm abgedünnt. Der STI-Prozess wurde angepasst, indem der thermische Prozessschritt zur Materialverdichtung des Oxids weggelassen wurde. Raman-

Messungen zeigten, dass dies sonst zu einer Verspannungsrelaxation im sSOI-Film um ca. 80% führt. Die in ersten Experimenten beobachtete verstärkte Diffusion der n-Typ-Dotanden (As, P) im biaxial zugverspannten Silizium wurde in den folgenden Experimenten durch eine Reduzierung der Implantationsdosis der Erweiterungsgebiete (von $1.8 \cdot 10^{15}$ cm^{-2} auf $1.5 \cdot 10^{15}$ cm^{-2}) berücksichtigt. Die normalerweise implementierte Prä-Armorphisierungsimplantation wurde in allen Experimenten (auch bei der unverspannten Referenz) weggelassen, um eine eventuelle Relaxation durch die Schädigung des sSOI-Films zu vermeiden.

B) Elektronenbeweglichkeit und Universalkurve für Langkanaltransistoren

Aufgrund der globalen Natur dieser Verspannungstechnik ist bei Langkanaltransistoren ein deutlicher Einfluss durch die Verspannung zu erwarten. Die Ladungsträgerbeweglichkeit in Langkanaltransistoren kann ausgehend von der linearen Kennliniengleichung eines Transistors über

$$\mu = \frac{L_G I_{D,\text{lin}}}{W_G Q'_{\text{inv}} U_{DS}} \qquad (5.22)$$

berechnet werden [233]. Die Inversionsladungsträgerdichte Q'_{inv} wird über die Inversionskapazität C_{inv} bestimmt:

$$Q'_{\text{inv}} = \int_{-\infty}^{U_{GS}} C'_{\text{inv}} \, dU_{GS} \; . \qquad (5.23)$$

Die Beweglichkeit wird gewöhnlich über dem effektiven vertikalen Feld [233], welches annähernd proportional zur Gate-Source-Spannung ist, aufgetragen. In Bild 5.143 ist eine deutlich erhöhte Elektronenbeweglichkeit μ_n in sSOI-n-MOSFETs im Vergleich zu SOI-n-MOSFETs zu sehen. Ein weiterer interessanter Sachverhalt aus Bild 5.143 ist die konstante Steigerung der Beweglichkeit auch bei hohen vertikalen elektrischen Feldern. Dies ist unerwartet, da die zunehmende Ladungsträgerstreuung an der Si/SiO$_2$-Grenzfläche die Beweglichkeit bei hohen vertikalen Feldern dominiert und eine verspannungsbedingte Erhöhung der durch die Phononenstreuung begrenzten Beweglichkeit in den Hintergrund treten lässt. Als Ursache dafür wird in [50] und [97] eine vorteilhafte Veränderung der Oberflächenmorphologie der Si/SiO$_2$-Grenzfläche durch eine biaxiale Zugverspannung verantwortlich gemacht.

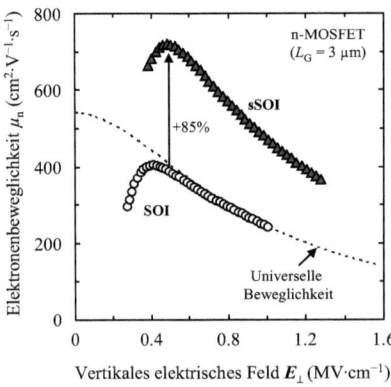

Bild 5.143: Vergleich der Elektronenbeweglichkeiten von SOI- und sSOI-Langkanaltransistoren.

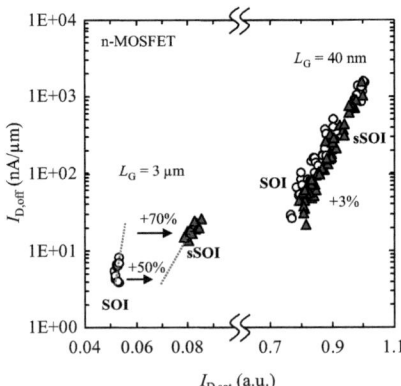

Bild 5.144: Universalkurve für SOI- und sSOI-n-MOSFETs für kurze und lange Gatelängen.

5.5 Verspannte Substrate

In Bild 5.144 ist die Universalkurve für Langkanal- ($L_G = 3.0$ µm) sowie für Kurzkanal-n-MOSFETs ($L_G = 0.040$ µm) dargestellt. Die erhöhte Elektronenbeweglichkeit resultiert für große Gatelängen in einer deutlichen Leistungssteigerung von (50...70)% für die verspannten sSOI-Transistoren im Vergleich zu den unverspannten SOI-Transistoren. Diese Verbesserung reduziert sich allerdings für Gatelängen von etwa 40 nm auf wenige Prozent. Diese gravierenden Unterschiede zwischen Lang- und Kurzkanaltransistoren werden auch in [40] und [41] beschrieben. Die genauen Ursachen dafür sind Gegenstand aktueller Untersuchungen und werden in Abschnitt 5.5.2D) mit Hilfe der Prozess- und Bauelementesimulation analysiert.

C) Schwellspannung

Neben der Änderung der Ladungsträgerbeweglichkeit stellt die Reduzierung der Schwellspannung einen weiteren signifikanten sSOI-Effekt dar. Die Schwellspannungsverringerung wird durch die Aufspaltung und Verschiebungen der Bänder unter Einwirkung einer Verspannung hervorgerufen (vgl. Abschnitt 3.5.1). Die ermittelte Sättigungsschwellspannung von n-MOSFET-Langkanaltransistoren ($L_G = 3$ µm) ist ca. -100 mV geringer als die der unverspannten Referenztransistoren, was in guter Übereinstimmung mit anderen Studien steht [40], [234]. Bild 5.145 stellt den Zusammenhang zwischen der Germaniumkonzentration in der Pufferschicht, der mechanischen Verspannung bzw. Deformation sowie der Änderung der Sättigungsschwellspannung beim n-MOSFET her. Mit Hilfe der Deformationspotenzialtheorie wäre eine Verringerung der Schwellspannung um -200 mV für die sSOI-Transistoren mit 1.3 GPa biaxialer Zugverspannung zu erwarten. Dies ist weit entfernt von dem experimentell beobachteten Wert. Eine deutlich bessere Übereinstimmung kann durch die Nutzung der kürzlich veröffentlichten Deformationspotenziale nach [235] erreicht werden. Die Schwellspannungsänderung in den Langkanaltransistoren belegt, dass die Verspannung in den sSOI-Transistoren auch nach der vollständigen Prozessierung erhalten bleibt.

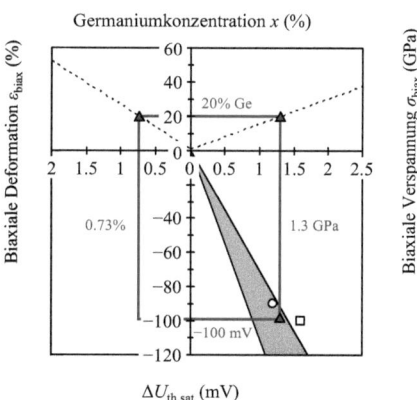

Bild 5.145: Beziehungen zwischen der Germaniumkonzentration in der relaxierten SiGe-Pufferschicht, der Verspannung und der Deformation im darauf gewachsenem Siliziumfilm und der Reduzierung der Sättigungsschwellspannung (von Langkanaltransistoren) eines sSOI-n-MOSFETs. Das blaue Rechteck kennzeichnet die Werte der in dieser Arbeit verwendeten Substrate und hergestellten Transistoren. Offene Symbole sind Literaturwerte: ○ nach [40] und □ nach [234]. Die grau unterlegte Fläche symbolisiert den Schwankungsbereich der Deformationspotenziale [172], [235].

Die Schwellspannungsreduzierung muss durch eine Erhöhung der Kanaldotierung kompensiert werden, d.h. in diesem Fall durch eine Erhöhung der Halo-Implantationsdosis von $4.2 \cdot 10^{13}$ cm^{-2} auf $5.0 \cdot 10^{13}$ cm^{-2}. Die zusätzlichen Dotanden bilden allerdings Streuzentren im Kanal und bewirken zudem ein erhöhtes elektrisches Feld. Dies wiederum verringert die Ladungsträgerbeweglichkeiten und mindert den Vorteil durch die Verspannung der sSOI-Substrate.

D) Gatelängen- und Gateweitenabhängigkeit

Der bereits in Bild 5.144 angedeutete Trend für die Abhängigkeit der Leistungssteigerung von der Gatelänge ist in Bild 5.146 nochmals anhand der Drainstromänderung ($\Delta I_D = (I_D - I_{D,0})/I_{D,0}$) bei konstanter Inversionsladungsträgerdichte ($U_{GS} = U_{th} + 0.8$ V) für den linearen ($I_{D,lin}$ bei $U_{DS} = 0.05$ V) und den Sättigungsbereich ($I_{D,sat}$ bei $U_{DS} = 1.0$ V) dargestellt. Für Langkanaltransistoren ist eine substantielle Leistungssteigerung (+80% bei $L_G = 3$ µm) erkennbar, welche für kleinere Gatelängen kontinuierlich zurückgeht (+10% bei $L_G = 35$ nm). Der Anstieg dieser ΔI_D-L_G-Kurven wird im Folgenden als Parameter für die Kalibrierung und Analyse verwendet und mit der Einheit „% Drainstromänderung pro Gatelängen-Dekade" versehen.

Die Drainstromerhöhung ist auch von der Gateweite abhängig, wie in Bild 5.147 zu sehen ist. Unterhalb von $W_G \approx 500$ nm reduziert sich die bis dahin konstante Drainstromerhöhung und wird teilweise sogar negativ, d.h. es kommt zu einer Abnahme des Transistorleistungsfähigkeit bei sehr geringen Gateweiten im Vergleich zum unverspannten SOI-Substrat. Die Ursache dafür könnte in der Bild 5.141 beschriebene Verspannungstransformation liegen, was aber hier nicht weiter untersucht wurde.

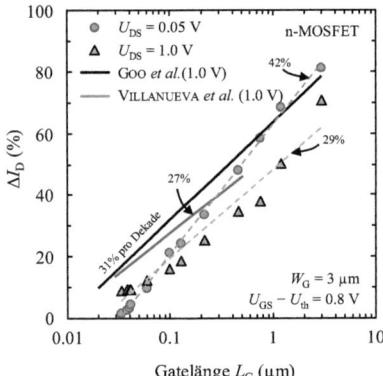
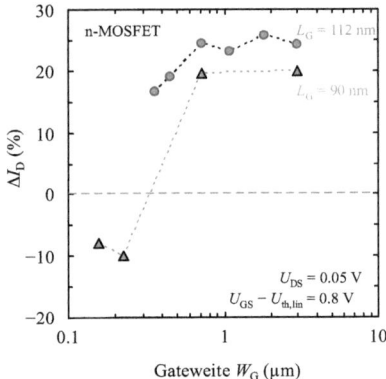

Bild 5.146: Drainstromänderung von sSOI-n-MOSFETs in Abhängigkeit von der Gatelänge L_G im linearen (U_{DS}=0.05 V) und im Sättigungsbereich (U_{DS}=1.0 V). Volllinien sind Literaturwerte nach [236], [237].

Bild 5.147: Drainstromänderung von sSOI-n-MOSFET in Abhängigkeit von der Gateweite W_G im linearen Bereich ($U_{DS} = 0.05$ V) für zwei verschiedene Gatelängen.

Für die Gatelängenabhängigkeit in Bild 5.146 kommen verschiedene Ursachen in Betracht [236], [237]:

- das frühere Erreichen der Sättigungsgeschwindigkeit in den verspannten Transistoren durch die höhere Ladungsträgerbeweglichkeit,
- zunehmende Verspannungsrelaxation in kleineren Strukturen, z.B. durch die STI-Strukturierung,
- erhöhte Coulombstreuung in Kurzkanaltransistoren durch die höhere Kanaldotierung,
- verstärkter Einfluss des parasitären Source/Drain-Widerstands in Kurzkanaltransistoren.

5.5 Verspannte Substrate

Für kürzere Gatelängen nehmen die lateralen elektrischen Felder und somit die Geschwindigkeiten der Ladungsträger im Kanal zu. Die maximale Geschwindigkeit der Ladungsträger ist begrenzt. Bei der Annahme identischer Sättigungsgeschwindigkeiten im unverspannten und verspannten Silizium, ist deshalb der durch die Verspannung hervorgerufene Unterschied in der Ladungsträgerbeweglichkeit nicht mehr relevant. Da die lateralen elektrischen Felder im linearen Bereich deutlich geringer sind, sollte auch der Effekt der Sättigungsgeschwindigkeit kaum eine Rolle spielen. Die Kurven für die Drainstromerhöhung im linearen und im Sättigungsbereich aus Bild 5.146 zeigen allerdings einen dieser Theorie widersprechenden Verlauf, da die Degradation der $\Delta I_{D,lin}$-L_G-Kurve stärker ist. Der Effekt der Sättigungsgeschwindigkeit ist als Ursache für eine Reduzierung der Drainstromzunahme mit kleiner werdenden Gatelängen unwahrscheinlich.

Ein Verlust der mechanischen Verspannung durch Relaxation (z.B. durch die STI-Strukurierung) kann ebenfalls ausgeschlossen werden, da zum einen Simulationen zeigen, dass der Effekt der STI-Strukurierung (bei den hier untersuchten Transistorstrukturen) durch die relativ große Entfernung zum Kanalgebiet weniger als 4% Änderung der Sättigungsdrainströme verursacht. Weiterhin zeigen Beweglichkeitsmessungen in Kurzkanaltransistoren (Bild 5.148) eine Erhöhung um ca. 57% gegenüber dem unverspannten Referenztransistor, was für eine Verspannung auch in Kurzkanaltransistoren spricht. Außerdem ist die Schwellspannungsreduzierung über die Gatelänge und Gateweite näherungsweise konstant, was auf eine konstante Kanalverspannung auch in kleinen Strukturen schließen lässt. Zum anderen beobachtet man bei Kurzkanaltransistoren anhand der Millerkapazitäten eine stark veränderte Dotandendiffusion, die durch die zusätzliche Verspannung hervorgerufen wird. All diese Ergebnisse sprechen dafür, dass die Verspannung auch bei Kurzkanaltransistoren noch vorhanden ist, sich aber nicht in einer Steigerung des Drainstroms widerspiegelt.

Eine zunehmende Coulombstreuung durch die erhöhte Kanaldotierung ist unwahrscheinlich, da vergleichbare Experimente sowie Simulationen für die erforderliche Erhöhung der Kanaldotierung eine maximale Degradation der Leistungsfähigkeit von Kurzkanaltransistoren um 5% zeigen, womit der starke Rückgang der Leistungssteigerung bei den sSOI-n-MOSFETs nicht erklärt werden kann. Demnach verbleibt der parasitäre Source/Drain-Widerstand als Mechanismus, der, wie bereits mehrfach erwähnt, den Gesamtwiderstand des Transistors für sehr kurze Gatelängen dominiert, so dass der Einfluss der Beweglichkeitserhöhung durch die Verspannung zurückgeht (vgl. u.a. Bild 5.34).

Die Verwendung der an einem unverspannten Transistor kalibrierten Simulationsmodelle für Untersuchungen an sSOI-Transistoren zeigt eine starke Diskrepanz zu den experimentellen Daten (Bild 5.149, orangefarbene Kurve). Der allgemeine Trend der abnehmenden Drainstromerhöhung mit kleiner werdenden Gatelängen kann zwar reproduziert werden, aber eine Übereinstimmung der Simulationsergebnisse mit den experimentellen Daten ist nur durch eine entsprechende Erhöhung des parasitären Source/Drain-Widerstands in der Simulation erreichbar. Ein Vergleich der parasitären Source/Drain-Widerstände aus Bild 5.148 zeigt für die sSOI-Transistoren neben der vorhandenen starken Beweglichkeitserhöhung um 57% einen ca. 130 Ω·µm größeren Wert gegenüber den unverspannten SOI-Transistoren. Diese signifikante Erhöhung des parasitären Source/Drain-Widerstands deckt sich mit dem von der Simulation vorhergesagten Wert und muss der Grund für die Gatelängenabhängigkeit der Drainstromerhöhung sein.

Die Ursache für den erhöhten parasitären Source/Drain-Widerstand der sSOI-Transistoren ist allerdings unklar. Einerseits können Probleme mit der Silizierung auf dem verspannten Material auftreten. Andererseits kann dies eine Folge des nicht für sSOI-Substrate optimierten Herstellungsprozesses sein. Eine höhere Defektdichte im sSOI-Material wurde durch mehrere Messmethoden ebenfalls nachgewiesen und kommt ebenfalls als mögliche Ursache in Betracht.

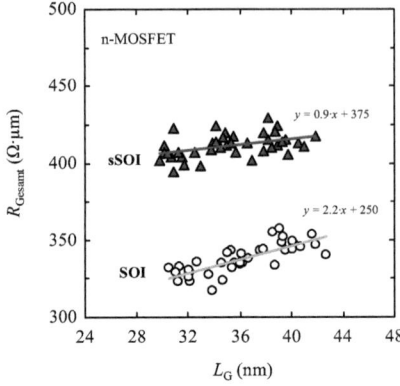
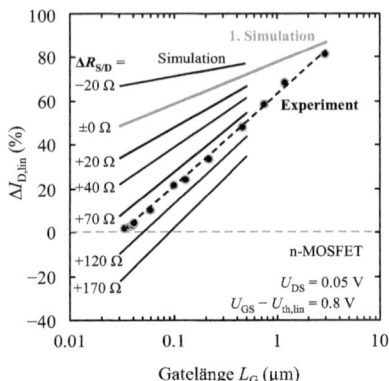

Bild 5.148: Gesamtwiderstand der SOI- und sSOI-Transistoren in Abhängigkeit von der Gatelänge.

Bild 5.149: Simulierte Drainstromänderung für sSOI-n-MOSFETs in Abhängigkeit von der Gatelänge für verschiedene parasitäre Source/Drain-Widerstände. Gemessene Daten sind zum Vergleich dargestellt.

E) Einfluss einer Verspannungsrelaxation

Auch wenn angenommen wird, dass hauptsächlich der parasitäre Source/Drain-Widerstand für die beobachtete gatelängenabhängige Drainstromänderung verantwortlich ist, so ist dennoch in anderen Fällen eine Überlagerung des Einflusses des parasitären Source/Drain-Widerstands und einer Verspannungsrelaxation möglich. Für diesen Fall ist in Bild 5.150 der Beitrag dieser beiden Einflussfaktoren auf den Anstieg der $\Delta I_{D,lin}$-L_G-Kurve veranschaulicht. Diese Darstellung erlaubt eine beliebige Kombination der beiden Effekte, um verschiedene Kurvenanstiege zu erreichen. Beispielsweise kann ein experimentell beobachteter Anstieg von 42% Drainstromänderung pro Dekade auch durch eine Erhöhung des parasitären Widerstandes um nur 65 Ω·µm und einer gleichzeitig mit kürzer werdender Gatelänge zunehmenden Verspannungsrelaxation von bis zu 30% im sSOI-Film erreicht werden.

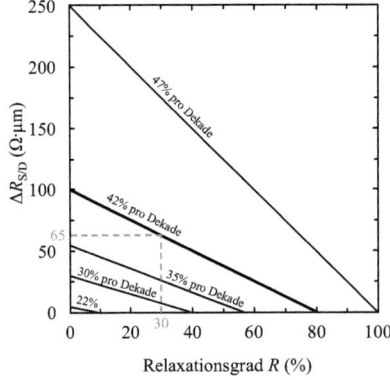

Bild 5.150: Einfluss der Kombination aus Veränderung des parasitären Source/Drain-Widerstands und einer Relaxation der sSOI-Verspannung (Annahme einer linearen Verringerung der Verspannung von 0% auf R für $L_G = 10$ µm zu $L_G = 30$ nm) auf den Anstieg der $\Delta I_{D,lin}$-L_G-Kurve.

5.5 Verspannte Substrate

F) Auswirkungen auf den p-MOSFET

Ein Vergleich der Löcherbeweglichkeit in Langkanaltransistoren in Bild 5.151 belegt, dass das hier verwendete sSOI-Substrat mit 20% äquivalenter Germaniumkonzentration im Vergleich zum unverspannten SOI keine Verbesserung der Leistungsfähigkeit hervorruft, sondern zu einer Verschlechterung um ca. 30% führt. Dies macht sich auch in der Universalkurve für die Langkanaltransistoren ($L_G = 3.0$ µm) bemerkbar (Bild 5.152), die eine Degradation der sSOI-p-MOSFETs um −35% im Vergleich zum unverspannten SOI-Substrat aufweist. Bei den Kurzkanaltransistoren ist der Einfluss der verringerten Kanalbeweglichkeit durch den parasitären Source/Drain-Widerstand abgeschwächt, so dass die Degradation auf −10% zurückgeht.

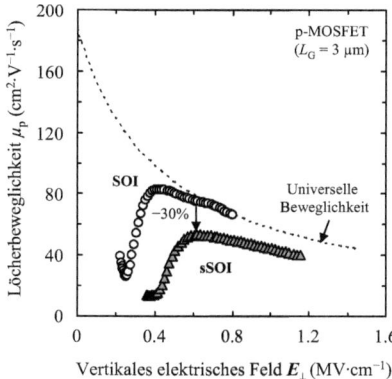
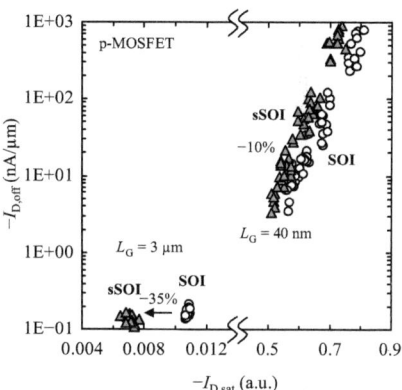

Bild 5.151: Vergleich der Löcherbeweglichkeiten von SOI- und sSOI-Langkanaltransistoren in Abhängigkeit vom vertikalen elektrischen Felds.

Bild 5.152: Universalkurve für SOI- und sSOI-p-MOSFETs für kurze und lange Gatelängen.

Beim p-MOSFET tritt im Gegensatz zum n-MOSFET keine Schwellspannungsänderung bei den Langkanaltransistoren auf. Berechnungen mittels der Deformationspotenzialtheorie ergeben zwar eine Verschiebung des Valenzbandes (weg vom Ferminiveau), allerdings tritt gleichzeitig durch die stärkere Leitungsbandverschiebung (hin zum Ferminiveau) eine Verringerung der Bandlücke auf, so dass sich die Effekte bezüglich der Schwellspannungsänderung beim p-MOSFET kompensieren.

5.5.3 Zusammenfassung

Biaxial zugverspannte Substrate wie die sSOI-Wafer bieten starke Erhöhungen der Elektronenbeweglichkeit, was zu beachtlichen Drainstromerhöhungen in Langkanaltransistoren führt. In Kurzkanaltransistoren gehen diese Leistungssteigerungen allerdings verloren. Die Ergebnisse zur Beweglichkeitsänderung und zur Schwellspannungsreduzierung zeigen, dass die Verspannung auch in Kurzkanaltransistoren noch vorhanden ist. Weiterhin belegen Simulationen, dass die Verspannungsrelaxation durch die STI-Erzeugung nur einen geringen Einfluss auf die elektrischen Eigenschaften in den aktuellen Kurzkanaltransistoren hat. Der eigentliche Grund für den Rückgang der Drainstromerhöhung bei kurzen Gatelängen ist der parasitäre Source/Drain-Widerstand. Dieser begrenzt trotz der vorhandenen Verspannung und der entsprechenden Beweglichkeitserhöhung die Drainstromerhöhung in Kurzkanaltransistoren. Erschwerend kommt hinzu, dass der parasitäre Source/Drain-Widerstand der sSOI-Transistoren ca. 50% höher ist als der vergleichbarer SOI-Transistoren, wodurch dieses Problem noch verschärft wird.

Verspannte Substrate besitzen gegenüber den lokalen Verspannungstechniken neben den wenigen Vorteilen, wie beispielsweise sehr hohe Verspannungswerte, die zudem nicht durch eine Technologieskalierung beeinflusst werden, einige Nachteile:

- Es ist nur ein Verspannungszustand möglich, der aufgrund der gegensätzlichen Verspannungsanforderungen von n- und p-MOSFET schlecht für eine Anwendung in der CMOS-Technologie ist. Verglichen mit dem n-MOSFET sind die erreichbaren Leistungssteigerungen beim p-MOSFET, wenn überhaupt, moderat [42].

- Die Kompatibilität mit der klassischen CMOS-Technologie ist durch eine höhere Defektdichte des sSOI-Materials und das erforderliche reduzierte thermische Budget gefährdet [78]. Hinzu kommen die gestiegenen Kosten (ca. 3x) für die Substrate aufgrund des aufwändigen Herstellungsprozesses.

- Die ungefähr viermal so starke Schwellspannungsreduzierung im Vergleich zu den lokalen Verspannungstechniken muss durch eine erhöhte Kanaldotierung kompensiert werden, was die Ladungsträgerbeweglichkeit herabsetzt [106].

- Der gravierendste Nachteil ist der Verlust der Leistungssteigerung bei sehr kurzen Gatelängen [43], die eine Skalierung dieser Verspannungstechnik behindert.

Die Zukunft für die verspannten Substrate ist unklar, da die erhöhten Kosten und der aufwändigere Prozess die nur geringen und auch nur für den n-MOSFET erreichbaren Leistungssteigerungen nicht rechtfertigen. Weiterhin ist in der Industrie eine generelle Orientierung hin zu Bulk-Prozessen zu beobachten, was eine Anwendung dieser Verspannungstechnik erheblich erschwert.

5.6 Feldabhängigkeit der deformationsbedingten Drainstromänderung

Die starken Effekte einer Deformation auf die elektrischen Eigenschaften von Silizium entstehen als Folge der Änderungen der elektronischen Bandstruktur. Im Transistor verursachen die angelegten Kontaktspannungen elektrische Felder im Bauelement, die ebenfalls die elektronische Bandstruktur beeinflussen und somit mit den deformationsbedingten Effekten interagieren. Diese Wechselwirkungen sind für die einzelnen Verspannungstechniken und für die beiden Transistortypen unterschiedlich. Beispielsweise ist die Drainstromerhöhung beim n-MOSFET mit TOL im linearen Bereich ($\Delta I_{D,lin}$) geringer als im Sättigungsbereich ($\Delta I_{D,sat}$) (Bild 5.153a), wogegen beim p-MOSFET mit COL die Drainstromerhöhung im linearen Bereich im Vergleich zum Sättigungsbereich mehr als doppelt so stark ist (Bild 5.153b).

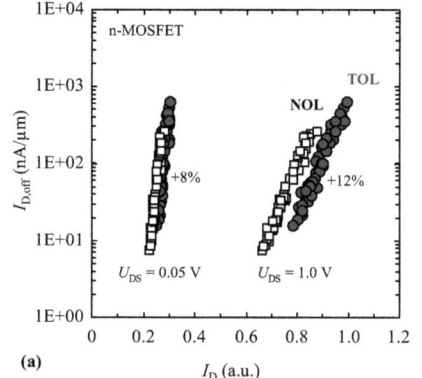
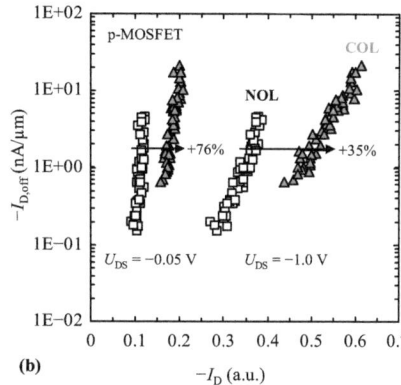

Bild 5.153: Universalkurven des (a) n-MOSFETs mit NOL und TOL sowie des (b) p-MOSFETs mit NOL und COL für jeweils den linearen (bei $|U_{DS}|$ = 0.05 V) und den Sättigungsdrainstrom (bei $|U_{DS}|$ = 1.0 V).

Bild 5.154 vergleicht den experimentell gefundenen Zusammenhang zwischen der deformationsbedingten Drainstromänderung im linearen und im Sättigungsbereich für verschiedene Verspannungstechniken. Si:C-S/D-Gebiete und SMT1 werden nicht mit in die Untersuchungen einbezogen, da sie keine oder nur zu geringe Drainstromänderungen bewirken. Prinzipiell besteht ein deutlicher Unterschied zwischen den Reaktionen von n- und p-MOSFETs. Für eine gegebene Deformation im Kanal ist die Drainstromänderung in verspannten p-MOSFETs im linearen Bereich ($\Delta I_{D,lin}$) stets höher als im Sättigungsbereich ($\Delta I_{D,sat}$). Beim n-MOSFET ist die Relation zwischen diesen beiden Werten gleich oder teilweise sogar umgekehrt, so dass die Änderungen im linearen Bereich geringer sind. Die zudem deutlich größeren Absolutwerte beim p-MOSFET sind zum einen durch die stärkeren Kanalverspannungen aufgrund der SiGe-S/D- und COL-Verspannungstechniken und zum anderen durch die höhere Sensitivität der Löcherbeweglichkeit auf eine Verspannung [238] zu erklären. Zum Vergleich sind weiterhin Werte aus der Literatur [19], [22], [184], [239] eingetragen, die die beobachteten Trends bei n- und p-MOSFET unterstreichen. Obwohl diese Unterschiede der Drainstromerhöhung allgemein beobachtet werden, sind die zugrunde liegenden physikalischen Effekte noch nicht umfassend untersucht worden [99], [184], [240]. Anhand einer kontinuierlichen Variation der lateralen und der vertikalen elektrischen Felder, hervorgerufen durch die Drain-Source-Spannung bzw. Gate-Source-Spannung, soll der Einfluss auf die Drainstromänderung infolge lokaler und globaler Verspannungstechniken im Detail analysiert und die beteiligten Mechanismen separiert werden.

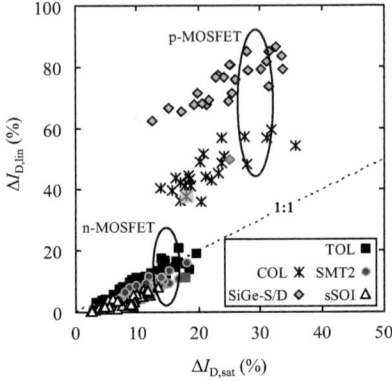

Bild 5.154:
Zusammenhang zwischen der Änderung des Drainstroms im linearen Bereich ($\Delta I_{D,lin}$) und im Sättigungsbereich ($\Delta I_{D,sat}$) für verschiedene Verspannungstechniken bei n- und p-MOSFET. Farbige Symbole kennzeichnen Literaturwerte [19], [22], [184], [239].

5.6.1 Experimentelle Ergebnisse

A) Abhängigkeit vom lateralen elektrischen Feld

n-MOSFET:

Die Ausgangskennlinien für einen unverspannten (NOL) und einen durch TOL verspannten n-MOSFET sind in Bild 5.155 dargestellt. Zusätzlich ist die deformationsbedingte Drainstromänderung in Abhängigkeit von der Drain-Source-Spannung, die annähernd proportional zum lateralen elektrischen Feld ist, aufgetragen. Im linearen Bereich ($U_{DS} < 0.2$ V) steigt die Drainstromerhöhung ΔI_D mit zunehmenden U_{DS}-Werten an, erreicht bei $U_{DS} \approx 0.5$ V ein Maximum und fällt für weiter steigende U_{DS}-Werte langsam ab.

Zusätzlich zu der Drainstromerhöhung bei $U_{GS} = 1.0$ V ist in Bild 5.156 auch die Zunahme bei $U_{GS} = 0.4$ V dargestellt und mit den zwei weiteren für den n-MOSFET sinnvollen Verspannungstechniken SMT2 und sSOI verglichen. Dieser U_{GS}-Wert wurde gewählt, um den Einfluss eines geringeren vertikalen elektrischen Felds zu untersuchen, wobei der Inversionskanal bereits ausgebildet sein sollte. Auch für $U_{GS} = 0.4$ V steigt die Drainstromerhöhung ausgehend von geringen U_{DS}-Werten an, sättigt und verringert sich schließlich wieder unter einer hohen Drain-Source-Spannungen. Dieses tendenzielle Verhalten ist für die drei untersuchten Verspannungstechniken immer gleich, auch wenn die Absolutwerte deutlich voneinander abweichen.

5.6 Feldabhängigkeit der deformationsbedingten Drainstromänderung

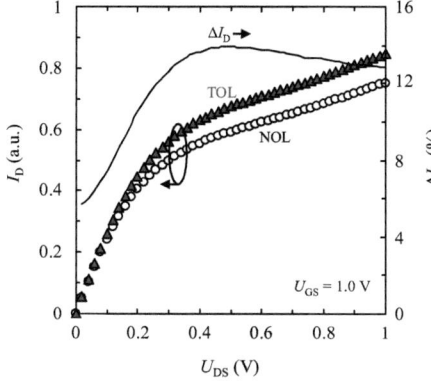

Bild 5.155: Ausgangskennlinien für den unverspannten (NOL) und durch einen TOL verspannten n-MOSFET bei $U_{GS} = 1.0$ V. Weiterhin ist die deformationsbedingte Drainstromänderung in Abhängigkeit von der Drain-Source-Spannung dargestellt.

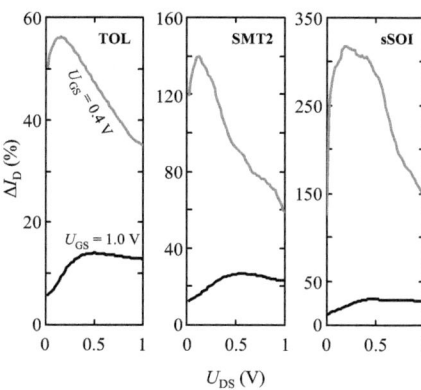

Bild 5.156: Deformationsbedingte n-MOSFET-Drainstromänderung für verschiedene Verspannungstechniken (TOL, SMT2 und sSOI) in Abhängigkeit von der Drain-Source-Spannung.

p-MOSFET:

Für den p-MOSFET kommen zwei Verspannungstechniken in Frage: SiGe-S/D-Gebiete und COL. Für beide Fälle verursacht ein höheres laterales Feld, d.h. steigende $|U_{DS}|$-Werte, eine geringere Drainstromerhöhung (Bild 5.157). Obwohl ein zunehmendes vertikales Feld, d.h. U_{GS}, beim COL die Drainstromerhöhung ähnlich reduziert, wie es gerade beim n-MOSFET beschrieben wurde, so ist beim p-MOSFET mit SiGe-S/D-Gebieten für hohe vertikale Felder ($U_{GS} = -1.0$ V) eine deutlich größere Drainstromerhöhung erreichbar als im Fall niedriger vertikaler Felder ($U_{GS} = -0.4$ V).

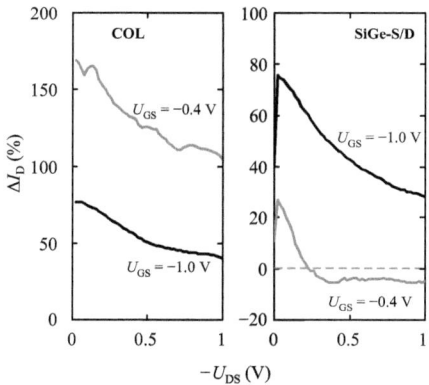

Bild 5.157:
Deformationsbedingte p-MOSFET-Drainstromänderung für verschiedene Verspannungstechniken (COL und SiGe-S/D-Gebiete) in Abhängigkeit von der Drain-Source-Spannung.

B) Abhängigkeit vom vertikalen elektrischen Feld

n-MOSFET:

Das vertikale elektrische Feld senkrecht zum Kanal wird durch die Gate-Source-Spannung gesteuert. Die n-MOSFET-Transferkennlinien mit neutraler (NOL) und zugverspannter Deckschicht (TOL) sind in Bild 5.158 für den linearen und für den Sättigungsbereich zusammen mit der Drainstromerhöhung in Abhängigkeit von der Gate-Source-Spannung dargestellt. Allgemein reduziert sich die Drainstromerhöhung mit höheren vertikalen Feldern. Weiterhin ist ein Unterschied für den linearen und für den Sättigungsfall zu sehen. Im Unterschwellbereich ist die Erhöhung des linearen Drainstroms deutlich größer als die des Sättigungsdrainstroms. Dieser Unterschied verringert sich für zunehmende Gate-Source-Spannungen. Die beiden Kurven schneiden sich bei $U_{GS} \approx 0.6$ V, wo beide Drainstromerhöhungen identisch sind. Für noch größere U_{GS}-Werte fällt $\Delta I_{D,lin}$ unter den Wert von $\Delta I_{D,sat}$.

In Bild 5.159 ist die Drainstromerhöhung nochmals ohne den Unterschwellbereich dargestellt. Weiterhin sind die Kurven für die beiden anderen Verspannungstechniken (SMT2 und sSOI) zu sehen, die einen ganz ähnlichen Verlauf zeigen. Trotz der unterschiedlichen Absolutwerte bei den einzelnen Verspannungstechniken ist das tendenzielle Verhalten identisch.

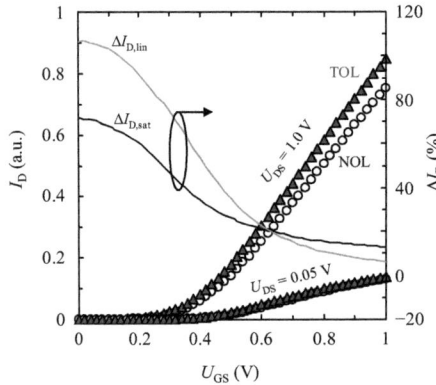

Bild 5.158: Transferkennlinien für den unverspannten (NOL) und durch einen TOL verspannten n-MOSFET im linearen ($U_{DS} = 0.05$ V) und im Sättigungsbereich ($U_{DS} = 1.0$ V). Weiterhin ist deformationsbedingte Drainstromänderung in Abhängigkeit von der Gate-Source-Spannung dargestellt.

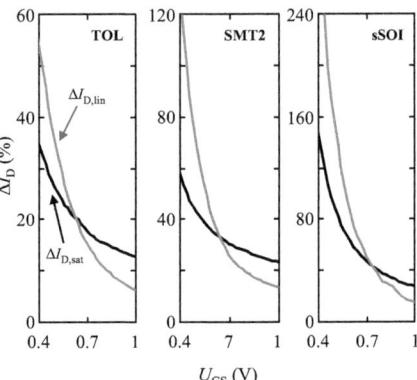

Bild 5.159: Deformationsbedingte n-MOSFET-Drainstromänderung für verschiedene Verspannungstechniken (TOL, SMT2 und sSOI) in Abhängigkeit von der Gate-Source-Spannung.

p-MOSFET:

Die Drainstromerhöhungen ($\Delta I_{D,lin}$ und $\Delta I_{D,sat}$) sind in Bild 5.160 für p-MOSFETs mit COL bzw. SiGe-S/D-Gebieten verglichen. Abweichend zum Verhalten beim n-MOSFET ist hier die Drainstromerhöhung $\Delta I_{D,lin}$ für alle gemessenen Gate-Source-Spannungen größer als $\Delta I_{D,sat}$. Eine allgemeine Abnahme der Drainstromerhöhung bei hohen vertikalen bzw. lateralen Feldern beobachtet man beim p-MOSFET mit COL analog zum Verhalten des n-MOSFETs, allerdings ist beim p-MOSFET mit SiGe-S/D-Gebieten die Abhängigkeit von der Gate-Source-Spannung umgekehrt, d.h. der Drainstrom steigt mit höheren Gate-Source-Spannungen stärker an.

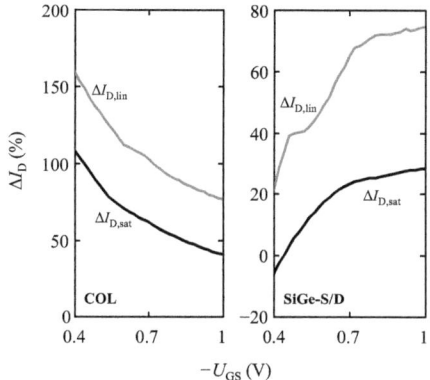

Bild 5.160:
Deformationsbedingte p-MOSFET-Drainstromänderung für verschiedene Verspannungstechniken (COL und SiGe-S/D-Gebiete) in Abhängigkeit von der Gate-Source-Spannung.

C) Überlagerung des Einflusses des vertikalen und des lateralen elektrischen Felds

Bild 5.161 illustriert die Abhängigkeit der Drainstromänderung vom vertikalen und vom lateralen Feld. Für die drei Verspannungstechniken beim n-MOSFET ist eine qualitativ identische Abhängigkeit der Drainstromänderung von den elektrischen Feldern offensichtlich, während beim p-MOSFET die Drainstromerhöhung aufgrund der beiden Verspannungstechniken stark unterschiedlich ausfällt. Der p-MOSFET mit COL zeigt noch starke Ähnlichkeiten mit n-MOSFET-Fällen, während der p-MOSFET mit SiGe-S/D-Gebieten abweichend ist. Für den letzteren Fall findet man aber eine Übereinstimmung mit den Ergebnissen aus [241]. Für höhere Gate-Source-Spannungen liefert der p-MOSFET mit SiGe-S/D-Gebieten im Gegensatz zum p-MOSFET mit COL stärkere Drainstromerhöhungen, für den die Drainstromerhöhungen bei hohen Gate-Source-Spannungen reduziert sind.

Kapitel 5 – Theoretische und experimentelle Ergebnisse

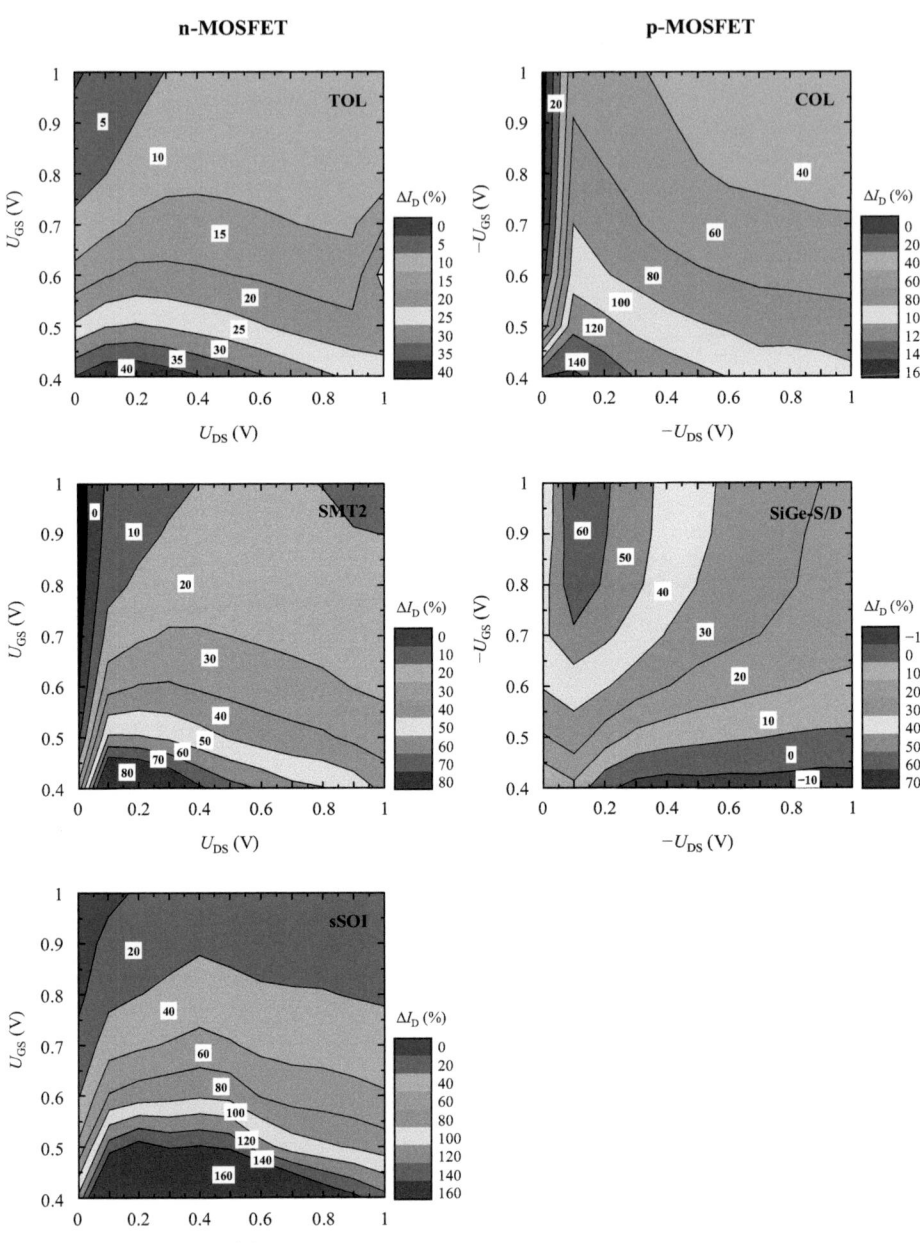

Bild 5.161: Abhängigkeit der Drainstromänderung von der Gate-Source- (U_{GS}) und der Drain-Source-Spannung (U_{DS}) für verschiedene Verspannungstechniken bei n- und p-MOSFET.

5.6.2 Diskussion und Analyse

A) Beziehung zwischen der Beweglichkeits- und der Drainstromänderung

Obwohl die exakten Beweglichkeitswerte in Kurzkanaltransistoren schwierig zu bestimmen sind, können doch Änderungen der Beweglichkeit zuverlässig ermittelt werden [181]. Für die folgenden Analysen findet ein weiteres Mal das einfache Transistorwiderstandsmodell Anwendung, $R_\text{Gesamt} = R_\text{Kanal} + R_\text{S/D}$. Nach [184] kann die deformationsbedingte Änderung des linearen Drainstroms als Funktion der Änderung der Beweglichkeit $\Delta\mu$ und der Änderung des parasitären Source/Drain-Widerstand $\Delta R_\text{S/D}$ im Vergleich zum unverspannten Fall (nachfolgend mit dem Index 0 gekennzeichnet) ausgedrückt werden:

$$\Delta I_\text{D,lin} = \frac{R_\text{Kanal}}{R_\text{Gesamt}} \Delta\mu + \frac{R_\text{S/D}}{R_\text{Gesamt}} \Delta R_\text{S/D} \ . \tag{5.24}$$

Die Beweglichkeitsänderung lässt sich näherungsweise über die Kanalwiderstände ermitteln

$$\Delta\mu = \frac{\mu - \mu_0}{\mu_0} \approx \frac{R_\text{Kanal,0} - R_\text{Kanal}}{R_\text{Kanal}} \ , \tag{5.25}$$

während die Änderungen des parasitären Source/Drain-Widerstands mit Hilfe der $\delta R/\delta L$-Methode [181] abgeschätzt werden. Die $R_\text{S/D}$-Werte sind in Tabelle 5.4 gegeben.

Tabelle 5.4: Extrahierte parasitäre Source/Drain-Widerstände für n- und p-MOSFETs der 45 nm-Technologie, nach [181].

$R_\text{S/D}$ ($\Omega\cdot\mu$m)	n-MOSFET			p-MOSFET	
	TOL	SMT2	sSOI	COL	SiGe-S/D
Verspannt	216	230	375	305	280
Unverspannte Referenz	220	220	220	420	420
Verhältnis $R_\text{S/D}/R_\text{Kanal}$	2.3	2.9	8.7	1.10	1.07

Nach Gleichung (5.24) ist die Änderung des linearen Drainstroms zusätzlich zu dem von der Änderung des parasitären Source/Drain-Widerstandes $\Delta R_\text{S/D}$ abhängigen Term proportional zur Ladungsträgerbeweglichkeitsänderung. Dies bedeutet, dass das Verhältnis $R_\text{S/D}/R_\text{Kanal}$ des verspannten Transistors entscheidend für $\Delta I_\text{D,lin}$ ist, da der Einfluss der beiden Terme in Gleichung (5.24) durch dieses Verhältnis bestimmt wird. Das wiederum heißt, dass $\Delta I_\text{D,lin}$ für kleine $R_\text{S/D}/R_\text{Kanal}$-Verhältnisse vor allem von der Ladungsträgerbeweglichkeitsänderung $\Delta\mu$ abhängig ist, wogegen für größer werdende $R_\text{S/D}/R_\text{Kanal}$-Verhältnisse eine Änderung von $\Delta I_\text{D,lin}$ vorwiegend nur durch eine Änderung des parasitären Source/Drain-Widerstandes $\Delta R_\text{S/D}$ erreicht werden kann.

Der Zusammenhang zwischen der Änderung des linearen Drainstroms $\Delta I_\text{D,lin}$ und der Ladungsträgerbeweglichkeitsänderung $\Delta\mu$ ist in Bild 5.162a für die verschiedenen Verspannungstechniken dargestellt. Alle verspannten n-MOSFETs weisen dabei denselben Anstieg der Kurven auf, unabhängig von der Verspannungstechnik. Der Anstieg für die Kurven der beiden p-MOSFET-Fälle ist deutlich steiler, aber untereinander ebenfalls näherungsweise identisch. Die Kurve des p-MOSFETs mit SiGe-S/D-Gebieten besitzt einen deutlich abweichenden Schnittpunkt mit der Ordinate, da der parasitäre Source/Drain-Widerstand durch die SiGe-S/D-Technik merklich verringert wird und so auch ohne den Effekt der Verspannung ein Drainstromgewinn auftritt.

Aus dem Anstieg der Trendlinien folgt, dass beispielsweise eine Änderung der Beweglichkeit um 50% eine Änderung des linearen n-MOSFET-Drainstroms um 20% hervorruft. Beim p-MOSFET ist dieses Verhältnis eher Eins, d.h. eine 50%ige Änderung in μ führt zu einer Änderung um 40% im $I_{D,lin}$.

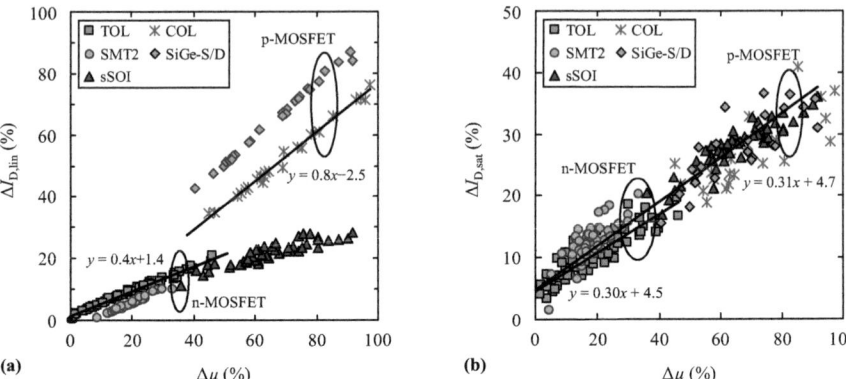

Bild 5.162: Zusammenhang zwischen der Beweglichkeitsänderung und (a) der Änderung des linearen Drainstroms bzw. (b) der Änderung des Drainstroms im Sättigungsbereich für verschiedene Verspannungstechniken bei n- und p-MOSFETs.

In Transistoren mit sehr kurzen Gatelängen liegt die laterale Abmessung des Kanals in der Größenordnung der mittleren freien Weglänge der Ladungsträger. Der Ladungstransport wird aufgrund der kaum noch stattfindenden Streuprozesse im Kanal zunehmend durch den ballistischen Transport bestimmt [242]. Dies bedeutet, dass die Ladungsträgerbeweglichkeit in solchen Transistoren kontinuierlich an Bedeutung verliert. Dennoch existiert selbst beim Übergang in diesen ballistischen Bereich ein Zusammenhang zwischen der Beweglichkeit und der Ladungsträgergeschwindigkeit [243], obwohl keine allgemeine Übereinstimmung über diese Korrelation besteht [244]. Die aktuellen Transistoren zeigen Anzeichen dieses ballistischen Transportverhaltens, welches im Sättigungsbereich verstärkt in Erscheinung tritt [245]. Aus diesem Grund ist eine Beschreibung der Sättigungsdrainstromänderung mit Hilfe der ballistischen Effizienz B notwendig, welche ein Maß ist, wie stark der Transistor sich im ballistischen Transportbereich befindet.

Die Änderung des Sättigungsdrainstroms aufgrund einer deformationsbedingten Beweglichkeitsänderung lässt sich beispielsweise über folgende Beziehung berechnen [240]:

$$\Delta I_{D,sat} \approx (1-B)\Delta\mu \ . \tag{5.26}$$

Sowohl die Datenpunkte der verspannten n-MOSFETs als auch die der verspannten p-MOSFETs in Bild 5.162b liegen auf Geraden mit identischem Anstieg. Die aus diesem Anstieg extrahierten Werte für B betragen ca. 0.61 für den n-MOSFET und ca. 0.63 für den p-MOSFET. Diese Werte liegen an der oberen Grenze des in der Literatur für moderne Transistoren angegebenen Bereichs von $B = 0.45...0.60$ [114], [184], [243]. Aus Gleichung (5.26) folgt demnach, dass eine Änderung der Beweglichkeit um 50% mit einer Änderung des Sättigungsdrainstroms beim n-MOSFET um 20% einhergeht (beim p-MOSFET ist dieses Verhältnis ähnlich: 50% zu 22%).

5.6 Feldabhängigkeit der deformationsbedingten Drainstromänderung

Wenn die Ladungsträger im Kanal von Source zu Drain ohne Streuung transportiert werden, verhält sich der Transistor vollkommen ballistisch und der Drainstrom ist durch

$$I_D = W\, C'_{inv}(U_{GS} - U_{th})v_{Einschuss} \tag{5.27}$$

gegeben [246]. Die Einschussgeschwindigkeit der Ladungsträger in den Kanalbereich ist über

$$v_{Einschuss} = \frac{4\hbar}{3m^*}\sqrt{2C'_{inv}(U_{GS} - U_{th})/e\pi} \tag{5.28}$$

definiert. In diesem Fall ist der Drainstrom unabhängig von der Gatelänge und von der Beweglichkeit. In einem Bauelement, wo keine Streuung auftritt, ist die deformationsbedingte Verringerung der Streuraten irrelevant. Einzig Änderungen der effektiven Masse erlauben eine Erhöhung der Einschussgeschwindigkeit.

Zusammenfassend lässt sich festhalten, dass das Verhältnis $R_{S/D}/R_{Kanal}$ wichtig für den Zusammenhang zwischen $\Delta\mu$ und $\Delta I_{D,lin}$ ist, vgl. Gleichung (5.24), wogegen für $\Delta I_{D,sat}$ der parasitäre Source/Drain-Widerstand nicht mehr relevant ist, auch wenn er den Gesamtstrom $I_{D,sat}$ immer noch wesentlich beeinflusst. Das deutlich ungünstigere $R_{S/D}/R_{Kanal}$-Verhältnis beim n-MOSFET ist der Grund für die geringere $I_{D,lin}$-Änderung im Vergleich zum p-MOSFET. Das hohe $R_{S/D}/R_{Kanal}$-Verhältnis beim n-MOSFET ist aber nicht durch einen hohen $R_{S/D}$ bestimmt (außer bei sSOI, vgl. Tabelle 5.4), sondern durch den sehr geringen Kanalwiderstand aufgrund der höheren Beweglichkeit der Elektronen im Vergleich zu der der Löcher.

B) Verspannte Deckschichten

Für die folgende Diskussion werden nur n- und p-MOSFETs mit verspannten Deckschichten (TOL bzw. COL) betrachtet, da diese Verspannungstechnik eine Kanaldeformation hervorruft, ohne die Dotierungs-profile aufgrund einer deformationsbedingten Änderung im Diffusionsverhalten zu modifizieren (z.B. SMT) oder zusätzliche Materialien mit abweichenden Materialparametern im Vergleich zur unverspannten Referenz einzubringen (z.B. SiGe-S/D-Gebiete). Die Änderungen im elektrischen Verhalten sind demzufolge ausschließlich auf die eingebrachte Deformation zurückzuführen.

Bild 5.163 fasst den Einfluss der verschiedenen elektrischen Felder auf die deformationsbedingte Drainstromänderung des n- und p-MOSFETs mit TOL und COL zusammen.

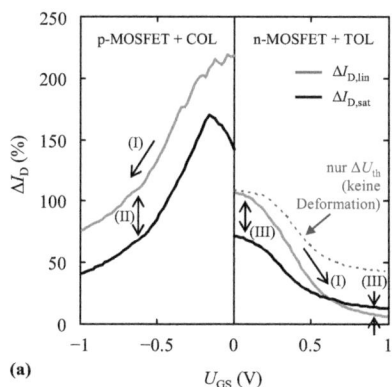
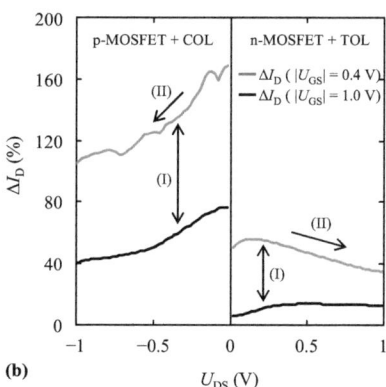

Bild 5.163: Vergleich der Drainstromänderung für n- und p-MOSFETs mit TOL bzw. COL in Abhängigkeit vom (a) vertikalen und (b) lateralen elektrischen Felds.

Es sind mehrere Effekte zu unterscheiden:

(I) Sowohl für n- und p-MOSFETs als auch für $\Delta I_{D,lin}$ und $\Delta I_{D,sat}$ beobachtet man eine Reduzierung der Drainstromerhöhung für höhere vertikale elektrische Felder (d.h. U_{GS}). Dies kann durch die zunehmende Streuung der Ladungsträger an der Si/SiO$_2$-Grenzfläche erklärt werden. Die Streuung tritt bei dem unverspannten Referenztransistor ebenso wie bei dem verspannten Transistor auf, allerdings hat die grenzflächenabhängige Beweglichkeit μ_{Grenz} im verspannten Fall nach der Matthiesen-Regel ($1/\mu_{Gesamt} = 1/\mu_{Grenz} + 1/\mu_{Phonon}$) mehr Einfluss auf die Gesamtbeweglichkeit μ_{Gesamt}, da näherungsweise nur die phononenabhängige Beweglichkeit μ_{Phonon} durch die Deformation reduziert wird.

Zusätzlich bilden die Elektronen in den (durch eine lateralen Zugverspannung bzw. einer vertikalen Druckverspannung) bevorzugt besetzen Δ_2-Tälern beim n-MOSFET eine dünnere Inversionsschicht aus [247]. Die Ladungsträger sind somit näher an der Grenzfläche lokalisiert und werden im Vergleich zum unverspannten Fall stärker gestreut, wodurch die Beweglichkeit entsprechend geringer ist. Ein analoger Effekt ist bei den Löchern präsent, wo die Grenzflächenstreuung im verspannten Fall zunimmt, da die vermehrte Besetzung des oberen Valenz-Subbandes dazu führt, dass sich der Ladungsträgerschwerpunkt näher an der Si/SiO$_2$-Grenzfläche befindet [56], [99].

Hier muss angemerkt werden, dass das typische Verhalten der Kurven in Bild 5.163a teilweise bereits durch eine Schwellspannungsverschiebung verursacht wird. Berechnet man beispielsweise die relative Änderungen zweier identischer Transferkennlinien, die um wenige Millivolt auf der x-Achse zueinander verschoben sind, ergibt sich durch den exponentiellen Anstieg der Transferkennlinie im Unterschwellbereich eine signifikante prozentuale Drainstromänderung, die beim Übergang in den linearen Bereich bei höheren Gate-Source-Spannungen deutlich geringer wird (Strichlinie in Bild 5.163a). Da diese Kurve aber flacher verläuft als die reale Kurve, ist dies nicht die alleinige Erklärung für den beobachteten Kurvenverlauf und die oben genannten Effekte sind für zusätzliche Abweichungen verantwortlich.

(II) Mit zunehmendem lateralem elektrischem Feld nimmt für n- und p-MOSFETs die deformationsbedingte Erhöhung der Ladungsträgergeschwindigkeit und entsprechend auch die Drainstromerhöhung durch den Effekt der Sättigungsgeschwindigkeit ab. Eine zusätzliche Umbesetzung der heißen Löcher in Bereiche des k-Raumes mit einer höheren effektiven Masse [131] führt zu einer weiteren Verringerung der Beweglichkeitsunterschiede zwischen unverspannten und verspannten p-MOSFETs bei höheren lateralen Feldern.

(III) Die Überschneidung der Kurven für $\Delta I_{D,lin}$ und $\Delta I_{D,sat}$ beim n-MOSFET bei mittleren vertikalen elektrischen Feldern scheint auf den ersten Blick unverständlich. Für geringe vertikale Felder ist die Erhöhung des linearen Drainstroms größer als die des Sättigungsdrainstroms. Für hohe vertikale Felder ist dieser Zusammenhang umgekehrt. Da die Feldquantisierung die Besetzung der Δ_2-Täler bereits in Abwesenheit einer Verspannung bevorzugt, ist eine zusätzliche energetische Aufspaltung zwischen den Δ_2- und Δ_4-Tälern durch eine Deformation unerheblich, so dass keine weitere Umbesetzung stattfindet und die Elektronenbeweglichkeit unter großen elektrischen vertikalen Feldern nicht weiter erhöht wird [99]. Die inhomogene Verteilung des Inversionskanals im Sättigungsfall durch die Abschnürung des Kanals mindert den gerade genannten Effekt im Vergleich zum linearen Bereich. Da im drainseitigen Kanal die vertikalen elektrischen Felder geringer sind, ist dort der zusätzliche Effekt der Deformation wirksam, während im linearen Bereich über den gesamten Kanal ein hohes vertikales Feld existiert, was den Deformationseffekt verdeckt. Dies ist der Grund, warum $\Delta I_{D,lin}$ bei hohen vertikale Feldern geringer als $\Delta I_{D,sat}$ ist, wo die Feldquantisierung nicht so wirksam ist.

Im Gegensatz dazu ist dieser Effekt beim p-MOSFET nicht vorhanden, da die Feldquantisierung hier generell von geringerer Bedeutung ist [56] (vgl. auch Tabelle 3.2). Die Beweglichkeitsänderung ist hier durch eine Änderung der effektiven Masse durch Bandverformungen bestimmt, und nicht einzig durch eine Umbesetzung der Ladungsträger wie beim n-MOSFET.

C) Vergleich der Verspannungstechniken

Da die Erhöhung der Elektronenbeweglichkeit bei den lokalen Verspannungstechniken TOL und SMT2 sowie bei der biaxialen Verspannungstechnik sSOI durch den gleichen Mechanismus hervorgerufen wird, nämlich der Aufspaltung der Leitungsbänder in zwei Gruppen (Δ_2- und Δ_4-Täler), ist auch die Abhängigkeit vom elektrischen Feld identisch. Aus diesem Grund ist trotz der unterschiedlichen erzeugten Verspannungsfelder im Kanal für die einzelnen Verspannungstechniken die Reaktion auf die elektrischen Felder ähnlich, wie in Bild 5.164a zusammengefasst ist. Hier ist das Verhältnis der Drainstromänderung des linearen zum Sättigungsfall (d.h. abhängig vom lateralen Feld) in Abhängigkeit des vertikalen Felds dargestellt.

Für den p-MOSFET hängt die Löcherbeweglichkeitsänderung dagegen stark vom vorhandenen Verspannungstensor im Kanal ab. Der Scherkomponente bei der lateralen Druckverspannung, wie sie z.B. durch SiGe-S/D-Gebiete entsteht, führt zu einer deutlich stärkeren Verringerung der effektiven Masse im Vergleich zum COL. Diese ist vor allem im linearen Transportbereich relevant, wo noch keine Sättigungsgeschwindigkeitseffekte den Einfluss der Beweglichkeit beeinträchtigen. Hinzu kommt, dass die lineare Drainstromerhöhung sensitiver auf einen verringerten parasitären Source/Drain-Widerstand der SiGe-S/D-Gebiete reagiert. Wie aus Bild 5.164b deutlich wird, ist das $\Delta I_{D,lin}/\Delta I_{D,sat}$-Verhältnis für beide Verspannungstechniken immer größer als Eins und zeigt nur eine geringe Abhängigkeit vom vertikalen elektrischen Feld (zumindest für $|U_{GS}| > 0.6$ V), da der Einfluss der Feldquantisierung, wie bereits gesagt, gering ist.

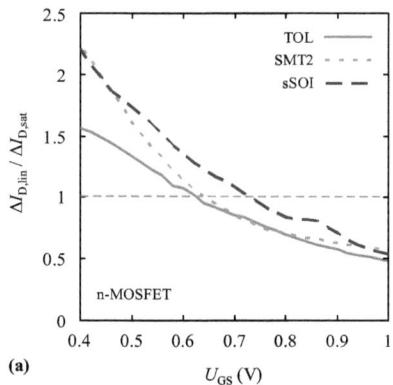
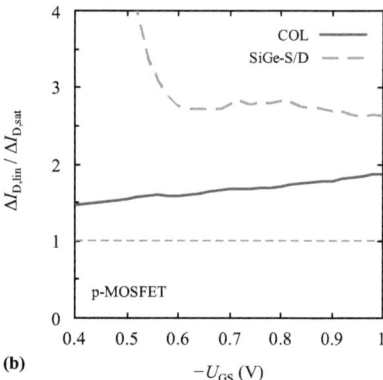

Bild 5.164: Verhältnis der linearen Drainstromänderung ($|U_{DS}| = 0.05$ V) zur Drainstromänderung im Sättigungsbereich ($|U_{DS}| = 1.0$ V) für verschiedene Verspannungstechniken beim (a) n-MOSFET und (b) p-MOSFET.

5.6.3 Zusammenfassung

Neben der Effektivität der jeweiligen Verspannungstechnik, die Beweglichkeit und den Drainstrom zu erhöhen, hängt die tatsächliche Leistungssteigerung des verspannten Transistors auch stark von den elektrischen Feldern im Kanal ab. Ladungsträgerquantisierung, Sättigungsgeschwindigkeitseffekte und Streumechanismen an der Si/SiO_2-Grenzfläche beeinflussen den Ladungstransport im MOSFET und vermindern die beabsichtigten Verspannungseffekte im Vergleich zum Volumenkristall. Erhöhte laterale und vertikale elektrische Felder bewirken im Allgemeinen eine Verringerung der deformationsbedingten Drainstromerhöhungen sowohl beim n- als auch beim p-MOSFET. Dennoch besteht ein Unterschied in den einzelnen Abhängigkeiten. Während beim p-MOSFET die lineare Drainstromerhöhung für alle vertikalen Felder größer als die Erhöhung des Sättigungsdrainstroms ist, wirkt beim n-MOSFET dieser Zusammenhang nur für geringe Gate-Source-Spannungen. Bei hohen vertikalen Feldern ist die Drainstromerhöhung unabhängig von der einzelnen Verspannungstechnik im linearen Fall geringer als im Sättigungsfall. Der Grund dafür sind unterschiedlich starke Wechselwirkungen der deformationsbedingten Änderungen der Streuraten und der effektiven Massen mit den Effekten der Feldquantisierung, die durch die Kontaktspannungen verursacht wird. Weiterhin muss der Einfluss des parasitären Source/Drain-Widerstands berücksichtigt werden, da er gerade im Niedrigfeld-Bereich für die beobachteten Beweglichkeits- und Drainstromänderungen relevant ist.

Obwohl es aus der Perspektive der Effektivität der Verspannungstechniken vorteilhaft wäre, die Transistoren bei geringen elektrischen Feldern zu betreiben, sind hohe elektrische Felder notwendig, um große Drainströme zu treiben. In modernen Transistoren sind außerdem erhöhte Kanaldotierungen notwendig, um die Kurzkanaleffekte unter Kontrolle zu behalten, was wiederum die elektrischen Felder im Bauelement erhöht. Die mit beiden Aspekten verbundene Beweglichkeitsverringerung der Inversionsladungsträger muss als nachteiliger, aber unumgänglicher Nebeneffekt der Bauelementeskalierung betrachtet werden. Aus diesem Grund lässt sich verspanntes Silizium in zukünftigen Technologiegenerationen nur nutzen, wenn die Bandstruktur so verändert ist, dass auch unter hohen elektrischen Feldern der Ladungstransport verbessert wird. Das heißt, dass eine Reduzierung der effektiven Masse und damit der Einschussgeschwindigkeit im Vordergrund steht, da im ballistischen MOSFET die Verringerung der Streuraten unwesentlich ist.

5.7 Vergleich und Wechselwirkungen der Verspannungstechniken

Von den fünf untersuchten lokalen Verspannungstechniken lassen sich drei dem n-MOSFET (TOL, Si:C-S/D und SMT) und zwei dem p-MOSFET (COL und SiGe-S/D) zuordnen. Zusätzlich existiert mit den verspannten Substraten noch eine globale Verspannungstechnik für den n-MOSFET. Diese bisher jeweils getrennt untersuchten Verspannungstechniken werden nun zusammenfassend verglichen, um anschließend die auftretenden Wechselwirkungen bzw. Effekte bei einer Kombination dieser Verspannungstechniken zu diskutieren.

5.7.1 Gegenüberstellung der einzelnen Verspannungstechniken

Der Einfluss der einzelnen Verspannungstechniken auf ausgewählte elektrische Kenngrößen sowie die erzeugte Kanalverspannung und das Skalierungspotenzial sind in Tabelle 5.5 gegenüber gestellt. Deutlich sind die stärkeren Drainstromerhöhungen bei den Verspannungstechniken des p-MOSFETs (COL und SiGe-S/D-Gebiete) im Vergleich zu denen des n-MOSFETs zu sehen.

SiGe-S/D-Gebiete bieten den Vorteil einer reduzierten Schottky-Barrierenhöhe und damit eines verringerten Kontakt- bzw. parasitären Source/Drain-Widerstands. Die Elektronen-Barrierenhöhe in Si:C-S/D-Gebieten sollte theoretisch durch die Verspannung ebenfalls verringert sein, jedoch kompensiert die gleichzeitig auftretende kohlenstoffbedingte Dotandendeaktivierung diesen Vorteil. Der genaue Einfluss konnte nicht näher untersucht werden, da sich die Si:C-S/D-Technologie noch in der Entwicklungsphase befindet.

Tabelle 5.5: Vergleich der einzelnen Verspannungstechniken. Die dominante Verspannungskomponente ist aus Simulationen ermittelt worden.

	Dominante Verspannung	$\Delta\mu$	$\Delta I_{D,lin}$	$\Delta I_{D,sat}$	$\Delta U_{th,sat}$	Skalierungspotenzial	Bemerkung
TOL	σ_{yy} (d)	30%	8%	12%	30 mV	–	
Si:C-S/D	σ_{xx} (z)	n.b.	n.b.	n.b.	n.b.		noch in Entwicklung
SMT1	σ_{xx} (z)	n.b.	2%	4%	22 mV	0	
SMT2	σ_{xx} (z) & σ_{yy} (d)	35%	7%	11%	47 mV	0	
sSOI	$\sigma_{xx} = \sigma_{zz}$ (z)	57%	1%	3%	100 mV	–	+50% $R_{S/D}$
COL	σ_{yy} (z)	80%	76%	35%	−50 mV	–	
SiGe-S/D	σ_{xx} (d)	70%	67%	27%	n.b.	+	$R_{S/D}$ sinkt

d druckverspannt; z zugverspannt; − schlecht; 0 gering; + gut; n.b. nicht bekannt (Werte konnten nicht extrahiert werden)

Die simulierte Kanalverspannung ist in Bild 5.165 nochmals veranschaulicht. Man erkennt die stark unterschiedlichen Verspannungsfelder, die nie rein uniaxial sind, sondern aus mehreren, unterschiedlich starken Verspannungskomponenten bestehen.

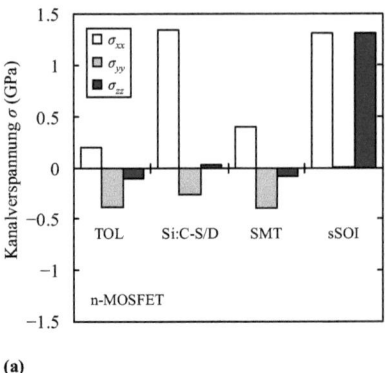 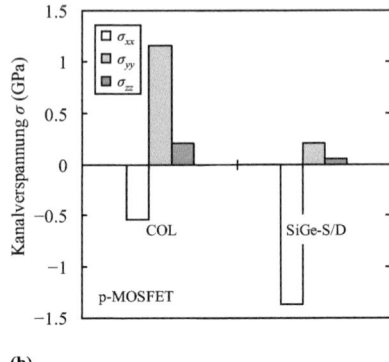

Bild 5.165: Simulierte Kanalverspannung (Mittelwert) für die Verspannungstechniken des (a) n-MOSFETs und (b) p-MOSFETs.

5.7.2 Kombination der Verspannungstechniken

In der Realität sollen und werden die Verspannungstechniken kombiniert, um die Drainstromerhöhungen weiter zu steigern. Prinzipiell überlagern sich die Effekte der Verspannungstechniken, nur wenn die Transistorgeometrie durch eine Verspannungstechnik verändert wird, kann dies Auswirkungen auf die Effektivität der anderen Verspannungstechniken haben. Bezüglich der Drainstromerhöhungen besteht dagegen ein Unterschied zwischen n- und p-MOSFETs bei der Überlagerung mehrerer Verspannungstechniken, wie nachfolgend erläutert wird.

A) n-MOSFET: SMT + TOL

Die durch SMT bzw. TOL erzeugten Kanalverspannungen beim n-MOSFET überlagern sich in der Simulation linear und die resultierende Drainstromerhöhung ist sowohl für die Simulation als auch für das Experiment die Summe der Einzelbeiträge. Die unterschiedliche Abhängigkeit der Schwellspannungsreduzierung von der erreichten Leistungssteigerung bei TOL und SMT belegt, dass es sich hier um zwei verschiedene unkorrelierte Verspannungsmechanismen handelt. Bei gleicher Verbesserung der Universalkurve ist für SMT aufgrund des anderen Verspannungszustandes im Kanal (die laterale Komponente ist bei SMT stärker ausgeprägt als bei TOL, vgl. Bild 5.165) eine deutlich stärkere Verringerung der Schwellspannung zu beobachten (Bild 5.166).

B) n-MOSFET: Si:C-S/D + TOL / SMT

Diese Kombinationen konnten experimentell nicht untersucht werden, da für die Si:C-S/D-Technik noch keine funktionsfähige Integration vorhanden ist. Basierend auf Simulationsergebnissen überlagern sich die beiden Verspannungstechniken Si:C-S/D-Gebiete und TOL linear, wie auch in [248] für experimentelle Ergebnisse gezeigt wird. Dagegen ist die gleichzeitige Anwendung von Si:C-S/D-Gebieten mit den SMT-Varianten kritisch, wie u.a. in [27] und [28] untersucht wurde. Folgt der SMT-Prozess der Si:C-Abscheidung, so kann die für SMT notwendige Amorphisierungsimplantation nicht durchgeführt werden, da diese zu einer Relaxation der Verspannung der Si:C-S/D-Gebiete führt. Wird der SMT-Prozess vor der Si:C-Abscheidung in den Herstellungsablauf integriert, so werden die durch SMT verspannten Source/Drain-Gebiete durch die Ätzung der Vertiefungen für die Si:C-S/D-Gebiete entfernt.

C) n-MOSFET: sSOI + lokale Verspannungstechniken

Die zugverspannten Deckschichten sind problemlos in Kombination mit sSOI-Wafern verwendbar und liefern auf unverspannten und verspannten Substraten die gleichen Drainstromerhöhungen [41]. Diese Überlagerung beruht auf der vorwiegend vertikalen Verspannungskomponente des TOLs, die sich mit der lateralen und transversalen Komponente der biaxialen Verspannung des sSOI-Substrates überlagert.

Die SMT-Verspannungstechnik ist mit sSOI dagegen nicht vereinbar. Die experimentell beobachteten Leistungssteigerungen sind, wenn überhaupt, nur gering [41], [234]. Die für SMT notwendige Amorphisierung der Aktivgebiete führt zu einer Relaxation der sSOI-Verspannung, so dass nur eine der beiden Methoden angewendet werden kann.

Bei der Kombination von Si:C-S/D-Gebieten mit sSOI zeigen Simulationsergebnisse in Bild 5.167, dass eine Erzeugung der Vertiefungen in den Source/Drain-Gebieten den Großteil der sSOI-Verspannung im Kanalbereich relaxiert. Durch das Si:C wird nun eine neue Verspannung eingeprägt. Diese ist aufgrund der größeren Gitterkonstantenabweichung von Si:C zu sSOI im Vergleich zum Si:C zu SOI signifikant stärker. Die Abweichung der Gitterkonstanten an der Epitaxie-Grenzfläche ist nach Gleichung (4.41) für Silizium und Si:C $e = 1.3\%$ ($a_{Si} = 0.5431$ nm zu $a_{Si:C} = 0.5362$ nm mit $y = 2.8\%$ Kohlenstoff im Si:C) bzw. für sSOI und Si:C $e = 2.1\%$ ($a_{sSOI} = 0.5472$ nm für sSOI mit $x = 0.2$ Germaniumkonzentration in der ursprünglichen Puffer-Schicht). Die rund 60% größere Gitterkonstantenabweichung der beiden Materialien führt zu einer stärkeren lateralen Zugverspannung im Kanalgebiet der sSOI-Transistoren im Vergleich zum SOI-Transistor, womit die Si:C-S/D-Gebiete auf sSOI deutlich effektiver sind, der eigentliche sSOI-Effekt aber vollkommen verloren geht.

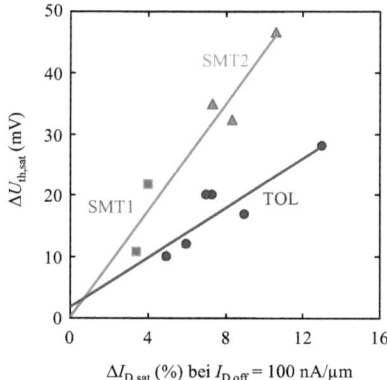

Bild 5.166: Verringerung der Schwellspannung in Abhängigkeit von der durch verschiedene Verspannungstechniken erzielten Drainstromerhöhung.

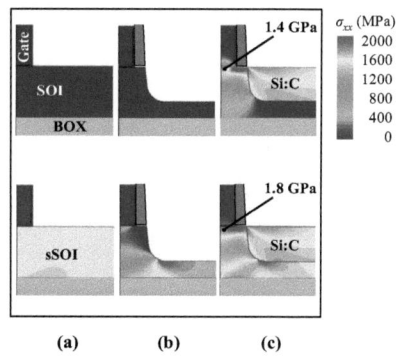

Bild 5.167: Simulation der lateralen Verspannung σ_{xx} in einem SOI-n-MOSFET (oben) und in einem sSOI-n-MOSFET (unten) mit Si:C-S/D-Gebieten; (a) vor der Ätzung der Source/Drain-Gebiete; (b) nach der Ätzung und (c) nach der Si:C-Epitaxie.

D) p-MOSFET: SiGe-S/D + COL

Die Kombination von SiGe-S/D-Gebieten mit einer druckverspannten Deckschicht beim p-MOSFET führt erwartungsgemäß zu einer weiteren Erhöhung der Kanaldeformation. Es besteht eine Abhängigkeit der Effektivität dieser beiden Verspannungstechniken, wenn z.B. die Füllhöhe der SiGe-S/D-Gebiete variiert wird, da dann die verspannte Deckschicht aufgrund der veränderten Topographie eine andere Verspannung im Kanal erzeugt. Eine größere Füllhöhe erhöht zwar die von den SiGe-S/D-Gebieten verursachte laterale Verspannung, verringert aber die durch den COL hervorgerufene vertikale Verspannung (Bild 5.168). Ein Optimum bezüglich der Drainstromerhöhung findet sich bei einer Füllhöhe $H = 0$ nm, d.h. wenn das SiGe bündig bis zur originalen Silizium-Oberfläche abgeschieden wird.

Die Drainstromerhöhung eines p-MOSFETs mit SiGe-S/D-Gebieten und COL ist größer als die Summe der Beiträge der einzelnen Verspannungstechniken (Bild 5.169) erwarten lassen würde. Trotz einer linearen Überlagerung der Verspannungen steigt der Drainstrom überproportional an. Dies wird in Bild 5.170 deutlich, wo nur die Drainstromerhöhung durch den COL für p-MOSFETs mit und ohne SiGe-S/D-Gebieten jeweils im Vergleich zu Transistoren mit NOL dargestellt ist. Diesen Zusammenhang bestätigen auch Ergebnisse von anderen Gruppen [30], [249].

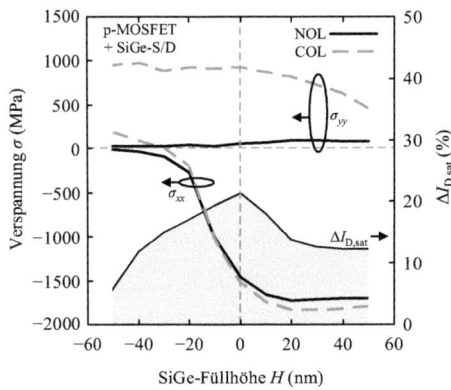

Bild 5.168: Einfluss der SiGe-Füllhöhe auf die Kanalverspannung und die Drainstromerhöhung bei gleichzeitiger Anwendung von COL.

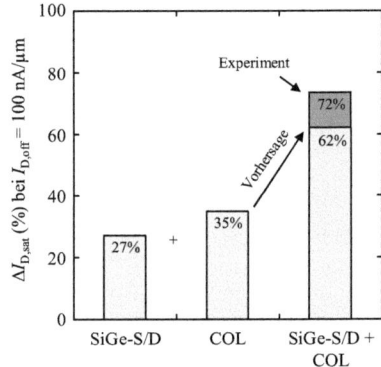

Bild 5.169: Drainstromänderung für den p-MOSFET mit SiGe-S/D-Gebieten, mit COL und mit einer Kombination davon.

Für das in Bild 5.170 gezeigte Verhalten sind zwei Effekte maßgeblich:

- Der überproportionale Zusammenhang zwischen der Deformation und der Löcherbeweglichkeit für hohe Deformationslevel führt zu stärkeren Drainstromerhöhungen als eine lineare Extrapolation nach dem Modell des piezoresistiven Effekts ergibt (Bild 5.171, vgl. auch Abschnitt 3.6).
- Der verringerte parasitäre Source/Drain-Widerstand in p-MOSFETs mit SiGe-S/D-Gebieten erlaubt eine stärkere Drainstromerhöhung durch die Verspannung des COLs im Vergleich zu einem p-MOSFET ohne SiGe-S/D-Gebiete und COL (vgl. Abschnitt 5.1.4).

5.7 Vergleich und Wechselwirkungen der Verspannungstechniken

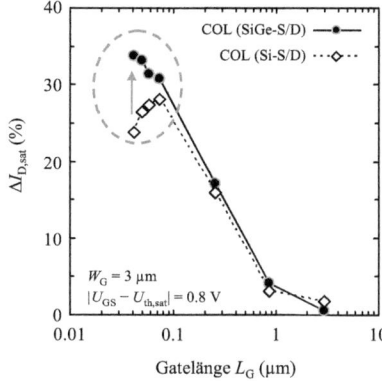 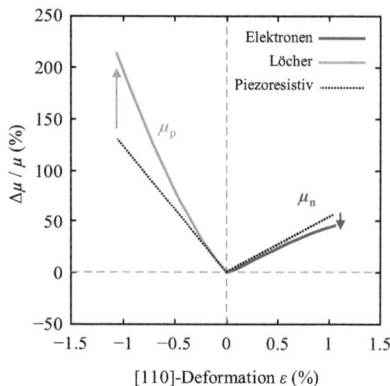

Bild 5.170: Drainstromerhöhung von p-MOSFETs (mit und ohne SiGe-S/D-Gebiete) durch einen COL in Abhängigkeit von der Gatelänge.

Bild 5.171: Beweglichkeitsänderung durch eine uniaxiale [110]-Deformation für verschiedene Beweglichkeitsmodelle (links: für Löcher nach Gleichung (4.46); rechts: für Elektronen nach Gleichung (4.50)).

E) Zusammenfassung

Die Auswirkungen der möglichen Kombinationen verschiedener Verspannungstechniken auf die resultierende Drainstromerhöhung sind in Bild 5.172 zusammengefasst. Die zugverspannte Deckschicht (TOL) ist mit allen anderen Verspannungstechniken des n-MOSFETs kompatibel, während dies für die anderen Kombinationen nicht der Fall ist bzw. der experimentelle Nachweis noch aussteht. Die SiGe-S/D-Gebiete und der COL beim p-MOSFET sind in der Kombination, wie bereits erwähnt, effektiver als die einzelnen Elemente.

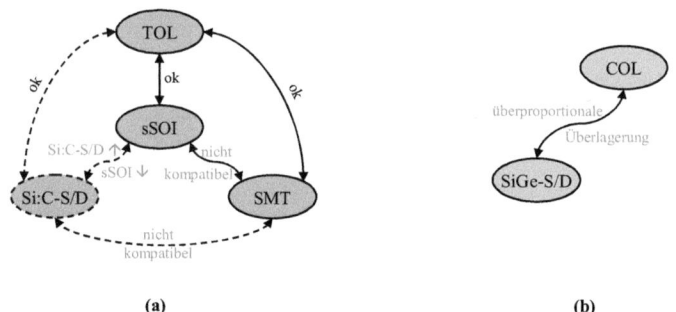

Bild 5.172: Bewertung der Kombination verschiedener Verspannungstechniken beim (a) n-MOSFET und (b) p-MOSFET.

Da, wo eine Kombination möglich ist, addieren sich die erzeugten Verspannungen durch die verschiedenen Verspannungstechniken. Die entsprechenden Drainströme folgen diesem Trend nur teilweise. Für n-MOSFETs ist die Summe der Drainstromerhöhungen geringer als die Kombination der einzelnen Verspannungstechniken erwarten lassen würde. Im Gegensatz dazu korrelieren beim p-MOSFET die Drainstromerhöhungen überproportional mit zunehmender Verspannung (Tabelle 5.6).

Tabelle 5.6: Drainstromerhöhungen durch einzelne Verspannungstechniken und deren Kombination in n- und p-MOSFETs. Werte in Klammern kennzeichnen Verspannungstechniken, die bisher nicht industriell angewendet werden und demnach nicht in die Summenberechnung einbezogen sind. Die beiden SMT-Varianten sind nicht additiv, so dass nur SMT2 mit der größeren Drainstromerhöhung berücksichtigt wurde.

$\Delta I_{D,sat}$	n-MOSFET	p-MOSFET
TOL	12%	–
COL	–	35%
SiGe-S/D	–	27%
Si:C-S/D	(0%)	–
SMT1 / SMT2	4% / 11%	–
sSOI	(3%)	–
Summe Theorie	23%	62%
Summe Experiment	18%	72%

Auch wenn es eine Vielzahl an Verspannungstechniken für den n-MOSFET gibt, so erzeugen die wenigen verfügbaren Ansätze beim p-MOSFET stärkere Verspannungen und entsprechend höhere Drainstromänderungen. Die günstigere Korrelation zwischen Verspannung und Ladungsträgerbeweglichkeit beim p-MOSFET (vgl. Bild 5.171) verstärkt diesen Unterschied noch. Der Sättigungsdrainstrom beim n-MOSFET erhöht sich um +18% (+15% $\Delta I_{D,lin}$), wenn alle möglichen Verspannungstechniken (TOL+SMT2) für eine maximale Verbesserung gleichzeitig angewendet werden (Bild 5.173). Beim p-MOSFET sind bei einer maximal erreichbaren Verspannung durch SiGe-S/D-Gebiete und COL deutlich größere Leistungssteigerungen von 72% ($\Delta I_{D,lin}$ = 133%) möglich, so dass sich das bisher übliche Verhältnis der Leistungsfähigkeit von n- und p-MOSFET von ca. 2:1 zu 1.5:1 verringert.

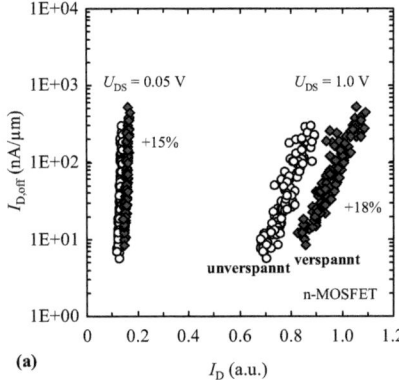
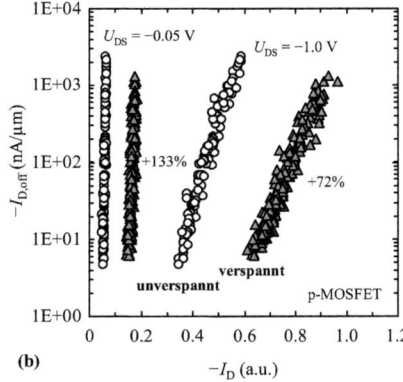

Bild 5.173: Verbesserung der Universalkurve für (a) den n-MOSFET und (b) den p-MOSFET durch eine derzeit technologisch maximal mögliche Verspannung (Kombination aus TOL und SMT2 beim n-MOSFET und aus SiGe-S/D-Gebieten und COL beim p-MOSFET).

5.7 Vergleich und Wechselwirkungen der Verspannungstechniken

Die jeweils maximale Erhöhung des Sättigungsdrainstroms (Experiment) sowie die entsprechende Verspannung aus der Simulation sind in Bild 5.174 in Abhängigkeit von der Technologiegeneration dargestellt. Die deformationsbedingte Drainstromänderung nimmt für kleinere Technologien leicht ab, während die Verspannung im Kanal annähernd unverändert ist. Hier ist ein Übergang von einem vorwiegend lateral verspannten ($|\sigma_{xx}| > |\sigma_{yy}|$) zu einem mehr vertikal verspannten ($|\sigma_{yy}| > |\sigma_{xx}|$) Kanal bei kleineren Technologien erkennbar.

Für die Abnahme der Drainstromerhöhung bei kleineren Strukturgrößen ist der parasitäre Source/Drain-Widerstand $R_{S/D}$ verantwortlich. Dieser bleibt zwar relativ unverändert über die Technologien, der Kanalwiderstand R_{Kanal} nimmt allerdings drastisch ab. Der in früheren Technologien vernachlässigbare parasitäre Source/Drain-Widerstand $R_{S/D}$ befindet sich zunehmend in der Größenordnung des Kanalwiderstands und überschreitet ihn sogar ab der 65 nm-Technologie (Bild 5.175). Die seit der 90 nm-Technologie genutzte mechanische Verspannung verschärft dieses Problem durch den nochmals verringerten Kanalwiderstand. Beim p-MOSFET ist dieses Problem nicht so gravierend, da zum einen der Kanalwiderstand deutlich größer ist und zum anderen der parasitäre Source/Drain-Widerstand durch die SiGe-S/D-Gebiete verringert wird.

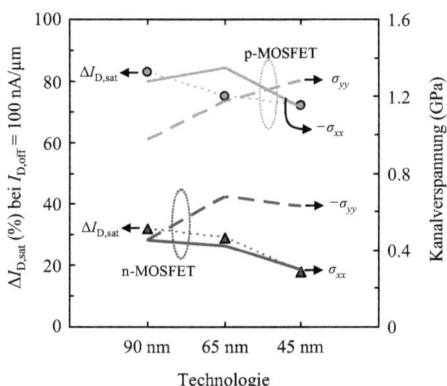 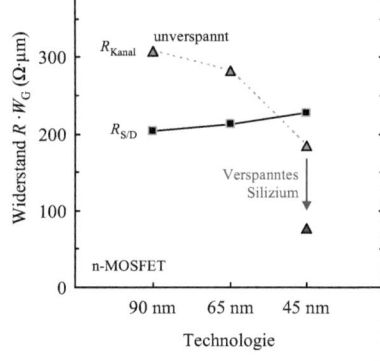

Bild 5.174: Experimentelle Drainstromänderung (Symbole) und simulierte laterale (Volllinie) und vertikale (Strichlinie) Verspannung für den verspannten n- und p-MOSFET für verschiedene Technologien.

Bild 5.175: Kanal- und parasitärer Source/Drain-Widerstand des unverspannten n-MOSFETs für verschiedene Technologien, ermittelt aus den R_{Gesamt}-L_G-Kurven.

Abschließend soll an einem einfachen Beispiel die Auswirkung des parasitären Source/Drain-Widerstands auf die Effektivität der Verspannungstechniken verdeutlicht werden. Angenommen wird ein Referenztransistor mit R_{Gesamt} = 300 Ω·µm und einem parasitären Source/Drain-Widerstand von $R_{S/D}$ = 200 Ω·µm. Unter der Annahme eines unveränderten, parasitären Source/Drain-Widerstands führt eine Beweglichkeitserhöhung um 70% im verspannten Transistor nur zu einer Verringerung des Gesamtwiderstands um 16%.

Kapitel **6**

Zusammenfassung und Ausblick

MIT dem Erreichen fundamentaler Grenzen bei einer weiteren Verkleinerung der Bauelementeabmessungen sieht sich die Halbleiterindustrie erheblichen Problemen gegenübergestellt. Neue Ansätze sowie innovative Techniken sind erforderlich, um die Leistungsfähigkeit der CMOS-Technologie weiter zu steigern. Die Erhöhung der Ladungsträgerbeweglichkeiten durch das Einbringen mechanischer Verspannungen in den Siliziumkristall ist eine der attraktivsten Lösungen, um die Schaltgeschwindigkeiten der Bauelementente weiter zu erhöhen. Die Verschiebung der Atomabstände im Halbleiterkristall führt zu einer Änderung der effektiven Massen und der Streuraten der Ladungsträger in Abhängigkeit von der Richtung und Art der mechanischen Verspannung. Diese Arbeit untersucht und vergleicht verschiedene Ansätze zur Erzeugung von Deformationen im Kanalbereich planarer Silicon-On-Insulator-MOSFETs.

In Kapitel 2 wird, neben einigen grundlegenden Betrachtungen zum Herstellungsprozess und zur elektrischen Charakterisierung von SOI-MOSFETs, zunächst ein Überblick über die Verspannungstechniken gegeben. Die generellen Effekte der verschiedenen Verspannungen auf die Ladungsträgerbeweglichkeit sowie Möglichkeiten zur Messung von Verspannungen im Silizium werden anschließend besprochen. Der abschließend dargestellte Stand der Technik zeigt deutlich die rasant zunehmende Bedeutung der Verspannungstechniken in der industriellen Fertigung, um Transistoren mit höchster Leistungsfähigkeit herzustellen.

Im darauf folgenden Kapitel 3 wird die Theorie für die Steigerungen der Ladungsträgerbeweglichkeiten dargelegt. Mit Hilfe der empirischen Pseudopotenzialmethode und der Deformationspotenzialtheorie wird systematisch untersucht, welche Auswirkungen eine mechanische Verspannung auf die Bandstruktur und demzufolge auf die Ladungsträgerbeweglichkeit hat. Im Allgemeinen verändert eine Deformation des Siliziumkristalls die Beweglichkeiten von Elektronen und Löchern in entgegengesetzte Richtungen. Infolgedessen sind oft selektive Prozesse erforderlich, um den widersprüchlichen Anforderungen zur Herstellung von verspannten n- und p-MOSFETs gerecht zu werden. Zusätzlich werden weitere relevante Verspannungseffekte im MOSFET aufgezeigt, z.B. die Schwellspannungsverschiebung und die Wechselwirkungen mit der Feldquantisierung durch das vertikale elektrische Feld des Gates. Ebenso werden die Grenzen der deformationsbedingten Steigerung der Ladungsträgerbeweglichkeiten abgeschätzt, wobei sich zeigt, dass sich die Beweglichkeit der Löcher deutlich besser erhöhen lässt als die der Elektronen. Durch eine abschließende kompakte Darstellung der wesentlichen Verspannungseffekte für verschiedene, technologisch relevante Verspannungsfälle kann der optimale Verspannungszustand für n- und p-MOSFET bestimmt werden.

Kapitel 4 erläutert die verwendeten Modelle für die Prozess- und Bauelementesimulation mit dem Schwerpunkt der Verspannungsmodellierung. Bei der Verspannungsanalyse stellt die Simulation eine große Unterstützung dar. Aufgrund unzureichender Messmethoden für Kurzkanaltransistoren sind die teilweise komplexen Verspannungsverteilungen im Transistor nur durch die Simulation erklärbar. Ebenso ist die Simulation unerlässlich für das Verständnis der Wechselwirkungen der Transistortopographie und der Verspannungsübertragung in den Kanal und hilft somit bei der Optimierung von Prozessparametern. Bezüglich anderer Bereiche der Simulation, z.B. der Dotandendiffusion oder des Ladungsträgertransports in der Bauelementesimulation, ist die Forderung nach quantitativ genauen Ergebnissen jedoch unrealistisch. Wichtiger sind hier die qualitativ richtige Wiedergabe physikalischer Zusammenhänge und die Veranschaulichung nicht direkt erfassbarer Größen im Bauelement, was für die Transistorentwicklung und -optimierung von großem Wert ist. Die verschiedenen Ursachen für Verspannungen in Halbleiterstrukturen werden diskutiert und deren Implementierung in den Simulator besprochen. Die Kalibrierung der Simulationsmodelle und der Prozessabläufe wird für n- und p-MOSFETs jeweils für den unverspannten und verspannten Fall durchgeführt.

Mit Hilfe numerischer Simulationen und durch eine Vielzahl an Experimenten werden in Kapitel 5 die Wirkungsweise, die Optimierung und die Einschränkungen der einzelnen Verspannungstechniken für eine Leistungssteigerung in SOI-MOSFETs mit Gatelängen im Nanometerbereich untersucht. Neben den individuellen Integrationsproblemen werden auch Möglichkeiten und Auswirkungen der Kombination der verschiedenen Verspannungstechniken sowie deren Skalierungsverhalten dargelegt.

Dabei zeigt sich:

- Für die auf den Transistor abgeschiedenen verspannten Deckschichten ist die Topographie der darunterliegenden Transistorstruktur wesentlich, um die resultierenden Verspannungen und die dadurch verursachten Änderungen im elektrischen Verhalten erklären zu können. Die Ergebnisse erlauben den Schluss, dass der Anteil der verspannten Deckschicht auf dem Aktivgebiet die laterale Kanalverspannung und der Anteil auf den Spacerflanken die vertikale Kanalverspannung verursacht. Der starke Verlust der Effektivität dieser Verspannungstechnik in kleineren Technologien sowie Simulationen zu Strukturvariationen, z.B. des Pitchs, der Gatelänge usw., unterstützen diese These. Es wurde ein analytisches Modell zur Beschreibung der lateralen und vertikalen Verspannung im Kanal eines 45nm-n-MOSFETs sowie der entsprechenden Drainstromänderung erstellt, mit dessen Hilfe die Auswirkungen wesentlicher Strukturparametervariationen untersucht wurden.

- p-MOSFETs mit SiGe-S/D-Gebieten haben einen stark lateral gestauchten Kanal, wobei vor allem die entstehende Scherverspannung durch die <110>-orientierte Deformation als Ursache für die starke Erhöhung der Löcherbeweglichkeit identifiziert werden konnte. Weiterhin belegen die Ergebnisse, dass der Abstand der SiGe-S/D-Gebiete zum Gate der wesentliche Parameter für eine weitere Erhöhung der Verspannung ist. Mit Hilfe theoretischer Überlegungen konnte gezeigt werden, dass neben der Druckverspannung die verringerte Schottky-Barrierenhöhe an der SiGe/Silizid-Grenzfläche wesentlich zur Leistungssteigerung des p-MOSFETs mit SiGe-S/D-Gebieten beiträgt. Dies wirkt sich besonders bei der weiteren Skalierung positiv aus.

- Die Interpretation der Ergebnisse zu den Si:C-S/D-Gebieten beim n-MOSFET ist durch die auftretenden Integrationsprobleme bei der Erzeugung von verspannten Si:C-Schichten in den Source/Drain-Gebieten erschwert. Weiterführende Untersuchungen waren nur mit Hilfe der Simulation möglich und zeigten für diese Verspannungstechnik eine geringere Leistungssteigerung im Vergleich zu den SiGe-S/D-Gebieten beim p-MOSFET.

- Der SMT-Effekt beim n-MOSFET ist die bisher am wenigsten verstandene Verspannungstechnik in der CMOS-Technologie. Eine Ausheilung und die damit einhergehende Materialveränderung der zuvor amorphisierten und temporär unter Verspannung stehenden Regionen im Transistor führt zu einer bleibenden Verspannung dieser Bereiche selbst in Abwesenheit der ursprünglichen Verspannungsquelle. Anhand von Materialuntersuchungen, durch eine Charakterisierung elektrischer Bauelementeeigenschaften und mit Hilfe der Prozess- und Bauelementesimulation konnten vor allem die Source/Drain-Gebiete und teilweise auch das Polysilizium-Gate, abhängig von der speziellen SMT-Variante, für die Verspannungsspeicherung im Transistor identifiziert werden.

- Die verspannten Substrate haben sich im Gegensatz zu den bisher betrachteten lokalen Verspannungstechniken nicht in der industriellen Volumenproduktion durchgesetzt. Der Grund dafür liegt trotz der enormen Steigerung der Leistungsfähigkeit von Langkanal-n-MOSFETs in den nur sehr geringen Verbesserungen bei den praktisch relevanten Gatelängen im sub-100 nm-Bereich. Es konnte gezeigt werden, dass für Kurzkanaltransistoren vor allem parasitäre Source/Drain-Widerstände das elektrische Verhalten dominieren und entsprechend die deformationsbedingte Drainstromerhöhung begrenzen. Die gestiegenen Anforderungen an den Herstellungsprozess, die teureren Substrate sowie die Degradation des p-MOSFETs erschweren eine Anwendung dieser globalen Verspannungstechnik in modernen CMOS-Transistoren. Hinzu kommt, dass die Kompatibilität mit den etablierten lokalen Verspannungstechniken, welche prozesstechnisch deutlich einfacher zu stärkeren Verbesserungen führen, unzureichend ist.

Weiterhin wurde gezeigt, dass der p-MOSFET durch eine mechanische Deformation im linearen Transportbereich stets stärkere Steigerungen des Drainstroms im Vergleich zum Sättigungsbereich erfährt. Dieser Zusammenhang ist beim n-MOSFET nur für geringe vertikale elektrische Felder gültig. Im Fall großer vertikaler elektrischer Felder ist diese Beziehung umgekehrt. Die Ursache dafür resultiert aus den unterschiedlichen Auswirkungen der verschiedenen Verspannungstechniken auf die elektronische Bandstruktur von Silizium und deren Wechselwirkungen mit der durch die Kontaktspannungen hervorgerufenen Feldquantisierung.

Die Verspannung im Transistor kann durch eine gleichzeitige Verwendung verschiedener Verspannungstechniken erhöht werden. Die bei diesen starken Verspannungen auftretenden nichtlinearen Beziehungen zwischen der Verspannung und der Ladungsträgerbeweglichkeit verursachen eine überproportionale Erhöhung der Löcherbeweglichkeit, während die Elektronenbeweglichkeitserhöhung sättigt. Infolgedessen bewirken höhere Kanalverspannungen beim n-MOSFET nur eine geringe weitere Leistungssteigerung, wogegen der p-MOSFET kontinuierlich in seiner Leistungsfähigkeit verbessert wird.

Bei all den hier gemachten Untersuchungen zu den verschiedenen Verspannungstechniken tritt mit der weiteren Skalierung ein neues Problem in den Vordergrund: Parasitäre Kapazitäten und parasitäre Widerstände in Transistoren mit sehr kurzen Gatelängen bzw. mit kleinen Abständen zueinander dominieren zunehmend die Schalteigenschaften. Eine Quantifizierung dieses Effektes zeigt deutlich, dass durch diese Beschränkung nicht nur die Leistungsfähigkeit der gesamten Schaltung beeinträchtigt wird, sondern auch die Verspannungstechniken an sich deutlich an Effektivität verlieren.

Es ist weiterführenden Arbeiten vorbehalten, das Verhalten der Verspannungstechniken dreidimensional zu simulieren. Ebenso ist die Interaktion der Verspannungstechniken mit neuartigen Transistorstrukturen, z.B. FinFETs, von großem Interesse, da eine weitere Skalierung der planaren Transistoren jenseits der 22 nm-Technologie unwahrscheinlich ist. Für aussagekräftige Simulationen sind allerdings Erweiterungen der deformationsabhängigen Beweglichkeitsmodelle für verschiedene Kristallrichtungen und beliebige Verspannungsorientierungen erforderlich. Besonders die Effekte der Feldquantisierung sind für die korrekte Beschreibung des elektronischen Verhaltens in den Simulator zu ergänzen. Konkret sind bei den hier untersuchten Verspannungstechniken die vielen noch nicht verstandenen Aspekte des SMT-Effekts zu klären sowie die Integrationsprobleme bei der Si:C-S/D-Verspannungstechnik zu lösen bzw. deren Ursache zu bestimmen.

Verspannungstechniken haben sich als unentbehrliche Elemente in modernen CMOS-Technologien erwiesen und werden es auch in zukünftigen Technologiegenerationen sein. Dabei beschränken sich die weiteren Entwicklungen auf eine Optimierung der bestehenden Verspannungstechniken. Grundlegend neue Verspannungstechniken sind nicht zu erwarten. Dagegen ist bei der Technologieentwicklung ein Paradigmenwechsel erforderlich: Die Schaltzeit künftiger Bauelemente und Schaltkreise wird nicht mehr durch den eigentlichen Schalter, den MOSFET, dominiert, sondern durch dessen parasitäre Kapazitäten und Widerstände sowie die der Zuleitungen. So tritt die Optimierung des Transistors in den Hintergrund und Fortschritte auf schaltungstechnischer und algorithmischer Ebene bieten mehr Potenzial für eine erhöhte Funktionalität integrierter Schaltkreise. Die Bedeutung der Simulation in der Technologieentwicklung wird zunehmen, da die Komplexität und die Kosten neuer Technologien stetig steigen. Der rasante Anstieg der erforderlichen Investitionen für die Volumen-Herstellung von CMOS-Spitzentechnologien stellt eine gewaltige ökonomische Herausforderung dar. Die enormen Kosten werden dem exponentiellen Wachstum der Halbleiterbranche noch eher Grenzen setzen, als dies durch fundamentale Barrieren in der Bauelementephysik oder Herstellungstechnologie geschieht.

Literaturverzeichnis

[1] G. Moore: *Cramming More Components onto Integrated Circuits*, Electronics Magazine, Vol. 38, S. 114–117, 1965.

[2] R. R. Schaller: *Moore's Law: Past, Present and Future*, IEEE Spectrum, Vol. 34, Nr. 6, S. 52–59, 1997.

[3] R. H. Dennard, F. H. Gaensslen, H.-N. Yu, V. L. Rideout, E. Bassous und A. R. LeBlanc: *Design of Ion-Implanted MOSFET's with Very Small Physical Dimensions*, IEEE Journal of Solid-State Circuits, Vol. 9, Nr. 5, S. 256–268, 1974.

[4] Y. Taur: *Fundamentals of Modern VLSI Devices*, Cambridge University Press, Cambridge, 1998.

[5] S. M. Sze: *Physics of Semiconductor Devices*, John Wiley & Sons, New York, 1981.

[6] C. Auth, A. Cappellani, J.-S. Chun, A. Dalis, A. Davis et al.: *45nm High-k + Metal Gate Strain-Enhanced Transistors*, Symposium on VLSI Technology, S. 17–19, 2008.

[7] P. J. Timans, W. Lerch, S. Paul, J. Niess, T. Huelsmann und P. Schmid: *USJ Formation: Annealing beyond 90nm*, Solid State Technology, 2004.

[8] J. Schulze: *Konzepte siliziumbasierter MOS-Bauelemente*, Halbleiter-Elektronik, Vol. 23, Springer Verlag, Berlin, 2005.

[9] F. Thuselt: *Physik der Halbleiterbauelemente: Einführendes Lehrbuch für Ingenieure und Physiker*, Springer Verlag, Berlin; 1. Auflage, 2004.

[10] A. Wei: *Device Design and Process Technology for Sub-100 nm SOI MOSFETs*, Ph.D. Thesis, Massachusetts Institute of Technology, Cambridge, 2000.

[11] C.-T. Chuang, K. Bernstein, R. V. Joshi, R. Puri, K. Kim et al.: *Scaling Planar Silicon Devices*, IEEE Circuit and Devices Magazine, Vol. 20, Nr. 1, S. 6–19, 2004.

[12] T. Schulz: *Konzepte zur lithographieunabhängigen Skalierung von vertikalen Kurzkanal-MOS-Feldeffekttransistoren und deren Bewertung*, Dissertation, Ruhr-Universität Bochum, 2001.

[13] T. Herrmann: *Simulation und Optimierung neuartiger SOI-MOSFETs*, Dissertation, Technische Universität Chemnitz, 2009.

[14] T. Giebel: *Grundlagen der CMOS-Technologie*, B.G. Teubner Verlag; 1. Auflage, 2002.

[15] GLOBALFOUNDRIES Limited Liability Company & Co. KG, 2007.

[16] S. E. Thompson: *Source-Drain Series Resistance: The Real Limiter to MOSFET Scaling*, Advanced Short-Time Thermal Processing for Si-Based CMOS Devices II, Electrochemical Society, Vol. 1, S. 412–419, 2004.

[17] S. Ito, H. Namba, K. Yamaguchi, T. Hirata, K. Ando et al.: *Mechanical Stress Effect of Etch-Stop Nitride and its Impact on Deep Submicron Transistor Design*, IEDM Technical Digest, S. 247–250, 2000.

[18] X. Chen, S. Fang, W. Gao, T. Dyer, Y. W. Teh et al.: *Stress Proximity Technique for Performance Improvement with Dual Stress Liner at 45nm Technology and Beyond*, Symposium on VLSI Technology, S. 60–61, 2006.

[19] S. Pidin, T. Mori, R. Nakamura, T. Saiki, R. Tanabe et al.: *MOSFET Current Drive Optimization Using Silicon Nitride Capping Layer for 65-nm Technology Node*, Symposium on VLSI Technology, S. 54–55, 2004.

[20] S. Thompson, N. Anand, M. Armstrong, C. Auth, B. Arcot et al.: *A 90 nm Logic Technology Featuring 50nm Strained Silicon Channel Transistors, 7 layers of Cu Interconnects, Low k ILD, and 1 um^2 SRAM Cell*, IEDM Technical Digest, S. 61–64, 2002.

[21] S. E. Thompson, M. Armstrong, C. Auth, M. Alavi, M. Buehler et al.: *A 90-nm Logic Technology Featuring Strained-Silicon*, IEEE Transactions on Electron Devices, Vol. 51, Nr. 11, S. 1790–1797, 2004.

[22] T. Ghani, M. Armstrong, C. Auth, M. Bost, P. Charvat et al.: *A 90nm High Volume Manufacturing Logic Technology Featuring Novel 45nm Gate Length Strained Silicon CMOS Transistors*, IEDM Technical Digest, S. 11.6.1–11.6.3, 2003.

[23] M. C. Öztürk, J. Liu und H. Mo: *Low Resistivity Nickel Germanosilicide Contacts to Ultra-Shallow $Si_{1-x}Ge_x$ Source/Drain Junctions for Nanoscale CMOS*, IEDM Technical Digest, S. 497–450, 2003.

[24] K. Ota, T. Sanuki, K. Yahashi, Y. Miyanami, K. Matsuo et al.: *Scalable eSiGe S/D Technology with Less Layout Dependence for 45-nm Generation*, Symposium on VLSI Technology, S. 64–65, 2006.

[25] K. W. Ang, K. J. Chui, V. Bliznetsov, A. Du, N. Balasubramanian et al.: *Enhanced Performance in 50nm N-MOSFETs with Silicon-Carbon Source/Drain Regions*, IEDM Technical Digest, S. 1069–1071, 2004.

[26] P. Grudowski, V. Dhandapani, S. Zollner, D. Goedeke, K. Loiko et al.: *An Embedded Silicon-Carbon S/D Stressor CMOS Integration on SOI with Enhanced Carbon Incorporation by Laser Spike Annealing*, International SOI Conference, S. 17–18, 2007.

[27] Z. Ren, G. Pei, J. Li, B. (F.) Yang, R. Takalkar et al.: *On Implementation of Embedded Phosphorus-doped SiC Stressors in SOI nMOSFETs*, Symposium on VLSI Technology, S. 172–173, 2008.

[28] B. (F.) Yang, R. Takalkar, Z. Ren, L. Black, A. Dube et al.: *High-Performance nMOSFET with In-Situ Phosphorus-Doped Embedded Si:C (ISPD eSi:C) Source-Drain Stressor*, IEDM Technical Digest, S. 1–4, 2008.

[29] P. Verheyen, V. Machkaoutsan, M. Bauer, D. Weeks, C. Kerner et al.: *Strain Enhanced nMOS Using In Situ Doped Embedded $Si_{1-x}C_x$ SD Stressors With up to 1.5% Substitutional Carbon Content Grown Using a Novel Deposition Process*, IEEE Electron Device Letters, Vol. 29, Nr. 11, S. 1206–1208, 2008.

[30] A. Wei, T. Kammler, J. Höntschel, H. Bierstedt, J.-P. Biethan et al.: *Combining Embedded and Overlayer Compressive Stressors in Advanced SOI CMOS Technologies*, International Conference on Solid State Devices and Materials, S. 32–33, 2005.

[31] B. (F.) Yang, Z. Ren, R. Takalkar, L. Black, A. Dube et al.: *Recent Progress and Challenges in Enabling Embedded Si:C Technology*, ECS Transactions, Vol. 16, Nr. 10, S. 317–323, 2008.

[32] C. Ortolland, P. Morin, C. Chaton, E. Mastromatteo, C. Populaire et al.: *Stress Memorization Technique (SMT) Optimization for 45nm CMOS*, Symposium on VLSI Technology, S. 78–79, 2006.

[33] A. Wei, M. Wiatr, A. Mowry, A. Gehring, R. Boschke et al.: *Multiple Stress Memorization in Advanced SOI CMOS Technologies*, Symposium on VLSI Technology, S. 216–217, 2007.

[34] C. Chen, T. L. Lee, T. H. Hou, C. L. Chen, C. C. Chen et al.: *Stress Memorization Technique (SMT) by Selectively Strained-Nitride Capping for Sub-65nm High-Performance Strained-Si Device Application*, Symposium on VLSI Technology, S. 56–57, 2004.

[35] K. Ota, K. Sugihara, H. Sayama, T. Uchida, H. Oda et al.: *Novel Locally Strained Channel Technique for High Performance 55nm CMOS*, IEDM Technical Digest, S. 27–30, 2002.

[36] J. Welser, J. L. Hoyt und J. F. Gibbons: *NMOS and PMOS Transistors Fabricated in Strained Silicon/Relaxed Silicon-Germanium Structures*, IEDM Technical Digest, S. 1000–1002, 1992.

[37] J. Welser, J. Hoyt und J. Gibbons: *Electron Mobility Enhancement in Strained-Si N-Type Metal-Oxide-Semiconductor Field-Effect Transistors*, IEEE Electron Device Letters, Vol. 15, Nr. 3, S. 100–102, 1994.

[38] K. Rim, J. Chu, H. Chen, K. A. Jenkins, T. Kanarsky et al.: *Characteristics and Device Design of Sub-100 nm Strained Si N- and PMOSFETs*, Symposium on VLSI Technology, S. 98–99, 2002.

[39] T. A. Langdo, M. T. Currie, Z.-Y. Cheng, J. G. Fiorenza, M. Erdtmann et al.: *Strained Si on Insulator Technology: From Materials to Devices*, Solid-State Electronics, Vol. 48, S. 1357–1367, 2004.

[40] A. V. Y. Thean, T. White, M. Sadaka, L. McCormick, M. Ramon et al.: *Performance of Super-Critical Strained-Si Directly On Insulator (SC-SSOI) CMOS Based on High-Performance PD-SOI Technology*, Symposium on VLSI Technology, S. 134–135, 2005.

[41] A. Wei, S. Dünkel, R. Boschke, T. Kammler, K. Hempel et al.: *Integration Challenges for Advanced Process-Strained CMOS on Biaxially-Strained SOI (SSOI) Substrates*, ECS Transactions, Vol. 6, Nr. 1, S. 15–22, 2007.

[42] K. Rim, K. Chan, L. Shi, D. Boyd, J. Ott et al.: *Fabrication and Mobility Characteristics of Ultrathin Strained Si Directly on Insulator (SSDOI) MOSFETs*, IEDM Technical Digest, S. 3.1.1–3.1.4, 2003.

[43] S. Flachowsky, J. Höntschel, A. Wei, R. Illgen, P. Hermann et al.: *Scalability of Advanced Partially Depleted n-MOSFET Devices on Biaxial Strained SOI Substrates*, 10th International Conference on Ultimate Integration of Silicon, S. 161–164, 2009.

[44] A. Steegen und K. Maex: *Silicide-Induced Stress in Si: Origin and Consequences for MOS Technologies*, Materials Science and Engineering R, Vol. 38, Nr. 1, S. 1–53, 2002.

[45] C. Detavernier, C. Lavoie und F. M. d'Heurle: *Thermal Expansion of the Isostructural PtSi and NiSi: Negative Expansion Coefficient in NiSi and Stress Effects in Thin Films*, Journal of Applied Physics, Vol. 93, S. 2510–2515, 2003.

[46] R. Arghavani, Z. Yuan, N. Ingle, K.-B. Jung, M. Seamons et al.: *Stress Management in Sub-90-nm Transistor Architecture*, IEEE Transactions on Electron Devices, Vol. 51, Nr. 10, S. 1740–1743, 2004.

[47] C. Y. Kang, R. Choi, S. C. Song, K. Choi, B. S. Ju et al.: *A Novel Electrode-Induced Strain Engineering for High Performance SOI FinFET Utilizing Si (110) Channel for Both N and PMOSFETs*, IEDM Technical Digest, S. 1–4, 2006.

[48] S. Maikap, M. H. Liao, F. Yuan, M. H. Lee, C.-F. Huang et al.: *Package-Strain-Enhanced Device and Circuit Performance*, IEDM Technical Digest, S. 233–236, 2004.

[49] M. V. Fischetti, Z. Ren, P. M. Solomon, M. Yang und K. Rim: *Six-band k•p Calculation of the Hole Mobility in Silicon Inversion Layers: Dependence on Surface Orientation, Strain, and Silicon Thickness*, Journal of Applied Physics, Vol. 94, Nr. 2, S. 1079–1095, 2003.

[50] M. V. Fischetti, F. Gámiz und W. Hänsch: *On the Enhanced Electron Mobility in Strained-Silicon Inversion Layers*, Journal of Applied Physics, Vol. 92, Nr. 12, S. 7320–7324, 2002.

[51] C. S. Smith: *Piezoresistance Effect in Germanium and Silicon*, Physical Review, Vol. 94, Nr. 1, S. 42–49, 1954.

[52] Y. Kanda: *A Graphical Representation of the Piezoresistance Coefficients in Silicon*, IEEE Transactions on Electron Devices, Vol. 29, Nr. 1, S. 64–70, 1982.

[53] K. Matsuda, K. Suzuki, K. Yamamura und Y. Kanda: *Nonlinear Piezoresistance Effects in Silicon*, Journal of Applied Physics, Vol. 73, Nr. 4, S. 1838–1847, 1993.

[54] D. Colman, R. T. Bate und J. P. Mize: *Mobility Anisotropy and Piezoresistance in Silicon p-Type Inversion Layers*, Journal of Applied Physics, Vol. 39, Nr. 4, S. 1923–1931, 1968.

[55] S. Suthram, J. C. Ziegert, T. Nishida und S. E. Thompson: *Piezoresistance Coefficients of (100) Silicon nMOSFETs Measured at Low and High (~1.5 GPa) Channel Stress*, IEEE Electron Device Letters, Vol. 28, Nr. 1, S. 58–61, 2007.

[56] G. Sun, Y. Sun, T. Nishida und S. E. Thompson: *Hole Mobility in Silicon Inversion Layers: Stress and Surface Orientation*, Journal of Applied Physics, Vol. 102, 084501, 2007.

[57] S. E. Thompson, G. Sun, Y. S. Choi und T. Nishida: *Uniaxial-Process-Induced Strained-Si: Extending the CMOS Roadmap*, IEEE Transactions on Electron Devices, Vol. 53, Nr. 5, S. 1010–1020, 2006.

[58] C. Herring und E. Vogt: *Transport and Deformation-Potential Theory for Many-Valley Semiconductors with Anisotropic Scattering*, Physical Review, Vol. 101, Nr. 3, S. 944–961, 1956.

[59] M. Belyansky, A. Domenicucci, N. Klymko, J. Li und A. Madan: *Strain Characterization: Techniques and Applications*, Solid State Technology, 2009.

[60] L. B. Freund und S. Suresh: *Thin Film Materials – Stress, Defect Formation and Surface Evolution*, Cambridge University Press, Cambridge, 2003.

[61] K. F. Dombrowski: *Micro-Raman Investigation of Mechanical Stress in Si Device Structures and Phonons in SiGe*, Dissertation, Technische Universität Cottbus, 2000.

[62] V. Holy, U. Pietsch und T. Baumbach: *High Resolution X-Ray Scattering from Thin Films and Multilayers*, Springer Verlag, Berlin, 1999.

[63] B. Foran, M. Clark und G. Lian: *Strain Measurements by Transmission Electron Microscopy*, Future Fab International, Vol. 20, 2006.

[64] K. Usuda, T. Numata, T. Irisawa, N. Hirashita und S. Takagi: *Strain Characterization in SOI and Strained-Si on SGOI MOSFET Channel Using Nano-Beam Electron Diffraction (NBD)*, Materials Science and Engineering B, Vols. 124–125, S. 143–147, 2005.

[65] M. Grafe: *Verbesserung der Effektivität und Zuverlässigkeit von NBD-Messungen für die Strain-Analyse in verspannten Transistor-Strukturen*, Diplomarbeit, Technische Universität Dresden, 2007.

[66] T. Fuhrmann: *Verzerrungszustand und chemische Zusammensetzung von Silizium-Germanium-Schichtstrukturen - Modellrechnungen und Messungen mittels hochauflösender Röntgendiffraktometrie*, Diplomarbeit, Hochschule Mittweida, 2007.

[67] G. Dorda, I. Eisele und H. Gesch: *Many-Valley Interactions in n-Type Silicon Inversion Layers*, Physical Review B, Vol. 17, Nr. 4, S. 1785–1798, 1978.

[68] R. Craddock: *Sensors Based on Silicon Strain Gauges*, IEE Colloquium on Sensing Via Strain, S. 5/1–5/4, 1993.

[69] G. Gerlach und R. Werthschützky: *50 Jahre Entdeckung des piezoresistiven Effekts – Geschichte und Entwicklungsstand piezoresistiver Sensoren*, Technisches Messen, Vol. 72, S. 53–76, 2005.

[70] T. Manku und A. Nathan: *Valence Energy-Band Structure for Strained Group-IV Semiconductors*, Journal of Applied Physics, Vol. 73, Nr. 3, S. 1205–1213, 1993.

[71] D. K. Nayak, J. C. S. Woo, J. S. Park, K. L Wang und K. P. MacWilliams: *High-Mobility p-Channel Metal-Oxide-Semiconductor Field-Effect Transistor on Strained Si*, Japanese Journal of Applied Physics, Vol. 33, S. 2412–2414, 1994.

[72] C. L. Huang, J. V. Faricelli und N. D. Arora: *A New Technique for Measuring MOSFET Inversion Layer Mobility*, IEEE Transactions on Electron Devices, Vol. 40, Nr. 6, S. 1134–1139, 1993.

[73] S. M. Hu: *Stress-Related Problems in Silicon Technology*, Journal of Applied Physics, Vol. 70, Nr. 6, S. R53–R80, 1991.

[74] H. Miura und S. Ikeda: *Mechanical Stress Simulation for Highly Reliable Deep-Submicron Devices*, IEICE Transactions on Electronics, Vol. E82-C, Nr. 6, 1999.

[75] A. Shimizu, K. Hachimine, N. Ohki, H. Ohta, M. Koguchi et al.: *Local Mechanical-Stress Control (LMC): A New Technique for CMOS-Performance Enhancement*, IEDM Technical Digest, S. 19.4.1–19.4.4, 2001.

[76] S. Gannavaram, N. Pesovic und C. Ozturk: *Low Temperature (≤800°C) Recessed Junction Selective Silicon-Germanium Source/Drain Technology for sub-70 nm CMOS*, IEDM Technical Digest, S. 437–440, 2000.

[77] V. Chan, R. Rengarajan, N. Rovedo, J. Wei, T. Hook et al.: *High Speed 45 nm Gate Length CMOSFETs Integrated into a 90 nm Bulk Technology Incorporating Strain Engineering*, IEDM Technical Digest, S. 3.8.1–3.8.4, 2003.

[78] R. Khamankar, H. Bu, C. Bowen, S. Chakravarthi, P. R. Chidambaram et al.: *An Enhanced 90 nm High Performance Technology with Strong Performance Improvements from Stress and Mobility Increase through Simple Process Changes*, Symposium on VLSI Technology, S. 162–163, 2004.

[79] M. Horstmann, A. Wei, T. Kammler, J. Höntschel, H. Bierstedt et al.: *Integration and Optimization of Embedded-SiGe, Compressive and Tensile Stressed Liner Films, and Stress Memorization in Advanced SOI CMOS Technologies*, IEDM Technical Digest, S. 233–234, 2005.

[80] T. Miyashita, K. Ikeda, Y. S. Kim, T. Yamamoto, Y. Sambonsugi et al.: *High-Performance and Low-Power Bulk Logic Platform Utilizing FET Specific Multiple-Stressors with Highly Enhanced Strain and Full-Porous Low-k Interconnects for 45-nm CMOS Technology*, IEDM Technical Digest, S. 251–254, 2007.

[81] D. L. Scharfetter und H. K. Gummel: *Large-Signal Analysis of a Silicon Read Diode Oscillator*, IEEE Transactions on Electron Devices, Vol. 16, Nr. 1, S. 64–77, 1969.

[82] B. E. Deal und A. S. Grove: *General Relationship for the Thermal Oxidation of Silicon*, Journal of Applied Physics Vol. 36, Nr. 12, S. 3770–3778, 1965.

[83] M. D. Giles: *TCAD Challenges in the Nanotechnology Era*, 10th International Conference on Simulation of Semiconductor Processes and Devices, S. 7–12, 2005.

[84] H. Umimoto und S. Odanaka: *Three-Dimensional Numerical Simulation of Local Oxidation of Silicon*," IEEE Transactions on Electron Devices, Vol. 38, Nr. 3, S. 505–511, 1991.

[85] H. Miura, N. Saito und N. Okamoto: *Mechanical Stress Simulation During Gate Formation of MOS Devices Considering Crystallization-Induced Stress of p-Doped Silicon Thin Films*, International Conference on Simulation of Semiconductor Devices and Processes, Vol. 5, S. 177–180, 1993.

[86] Sentaurus Process & Device Handbuch, Release Z-2007.03, Synopsys Inc., 2007.

[87] G. Bir und G. Pikus: *Symmetry and Strain-Induced Effects in Semiconductors*, John Wiley & Sons, New York, 1974.

[88] A. Schenk: *Halbleiterbauelemente – Physikalische Grundlagen und Simulation*, Vorlesungsskript ETH Zürich, Integrated Systems Laboratory, 2003.

[89] W. Klix: *Numerische Simulation elektronischer Bauelemente*, Habilitation, Technische Universität Dresden, 2004.

[90] M. Lundstrom: *Fundamentals of Carrier Transport*, Cambridge University Press; 2. Auflage, Cambridge, 2009.

[91] C. Köpf: *Modellierung des Elektronentransports in Verbindungshalbleiterlegierungen*, Dissertation, Technische Universität Wien, 1997.

[92] S. Dhar: *Analytical Mobility Models for Strained Silicon-Based Devices*, Dissertation, Technische Universität Wien, 2007.

[93] G. Dresselhaus, A. F. Kip und C. Kittel: *Cyclotron Resonance of Electrons and Holes in Silicon and Germanium Crystals*, Physical Review, Vol. 98, Nr. 2, S. 368–382, 1955.

[94] J. C. Hensel und G. Feher: *Cyclotron Resonance Experiments in Uniaxially Stressed Silicon: Valence Band Inverse Mass Parameters and Deformation Potentials*, Physical Review, Vol. 129, Nr. 3, S. 1041–1062, 1963.

[95] P. Lawaetz: *Valence-Band Parameters in Cubic Semiconductors*, Physical Review B, Vol. 4, Nr. 10, S. 3460–3467, 1971.

[96] G. Kaiblinger-Grujin: *Physikalische Modellierung und Monte-Carlo-Simulation der Elektronenbeweglichkeit in Silizium*, Dissertation, Technische Universität Wien, 1997.

[97] G. Hadjisavvas, L. Tsetseris und S. T. Pantelides: *The Origin of Electron Mobility Enhancement in Strained MOSFETs*, IEEE Electron Device Letters, Vol. 28, Nr. 11, S. 1018–1020, 2007.

[98] Y. Zhao, M. Takenaka und S. Takagi: *Comprehensive Understanding of Surface Roughness and Coulomb Scattering Mobility in Biaxially-Strained Si MOSFETs*, IEDM Technical Digest, S. 1–4, 2008.

[99] Y. Sun, S. E. Thompson und T. Nishida: *Physics of Strain Effects in Semiconductors and Metal-Oxide-Semiconductor Field-Effect Transistors*, Journal of Applied Physics, Vol. 101, 104503, 2007.

[100] H. Kosina: *Simulation des Ladungstransportes in elektronischen Bauelementen mit Hilfe der Monte-Carlo-Methode*, Dissertation, Technische Universität Wien, 1992.

[101] J. Bardeen und W. Shockley: *Deformation Potentials and Mobilities in Non-Polar Crystals*, Physical Review, Vol. 80, Nr. 1, S. 72–80, 1950.

[102] J. J. Wortman und R. A. Evans: *Young's Modulus, Shear Modulus, and Poisson's Ratio in Silicon and Germanium*, Journal of Applied Physics, Vol. 36, Nr. 1, S. 153–156, 1965.

[103] E. Ungersböck: *Advanced Modeling of Strained CMOS Technology*, Dissertation, Technische Universität Wien, 2007.

[104] M. V. Fischetti und S. E. Laux: *Band Structure, Deformation Potentials, and Carrier Mobility in Strained Si, Ge, and SiGe Alloys*, Journal of Applied Physics, Vol. 80, Nr. 4, S. 2234–2252, 1996.

[105] C. Van De Walle: *Band Lineups and Deformation Potentials in the Model-Solid Theory*, Physical Review B, Vol. 39, Nr. 3, S. 1871–1883, 1989.

[106] J.-S. Lim, S. E. Thompson und J. G. Fossum: *Comparison of Threshold-Voltage Shifts for Uniaxial and Biaxial Tensile-Stressed n-MOSFETs*, IEEE Electron Device Letters, Vol. 25, Nr. 11, S. 731–733, 2004.

[107] L. Kleinman und J. C. Phillips: *Crystal Potential and Energy Bands of Semiconductors. III. Self-Consistent Calculations for Silicon*, Physical Review, Vol. 118, Nr. 5, S. 1153–1167, 1960.

[108] J. R. Chelikowsky und M. L. Cohen: *Nonlocal Pseudopotential Calculations for the Electronic Structure of Eleven Diamond and Zinc-Blende Semiconductors*, Physical Review B, Vol. 14, Nr. 2, S. 556–582, 1976.

[109] F. M. Bufler: *Full-Band Monte Carlo Simulation of Electrons and Holes in Strained Si and SiGe*, Dissertation, Universität Bremen, 1997.

[110] P. Yu und M. Cardona: *Fundamentals of Semiconductors*, Springer; 3. Auflage, 2003.

[111] R. W. Keyes: *Explaining Strain – The Positive and Negative Effects of Elastic Strain in n-Silicon*, IEEE Circuits & Devices Magazine, S. 36–39, 2002.

[112] S.-I. Takagi, J. L. Hoyt, J. J. Welser und J. F. Gibbons: *Comparative Study of Phonon-Limited Mobility of Two-Dimensional Electrons in Strained and Unstrained Si Metal–Oxide–Semiconductor Field-Effect Transistors*, Journal of Applied Physics, Vol. 80, Nr. 3, S. 1567–1577, 1996.

[113] S.-I. Takagi, T. Mizuno, T. Tezuka, N. Sugiyama, S. Nakaharai et al.: *Sub-band Structure Engineering for Advanced CMOS Channels*, Solid-State Electronics, Vol. 49, Nr. 5, S. 684–694, 2005.

[114] M. L. Lee, E. A. Fitzgerald, M. T. Bulsara, M. T. Currie und A. Lochtefeld: *Strained Si, SiGe, and Ge Channels for High-Mobility Metal-Oxide-Semiconductor Field-Effect Transistors*, Journal of Applied Physics, Vol. 97, Nr. 1, 011101, 2005.

[115] D. Long: *Scattering of Conduction Electrons by Lattice Vibrations in Silicon*, Physical Review, Vol. 120, Nr. 6, S. 2024–2032, 1960.

[116] E. Ungersboeck, S. Dhar, G. Karlowatz, H. Kosina und S. Selberherr: *Physical Modeling of Electron Mobility Enhancement for Arbitrarily Strained Silicon*, 11th International Workshop on Computational Electronics, S. 141–142, 2006.

[117] S. Dhar, E. Ungersböck, H. Kosina, T. Grasser und S. Selberherr: *Electron Mobility Model for <110> Stressed Silicon Including Strain-Dependent Mass*, IEEE Transactions on Nanotechnology, Vol. 6, Nr. 1, S. 97–100, 2007.

[118] K. Uchida, T. Krishnamohan, K. C. Saraswat und Y. Nishi: *Physical Mechanisms of Electron Mobility Enhancement in Uniaxial Stressed MOSFETs and Impact of Uniaxial Stress Engineering in Ballistic Regime*, IEDM Technical Digest, S. 135–138, 2005.

[119] T. Maegawa, T. Yamauchi, T. Hara, H. Tsuchiya und M. Ogawa: *Strain Effects on Electronic Bandstructures in Nanoscaled Silicon From Bulk to Nanowire*, IEEE Transactions on Electron Devices, Vol. 56, Nr. 4, S. 553–559, 2009.

[120] D. K. Nayak und S. K. Chun: *Low Field Hole Mobility of Strained Si on (100) $Si_{1-x}Ge_x$ Substrate*, Applied Physics Letters, Vol. 64, Nr. 19, S. 2514–2516, 1994.

[121] E. X. Wang, P. Matagne, L. Shifren, B. Obradovic, R. Kotlyar et al.: *Physics of Hole Transport in Strained Silicon MOSFET Inversion Layers*, IEEE Transactions on Electron Devices, Vol. 53, Nr. 8, S. 1840–1851, 2006.

[122] P. R. Chidambaram, C. Bowen, S. Chakravarthi, C. Machala und R. Wise: *Fundamentals of Silicon Material Properties for Successful Exploitation of Strain Engineering in Modern CMOS Manufacturing*, IEEE Transactions on Electron Devices, Vol. 53, Nr. 5, S. 944–964, 2006.

[123] M. Rossi: *Ladungsträger-Relaxations- und Rekombinationsmechanismen in Halbleiterquantenpunkten*, Diplomarbeit, Universität Stuttgart, 2002.

[124] X. Yang, J. Lim, G. Sun, K. Wu, T. Nishida und S. E. Thompson: *Strain-Induced Changes in the Gate Tunneling Currents in p-Channel Metal–Oxide–Semiconductor Field-Effect Transistors*, Applied Physics Letters, Vol. 88, 052108, 2006.

[125] W. Zhang und J. G. Fossum: *On the Threshold Voltage of Strained-Si–$Si_{1-x}Ge_x$ MOSFETs*, IEEE Transactions on Electron Devices, Vol. 52, Nr. 2, S. 263–268, 2005.

[126] S. E. Thompson, G. Sun, K. Wu, J. Lim und T. Nishida: *Key Differences For Process-Induced Uniaxial vs. Substrate-Induced Biaxial Stressed Si and Ge Channel MOSFETs*, IEDM Technical Digest, S. 221–224, 2004.

[127] S. Takagi, T. Irisawa, T. Tezuka, T. Numata, S. Nakaharai et al.: *Carrier-Transport-Enhanced Channel CMOS for Improved Power Consumption and Performance*, IEEE Transactions on Electron Devices, Vol. 55, Nr. 1, S. 21–39, 2008.

[128] B.-Y. Nguyen, D. Zhang, A. Thean, P. Grudowski, V. Vartanian et al.: *Uniaxial and Biaxial Strain for CMOS Performance Enhancement*, 3rd International SiGe Technology and Device Meeting, S. 1–3, 2006.

[129] H. M. Nayfeh, C. W. Leitz, A. J. Pitera, E. A. Fitzgerald, J. L. Hoyt und D. A. Antoniadis: *Influence of High Channel Doping on the Inversion Layer Electron Mobility in Strained Silicon n-MOSFETs*, IEEE Electron Device Letters, Vol. 24, Nr. 4, S. 248–250, 2003.

[130] L. Smith, V. Moroz, G. Eneman, P. Verheyen, F. Nouri et al.: *Exploring the Limits of Stress-Enhanced Hole Mobility*, IEEE Transactions on Electron Devices, Vol. 26, Nr. 9, S. 652–654, 2005.

[131] L. Shifren, X. Wang, P. Matagne, B. Obradovic, C. Auth et al.: *Drive Current Enhancement in p-Type Metal–Oxide–Semiconductor Field-Effect Transistors under Shear Uniaxial Stress*, Applied Physics Letters, Vol. 85, Nr. 25, S. 6188–6190, 2004.

[132] E. Wang, P. Matagne, L. Shifren, B. Obradovic, R. Kotlyar et al.: *Quantum Mechanical Calculation of Hole Mobility in Silicon Inversion Layers under Arbitrary Stress*, IEDM Technical Digest, S. 147–150, 2004.

[133] S. Flachowsky, R. Illgen, T. Herrmann, A. Wei, J. Höntschel et al.: *Strain Engineering for Performance Enhancement in Advanced Nano Scaled SOI-MOSFETs*, Nanofair – 7th International Nanotechnology Symposium, 2009.

[134] H. Pimingstorfer: *Integration und Anwendung von Simulatoren in der CMOS-Entwicklung*, Dissertation, Technische Universität Wien, 1993.

[135] W. Windl, M. Laudon, N. N. Carlson und M. S. Daw: *Predictive Process Simulation and Stress-Mediated Diffusion in Silicon*, Computing in Science and Engineering, Vol. 3, Nr. 4, S. 92–95, 2001.

[136] M. Duane: *TCAD Needs and Application from a User's Perspective*, IEICE Transactions on Electronics, Vol. E82-C, Nr. 6, S. 976–982, 1999.

[137] M. E. Law und S. M. Cea: *Continuum Based Modeling of Silicon Integrated Circuit Processing: An Object Oriented Approach*, Computational Materials Science, Vol. 12, Nr. 4, S. 289–308, 1998.

[138] M. E. Law, K. S. Jones, L. Radic, R. Crosby, M. Clark et al.: *Process Modeling For Advanced Devices*, Material Research Society Symposium, Vol. 810, S. C3.1.1–C3.1.7, 2004.

[139] P. Pichler: *Upcoming Challenges for Process Modeling*, 12th International Conference on Simulation of Semiconductor Processes and Devices, Vol. 12, S. 81–88, 2007.

[140] R. Minixhofer: *Integrating Technology Simulation into the Semiconductor Manufacturing Environment*, Dissertation, Technische Universität Wien, 2006.

[141] G. Hobler, E. Langer und S. Selberherr: *Two-Dimensional Modeling of Ion Implantation with Spatial Moments*, Solid-State Electronics, Vol. 30, Nr. 4, S. 445–455, 1987.

[142] A. Fick: *Über Diffusion*, Annalen der Physik und Chemie von Poggendorff, Vol. 94, S. 59–86, 1855.

[143] P. Pichler: *Intrinsic Point defects, Impurities, and Their Diffusion in Silicon*, Springer Verlag, Wien, 2004.

[144] A. Tasch, H. Shin, C. Park, J. Alvis und S. Novak: *An Improved Approach to Accurately Model Shallow B and BF2 Implants in Silicon*, Journal of the Electrochemical Society, Vol. 136, Nr. 3, S. 810–814, 1989.

[145] G. Hobler und S. Selberherr: *Two-Dimensional Modeling of Ion Implantation Induced Point Defects*, IEEE Transactions on Computer-Aided Design of Integrated Circuits and Systems, Vol. 7, Nr. 2, S. 174–180, 1988.

[146] F. Lau, L. Mader, C. Mazure, C. Werner und M. Orlowski: *A Model for Phosphorus Segregation at the Silicon–Silicon Dioxide Interface*, Applied Physics A, Vol. 49, Nr. 6, S. 671–675, 1989.

[147] H. Brand: *Thermoelektrizität und Hydrodynamik*, Dissertation, Technische Universität Wien, 1994.

[148] E. Sangiorgi, P. Palestri, D. Esseni, C. Fiegna und L. Selmi: *The Monte Carlo Approach to Transport Modeling in deca-Nanometer MOSFETs*, Solid-State Electronics, Vol. 52, Nr. 9, S. 1414–1423, 2007.

[149] T. Grasser, C. Jungemann, H. Kosina, B. Meinerzhagen und S. Selberherr: *Advanced Transport Models for Sub-Micrometer Devices*, 9th International Conference on Simulation of Semiconductor Processes and Devices, Vol. 9, S. 1–8, 2004.

[150] S. Selberherr: *Analysis and Simulation of Semiconductor Devices*, Springer Verlag, Wien, 1984.

[151] K. Souissi, F. Odeh, H. H. K. Tang und A. Gnudi: *Comparative Studies of Hydrodynamic and Energy Transport Models*, International Journal for Computation and Mathematics in Electrical & Electronic Engineering, Vol. 13, Nr. 2, S. 439–453, 1994.

[152] A. Gehring und S. Selberherr: *Evolution of Current Transport Models for Engineering Applications*, Journal of Computational Electronics, Vol. 3, Nr. 3/4, S. 149–155, 2004.

[153] V. Sverdlov, E. Ungersboeck, H. Kosina und S. Selberherr: *Current Transport Models for Nanoscale Semiconductor Devices*, Materials Science and Engineering R, Vol. 58, Nr. 6, S. 228–270, 2008.

[154] R. Häcker und A. Hangleiter: *Intrinsic Upper Limits of the Carrier Lifetime in Silicon*, Journal of Applied Physics, Vol. 75, Nr. 11, S. 7570–7572, 1994.

[155] A. Schenk: *A Model for the Field and Temperature Dependence of Shockley–Read–Hall Lifetimes in Silicon*, Solid-State Electronics, Vol. 35, Nr. 11, S. 1585–1596, 1992.

[156] A. Schenk: *Rigorous Theory and Simplified Model of the Band-to-Band Tunneling in Silicon*, Solid-State Electronics, Vol. 36, Nr. 1, S. 19–34, 1993.

[157] R. van Overstreaten und H. de Man: *Measurement of the Ionization Rates in Diffused Silicon p-n Junctions*, Solid-State Electronics, Vol. 13, Nr. 5, S. 583–608, 1970.

[158] C. Canali, G. Majni, R. Minder und G. Ottaviani: *Electron and Hole Drift Velocity Measurements in Silicon and Their Empirical Relation to Electric Field and Temperature*, IEEE Transactions on Electron Devices, Vol. ED-22, Nr. 11, S. 1045–1047, 1975.

[159] C. Lombardi, S. Manzini, A. Saporito und M. Vanzi: *A Physically Based Mobility Model for Numerical Simulation of Nonplanar Devices*, IEEE Transactions on Computer-Aided Design of Integrated Circuits and Systems, Vol. 7, Nr. 11, S. 1164–1171, 1988.

[160] D. B. M. Klaassen: *A Unified Mobility Model for Device Simulation - I. Model Equations and Concentration Dependence*, Solid-State Electronics, Vol. 35, Nr. 7, S. 953–959, 1992.

[161] M. G. Ancona und G. J. Iafrate: *Quantum Correction to the Equation of State of an Electron Gas in a Semiconductor*, Physical Review B, Vol. 39, Nr. 13, S. 9536–9540, 1989.

[162] D. R. França und A. Blouin: *All-Optical Measurement of in-Plane and out-of-Plane Young's Modulus and Poisson's Ratio in Silicon Wafers by means of Vibration Modes*, Measurement Science and Technology, Vol. 15, S. 859–868, 2004.

[163] V. Moroz, N. Strecker, X. Xu, L. Smith und I. Bork: *Modeling the Impact of Stress on Silicon Processes and Devices*, Materials Science in Semiconductor Processing, Vol. 6, Nr. 1–3, S. 27–36, 2003.

[164] S. Zelenka: *Stress Related Problems in Process Simulation*, Dissertation, Eidgenössische Technische Hochschule Zürich, 2001.

[165] H. A. Rueda: *Modeling of Mechanical Stress in Silicon Isolation Technology and its Influence on Device Characteristics*, Ph.D. Thesis, University of Florida, Gainesville, 1999.

[166] H. E. Randell: *Applications of Stress from Boron Doping and other Challenges in Silicon Technology*, Thesis, University of Florida, Gainesville, 2005.

[167] C. Hollauer: *Modeling of Thermal Oxidation and Stress Effects*, Dissertation, Technische Universität Wien, 2007.

[168] W. A. Brantley: *Calculated Elastic Constants for Stress Problems Associated with Semiconductor Devices*, Journal of Applied Physics, Vol. 44, S. 534–535, 1973.

[169] L. Vegard: *Die Konstitution der Mischkristalle und die Raumfüllung der Atome*, Zeitschrift für Physik, Vol. V., Nr. 1, S. 17–26, 1921.

[170] N. S. Bennet, N. E. B. Cowern, B. J. Sealy und K. K. Bourdelle: *Experiments and Models of Carrier Mobility as a Function of Carrier Concentration for Heavily Doped Si and Strained Si*, International Workshop on INSIGHT in Semiconductor Device Fabrication, Metrology and Modeling, S. 325–331, 2009.

[171] P. Morin: *Mechanical Stress in Silicon Based Materials Evolution upon Annealing and Impact on Device Perfomances*, International Conference on Advanced Thermal Processing of Semiconductors, S. 93–102, 2006.

[172] J. L. Egley und D. Chidambarrao: *Strain Effects on Device Characteristics: Implementation in Drift-Diffusion Simulators*, Solid-State Electronics, Vol. 36, Nr. 12, S. 1653–1664, 1993.

[173] S. Dhar, H. Kosina, V. Palankovski, S. E. Ungersboeck und S. Selberherr: *Electron Mobility Model for Strained-Si Devices*, IEEE Transactions on Electron Devices, Vol. 52, Nr. 4, S. 527–533, 2005.

[174] B. Obradovic, P. Matagne, L. Shifren, X.Wang, M. Stettler et al.: *A Physically-Based Analytic Model for Stress-Induced Hole Mobility Enhancement*, 10th International Workshop on Computational Electronics, S. 26–27, 2004.

[175] T. Grasser und S. Selberherr: *Technology CAD: Device simulation and characterization*, Journal of Vacuum Science & Technology B: Microelectronics and Nanometer Structures, Vol. 20, Nr. 1, S. 407–413, 2002.

[176] M. Horstmann, A. Wei, J. Hoentschel, T. Feudel, M. Gerhardt et al.: *Advanced SOI CMOS Transistor Technology for High Performance Microprocessors*, 10th International Conference on Ultimate Integration of Silicon, S. 11–14, 2009.

[177] X. Wang und J. Wu: *Progress in Modeling of SMT 'Stress Memorization Technique' and Prediction of Stress Enhancement by a Novel PMOS SMT Process*, 13th International Conference on Simulation of Semiconductor Processes and Devices, S. 117–120, 2008.

[178] I. De Wolf, H. E. Maes und S. K. Jones: *Stress Measurements in Silicon Devices Through Raman Spectroscopy: Bridging the Gap Between Theory and Experiment*, Journal of Applied Physics, Vol. 79, Nr. 9, S. 7148–7156, 1996.

[179] G. Eneman, P. Verheyen, A. De Keersgieter, M. Jurczak und K. De Meyer: *Scalability of Stress Induced by Contact-Etch-Stop Layers: A Simulation Study*, IEEE Transactions on Electron Devices, Vol. 54, Nr. 6, S. 1446–1453, 2007.

[180] S. Orain, V. Fiori, D. Villanueva, A. Dray und C. Ortolland: *Method for Managing the Stress Due to the Strained Nitride Capping Layer in MOS Transistors*, IEEE Transactions on Electron Devices, Vol. 54, Nr. 4, S. 814–821, 2007.

[181] K. Rim, S. Narasimha, M. Longstreet, A. Mocuta und J. Cai: *Low Field Mobility Characteristics of sub-100nm Unstrained and Strained Si MOSFETs*, IEDM Technical Digest, S. 43–46, 2002.

[182] K. Uejima, H. Nakamura, T. Fukase, S. Mochizuki, S. Sugiyama und M. Hane: *Highly Efficient Stress Transfer Techniques in Dual Stress Liner CMOS Integration*, Symposium on VLSI Technology, S. 220–221, 2007.

[183] A. M. Noori, M. Balseanu, P. Boelen, A. Cockburn, S. Demuynck et al.: *Manufacturable Processes for ≤ 32-nm-Node CMOS Enhancement by Synchronous Optimization of Strain-Engineered Channel and External Parasitic Resistances*, IEEE Transactions on Electron Devices, Vol. 55, Nr. 5, S. 1259–1264, 2008.

[184] H.-N. Lin, H. W. Chen, C.-H. Ko, C.-H. Ge, H.-C. Lin et al.: *Correlating Drain-Current With Strain-Induced Mobility in Nanoscale Strained CMOSFETs*, IEEE Electron Device Letters, Vol. 27, Nr. 8, S. 659–661, 2006.

[185] F. Payet, F. Boeuf, C. Ortolland und T. Skotnicki: *Nonuniform Mobility-Enhancement Techniques and Their Impact on Device Performance*, IEEE Transactions on Electron Devices, Vol. 55, Nr. 4, S. 1050–1057, 2005.

[186] F. Lime, F. Andrieu, J. Derix, G. Ghibaudo, F. Boeuf und T. Skotnicki: *Low Temperature Characterization of Effective Mobility in Uniaxially and Biaxially Strained N-MOSFETs*, 35th European Solid-State Device Research Conference, S. 525–528, 2005.

[187] F. Payet, N. Cavassilas, J. L. Autran, F. Boeuf und T. Skotnicki: *CMOS Integration of L = 32 nm Strained-Si MOSFET on $Si_{0.8}Ge_{0.2}$ SRB for Low Voltage Applications*, Silicon Nanoelectronics Workshop, S. 5–6, 2006.

[188] MASTAR4-Handbuch, www.itrs.net/models.html, 2009.

[189] P. B. Wong: *Nano-CMOS Circuit and Physical Design*, Wiley, 2004.

[190] A. Khakifirooz und D. A. Antoniadis: *MOSFET Performance Scaling—Part II Future Directions*, IEEE Transactions on Electron Devices, Vol. 55, Nr. 6, S. 1401–1408, 2008.

[191] S. Mayuzumi, J. Wang, S. Yamakawa, Y. Tateshita, T. Hirano et al.: *Extreme High-Performance n- and p-MOSFETs Boosted by Dual-Metal/High-k Gate Damascene Process Using Top-Cut Dual Stress Liners on (100) Substrates*, IEDM Technical Digest, S. 293–296, 2007.

[192] L. Wei, J. Deng, L.-W. Chang, K. Kim, C.-T. Chuang und H.-S. P. Wong: *Selective Device Structure Scaling and Parasitics Engineering: A Way to Extend the Technology Roadmap*, IEEE Transactions on Electron Devices, Vol. 56, Nr. 5, S. 312–320, 2009.

[193] C. K. Maiti, N. B. Chakrabarti und S. K. Ray: *Strained Silicon Heterostructures: Materials and Devices*, IEE Proceedings Circuits, Devices and Systems, Vol. 12, 2001.

[194] J. D. Cressler: *Silicon Heterostructure Handbook: Materials, Fabrication, Devices, Circuits, and Applications of SiGe and Si Strained-Layer Epitaxy*, CRC Press, Boca Raton, 2006.

[195] T. Manku, J. M. McGregor, A. Nathan, D. J. Roulston, J.-P. Noel und D. C. Houghton: *Drift Hole Mobility in Strained and Unstrained Doped $Si_{1-x}Ge_x$ Alloys*, IEEE Transactions on Electron Devices, Vol. 40, Nr. 11, S. 1990–1996, 1993.

[196] Q. M. Ma, K. L. Wang und J. N. Schulman: *Band Structure and Symmetry Analysis of Coherently Grown $Si_{1-x}Ge_x$ Alloys on Oriented Substrates*, Physical Review B, Vol. 47, Nr. 4, S. 1936–1953, 1993.

[197] O. Madelung: *Physics of Group IV Elements and III-V Compounds*, Springer Verlag, Berlin, 1991.

[198] M. Levinshtein, S. Rumyantsev und M. Shur: *Handbook Series on Semiconductor Parameters – Vol. 1: Si, Ge, C (Diamond), GaAs, GaP, GaSb, InAs, InP, InSb*, World Scientific, 1996.

[199] S. J. Rashid, A. Tajani, D. J. Twitchen, L. Coulbeck, F. Udrea et al.: *Numerical Parameterization of Chemical-Vapor-Deposited (CVD) Single-Crystal Diamond for Device Simulation and Analysis*, IEEE Transactions on Electron Devices, Vol. 55, Nr. 10, S. 2744–2756, 2008.

[200] S. Flachowsky, R. Illgen, T. Herrmann, W. Klix, R. Stenzel et al.: *Detailed Simulation Study of Embedded SiGe and Si:C Source/Drain Stressors in Nanoscaled Silicon on Insulator Metal Oxide Semiconductor Field Effect Transistors*, Journal of Vacuum Science and Technology B, Vol. 28, Nr. 1, S. C1G13–C1G17, 2010.

[201] N. R. Zangenberg, J. Fage-Pedersen, J. L. Hansen und A. N. Larsen: *Boron and Phosphorus Diffusion in Strained and Relaxed Si and SiGe*, Journal of Applied Physics, Vol. 94, Nr. 6, S. 3883–3890, 2003.

[202] A. Naumann, S. Kronholz, A. Mowry, I. Ostermay, H. Bierstedt et al.: *Novel Enhanced Stressors with Graded Encapsulated SiGe Embedded in the Source and Drain Areas*, Materials Science and Engineering B, Vol. 154–155, S. 95–97, 2008.

[203] Z. Qiu, Z. Zhang, M. Östling und S.-L. Zhang: *A Comparative Study of Two Different Schemes to Dopant Segregation at NiSiSi and PtSiSi Interfaces for Schottky Barrier Height Lowering*, IEEE Transactions on Electron Devices, Vol. 55, Nr. 1, S. 396–403, 2008.

[204] R. T.-P. Lee, K.-M. Tan, A. E.-J. Lim, T.-Y. Liow, G. S. Samudra et al.: *P-Channel Tri-Gate FinFETs Featuring NiPtSiGe SourceDrain Contacts for Enhanced Drive Current Performance*, IEEE Electron Device Letters, Vol. 29, No. 5, S. 438–441, 2008.

[205] G. Eneman, P. Verheyen, R. Rooyackers, F. Nouri, L. Washington et al.: *Scalability of the $Si_{1-x}Ge_x$ Source/Drain Technology for the 45-nm Technology Node and Beyond*, IEEE Transactions on Electron Devices, Vol. 53, Nr. 7, S. 1647–1656, 2006.

[206] R. W. Olesinski und G. J. Abbaschian: *The C-Si (Carbon-Silicon) System*, Bulletin Alloy Phase Diagrams, Vol. 5, Nr. 5, S. 486, 1984.

[207] H. J. Osten: *Supersaturated Carbon in Silicon and Silicon/Germanium Alloys*, Materials Science and Engineering B, Vol. 36, Nr. 1, S. 268–274, 1996.

[208] T. O. Mitchell: *Growth and Characterization of Epitaxial Silicon Carbon Random Alloys on (100) Silicon*, Dissertation, Stanford University, 1999.

[209] J. W. Strane: *Formation and Thermal Stability of Si-Ge-C Alloys Made by Ion Implantation and Solid Phase Epitaxy*, Dissertation, Cornell University, Ithaca, 1994.

[210] A. Yamada, H. Ishihara und K. Inoue: *Epitaxial Growth of Si:C by means of Gas Source MBE*, ECS Transactions, Vol. 16, Nr. 10, S. 623–637, 2008.

[211] S. T. Chang, C. Y. Lina und C. W. Liu: *Energy Band Structure of Strained $Si_{1-x}C_x$ Alloys on Si (001) Substrate*, Journal of Applied Physics, Vol. 92, Nr. 7, S. 3717–3723, 2002.

[212] S.-T. Chang und C.-Y. Lin: *Electron Transport Model for Strained Silicon-Carbon Alloy*, Japanese Journal of Applied Physics, Vol. 44, Nr. 4B, S. 2257–2262, 2005.

[213] H. L. Maynard, H.-J. Gossmann, G. D. Papasouliotis, J. Reyes und S. Prussin: *The Effect of Carbon on n-Type Carrier Concentration and Mobility: A Study in the Application of Differential Hall Effect with the Continuous Anodic Oxidation Technique*, International Workshop on INSIGHT in Semiconductor Device Fabrication, Metrology and Modeling, S. 386–391, 2009.

[214] N. Zographos und I. Martin-Bragado: *Atomistic Modeling of Carbon Co-Implants and Rapid Thermal Anneals in Silicon*, 15th International Conference on Advanced Thermal Processing of Semiconductors, S. 119–122, 2007.

[215] Y. Liu, O. Gluschenkov, J. Li, A. Madan, A. Ozcan et al.: *Strained Si Channel MOSFETs with Embedded Silicon Carbon Formed by Solid Phase Epitaxy*, Symposium on VLSI Technology, S. 44–45, 2007.

[216] R. Lindsay, B. Pawlak, J. Kittl, K. Henson, C. Torregian et al.: *A Comparison of Spike, Flash, SPER and Laser Annealing for 45nm CMOS*, Material Research Society Symposium, Vol. D, Nr. D7.4, S. 1–6, 2003.

[217] I. Ostermay, M. Bauer, S. Sienz, C. Reichel, T. Kammler et al.: *Deposition of High Quality Epitaxial $Si_{1-x}C_x$ Layers with Optimized Sidewall Growth*, 6th International Conference on Silicon Epitaxy and Heterostructures, 2009.

[218] F. Boeuf, F. Arnaud, B. Tavel, B. Duriez, M. Bidaud et al.: *A Conventional 45nm CMOS Node Low-Cost Platform for General Purpose and Low Power Applications*, IEDM Technical Digest, S. 425–428, 2004.

[219] D. V. Singh, J. W. Sleight, J. M. Hergenrother, Z. Ren, K. A. Jenkins et al.: *Stress Memorization in High-Performance FDSOI Devices with Ultra-Thin Silicon Channels and 25nm Gate Lengths*, IEDM Technical Digest, S. 505–508, 2005.

[220] T. Y. Chang, J. W. Pan, Y. C. Liu, P. W. Liu, B. C. Lan et al.: *A High Gain (25%) Strained Silicon Scheme for 65nm High Performance nMOSFETs*, International Conference on Solid State Devices and Materials, S. 888–889, 2005.

[221] C.-H. Chen, C. F. Nieh, D. W. Lin, K. C. Ku, J. C. Sheu et al.: *Channel Stress Modulation and Pattern Loading Effect Minimization of Milli-Second Super Anneal for Sub-65nm High Performance SiGe CMOS*, Symposium on VLSI Technology, S. 174–175, 2006.

[222] A. Gehring, A. Mowry, A. Wei, M. Wiatr, R. Boschke et al.: *Material Choice for Optimum Stress Memorization in SOI CMOS Processes*, International Semiconductor Device Research Symposium, S. 1–2, 2007.

[223] X.-Z. Bo, L. Kang, T. Luo, K. Junker, S. Zollner et al.: *High Performance NMOS Transistors for 45nm SOI Technologies*, International SOI Conference, S. 15–16, 2007.

[224] A. Eiho, T. Sanuki, E. Morifuji, T. Iwamoto, G. Sudo et al.: *Management of Power and Performance with Stress Memorization Technique for 45nm CMOS*, Symposium on VLSI Technology, S. 218–219, 2007.

[225] C. Ortolland, Y. Okuno, P. Verheyen, C. Kerner, C. Stapelmann et al.: *Stress Memorization Technique—Fundamental Understanding and Low-Cost Integration for Advanced CMOS Technology Using a Nonselective Process*, IEEE Transactions on Electron Devices, Vol. 56, Nr. 8, S. 1690–1697, 2009.

[226] P.-T. Liu, C.-S. Huang, P.-S. Lim, D.-Y. Lee, S.-W. Tsao et al.: *Anomalous Gate-Edge Leakage Induced by High Tensile Stress in NMOSFET*, IEEE Electron Device Letters, Vol. 29, Nr. 11, S. 1249–1251, 2008.

[227] Y. Kimura, M. Kishi und T. Katoda: *The Model of Solid Phase Crystallization of Amorphous Silicon Under Elastic Stress*, Journal of Applied Physics, Vol. 87, Nr. 8, S. 4017–4021, 2000.

[228] J. S. Custer, M. O. Thompson, D. C. Jacobson, J. M. Poate, S. Roorda und W. C. Sinke: *Density of Amorphous Si*, Applied Physics Letters, Vol. 64, Nr. 4, S. 437–439, 1994.

[229] L. S. Adam, C. Chiu, M. Huang, X. Wang, Y. Wang et al.: *Phenomenological Model for "Stress Memorization" Effect from a Capped-Poly Process*, 10th International Conference on Simulation of Semiconductor Processes and Devices, S. 139–142, 2005.

[230] B. Ghyselen, J.-M. Hartmann, T. Ernst, C. Aulnette, B. Osternaud et al.: *Engineering Strained Silicon on Insulator Wafers with the Smart Cut^{TM} Technology*, Solid-State Electronics, Vol. 48, Nr. 8, S. 1285–1296, 2004.

[231] P. Hermann: *Local Strain Analysis by far-field and near-field Raman Spectroscopy*, Dissertation, Technische Universität Dresden, (in Bearbeitung).

[232] S. C. Jain, B. Dietrich, H. Richter, A. Atkinson und A. H. Harker: *Stresses in Strained GeSi Stripes: Calculation and Determination from Raman Measurements*, Physical Review B, Vol. 52, Nr. 9, S. 6247–6253, 1995.

[233] D. K. Schroder: *Semiconductor Material and Device Characterization*, John Wiley & Sons, New Jersey; 3. Auflage, Kapitel 8, 2006.

[234] H. Yin, Z. Ren, H. Chen, J. Holt, X. Liu et al.: *Integration of Local Stress Techniques with Strained-Si Directly On Insulator (SSDOI) Substrates*, Symposium on VLSI Technology, S. 76–77, 2006.

[235] J.-S. Lim, X. Yang, T. Nishida und S. E. Thompson: *Measurement of Conduction Band Deformation Potential Constants Using Gate Direct Tunneling Current in n-Type Metal Oxide Semiconductor Field Effect Transistors under Mechanical Stress*, Applied Physics Letters, Vol. 89, 073509, 2006.

[236] J.-S. Goo, Q. Xiang, Y. Takamura, H. Wang, J. Pan et al.: *Scalability of Strained-Si nMOSFETs Down to 25 nm Gate Length*, IEEE Electron Device Letters, Vol. 24, Nr. 5, S. 351–353, 2003.

[237] D. Villanueva, A. Dray, S. Orain, V. Fiori, C. Ortolland et al.: *Calibrated Mobility Corrections for Drift Diffusion Simulation of Strained MOSFET Devices*, 10th International Conference on Simulation of Semiconductor Processes and Devices, S. 319–322, 2005.

[238] Y. Sun, G. Sun, S. Parthasarathy und S. E. Thompson: *Physics of Process Induced Uniaxially Strained Si*, Materials Science and Engineering B, Vol. 135, Nr. 3, S. 179–183, 2006.

[239] H. Ohta, N. Tamura, H. Fukutome, M. Tajima, K. Okabe et al.: *High Performance Sub-40 nm Bulk CMOS with Dopant Confinement Layer (DCL) Technique as a Strain Booster*, IEDM Technical Digest, S. 289–292, 2007.

[240] M. S. Lundstrom: *On the Mobility Versus Drain Current Relation for a Nanoscale MOSFET*, IEEE Electron Device Letters, Vol. 22, Nr. 6, S. 293–295, 2001.

[241] C.-H. Ge, C.-C. Lin, C.-H. Ko, C.-C. Huang, Y.-C. Huang et al.: *Process-Strained Si (PSS) CMOS Technology Featuring 3D Strain Engineering*, IEDM Technical Digest, S. 3.7.1–3.7.4, 2003.

[242] K. Natori: *Ballistic Metal-Oxide-Semiconductor Field Effect Transistor*, Journal of Applied Physics, Vol. 76, Nr. 8, S. 4879–4890, 1994.

[243] A. Lochtefeld, I. J. Djomehri, G. Samudra und D. A. Antoniadis: *New Insights into Carrier Transport in n-MOSFETs*, IBM Journal of Research and Development, Vol. 46, Nr. 2/3, S. 347–357, 2002.

[244] M. V. Fischetti und S. E. Laux: *Performance Degradation of Small Silicon Devices Caused by Long-Range Coulomb Interactions*, Applied Physics Letters, Vol. 76, Nr. 16, S. 2277–2279, 2000.

[245] C. Jeong, D. A. Antoniadis und M. S. Lundstrom: *On Backscattering and Mobility in Nanoscale Silicon MOSFETs*, IEEE Transactions on Electron Devices, Vol. 56, Nr. 11, S. 2762–2769, 2009.

[246] I. Lauer: *The Effects of Strain on Carrier Transport in Thin and Ultra-Thin SOI MOSFETs*, Dissertation, Massachusetts Institute of Technology, Cambridge, 2005.

[247] I. Lauer und D. A. Antoniadis: *Enhancement of Electron Mobility in Ultrathin-Body Silicon-on-Insulator MOSFETs With Uniaxial Strain*, IEEE Electron Device Letters, Vol. 26, Nr. 5, S. 314–316, 2005.

[248] K.-W. Ang, K.-J. Chui, H.-C. Chin, Y.-L. Foo, A. Du et al.: *50 nm Silicon-On-Insulator N-MOSFET Featuring Multiple Stressors: Silicon-Carbon Source/Drain Regions and Tensile Stress Silicon Nitride Liner*, Symposium on VLSI Technology, S. 66–67, 2006.

[249] L. Washington, F. Nouri, S. Thirupapuliyur, G. Eneman, P. Verheyen et al.: *pMOSFET With 200% Mobility Enhancement Induced by Multiple Stressors*, IEEE Electron Device Letters, Vol. 27, Nr. 6, S. 511–513, 2006.

I want morebooks!

Buy your books fast and straightforward online - at one of world's fastest growing online book stores! Environmentally sound due to Print-on-Demand technologies.

Buy your books online at
www.morebooks.shop

Kaufen Sie Ihre Bücher schnell und unkompliziert online – auf einer der am schnellsten wachsenden Buchhandelsplattformen weltweit! Dank Print-On-Demand umwelt- und ressourcenschonend produziert.

Bücher schneller online kaufen
www.morebooks.shop

KS OmniScriptum Publishing
Brivibas gatve 197
LV-1039 Riga, Latvia
Telefax:+371 686 204 55

info@omniscriptum.com
www.omniscriptum.com

Printed by Books on Demand GmbH, Norderstedt / Germany